周期表

10	11	12	13	14	15	16	17	18	族/周期
								2 **He** ヘリウム 4.003	1
			5 **B** ホウ素 10.81	6 **C** 炭素 12.01	7 **N** 窒素 14.01	8 **O** 酸素 16.00	9 **F** フッ素 19.00	10 **Ne** ネオン 20.18	2
			13 **Al** アルミニウム 26.98	14 **Si** ケイ素 28.09	15 **P** リン 30.97	16 **S** 硫黄 32.07	17 **Cl** 塩素 35.45	18 **Ar** アルゴン 39.95	3
28 **Ni** ニッケル 58.69	29 **Cu** 銅 63.55	30 **Zn** 亜鉛 65.38	31 **Ga** ガリウム 69.72	32 **Ge** ゲルマニウム 72.63	33 **As** ヒ素 74.92	34 **Se** セレン 78.97	35 **Br** 臭素 79.90	36 **Kr** クリプトン 83.80	4
46 **Pd** パラジウム 106.4	47 **Ag** 銀 107.9	48 **Cd** カドミウム 112.4	49 **In** インジウム 114.8	50 **Sn** スズ 118.7	51 **Sb** アンチモン 121.8	52 **Te** テルル 127.6	53 **I** ヨウ素 126.9	54 **Xe** キセノン 131.3	5
78 **Pt** 白金 195.1	79 **Au** 金 197.0	80 **Hg** 水銀 200.6	81 **Tl** タリウム 204.4	82 **Pb** 鉛 207.2	83 **Bi*** ビスマス 209.0	84 **Po*** ポロニウム (210)	85 **At*** アスタチン (210)	86 **Rn*** ラドン (222)	6
110 **Ds*** ダームスタチウム (281)	111 **Rg*** レントゲニウム (280)	112 **Cn*** コペルニシウム (285)	113 **Nh*** ニホニウム (284)	114 **Fl*** フレロビウム (289)	115 **Mc*** モスコビウム (288)	116 **Lv*** リバモリウム (293)	117 **Ts*** テネシン (293)	118 **Og*** オガネソン (294)	7

63 **Eu** ユウロピウム 152.0	64 **Gd** ガドリニウム 157.3	65 **Tb** テルビウム 158.9	66 **Dy** ジスプロシウム 162.5	67 **Ho** ホルミウム 164.9	68 **Er** エルビウム 167.3	69 **Tm** ツリウム 168.9	70 **Yb** イッテルビウム 173.1	71 **Lu** ルテチウム 175.0
95 **Am*** アメリシウム (243)	96 **Cm*** キュリウム (247)	97 **Bk*** バークリウム (247)	98 **Cf*** カリホルニウム (252)	99 **Es*** アインスタイニウム (252)	100 **Fm*** フェルミウム (257)	101 **Md*** メンデレビウム (258)	102 **No*** ノーベリウム (259)	103 **Lr*** ローレンシウム (262)

Guide to Materials Science and Engineering

物質工学入門シリーズ

基礎からわかる
生物化学

BIOLOGICAL CHEMISTRY

杉森 大助
松井 栄樹
天尾 豊
小山 純弘
［共著］

森北出版株式会社

シリーズ編集者

笹本　忠
神奈川工科大学名誉教授　工学博士

高橋　三男
東京工業高等専門学校名誉教授　理学博士

執筆者

杉森　大助
第1章，第5章，第8章，第11章

松井　栄樹
第4章，第9章，第12章

天尾　豊
第3章，第6章，第7章，第15章

小山　純弘
第2章，第10章，第13章，第14章

●本書の補足情報・正誤表を公開する場合があります．当社Webサイト（下記）で本書を検索し，書籍ページをご確認ください．
https://www.morikita.co.jp/

●本書の内容に関するご質問は下記のメールアドレスまでお願いします．なお，電話でのご質問には応じかねますので，あらかじめご了承ください．
editor@morikita.co.jp

●本書により得られた情報の使用から生じるいかなる損害についても，当社および本書の著者は責任を負わないものとします．

[JCOPY]〈(一社)出版者著作権管理機構　委託出版物〉
本書の無断複製は，著作権法上での例外を除き禁じられています．複製される場合は，そのつど事前に上記機構（電話 03-5244-5088, FAX 03-5244-5089, e-mail: info@jcopy.or.jp）の許諾を得てください．

シリーズまえがき

　いつの時代でも，大学・高専で行われる教育では，教科書の果たす役割は重要である．編集者らは，長年にわたって化学の教科を担当してきたが，その都度，教科書の選択には苦慮し，また実際に使ってみて不具合の多いことを感じてきた．

　欧米の教科書の翻訳書には，内容が詳細・豊富で丁寧に書かれた良書が多数存在するが，残念なことにそのほとんどの本が，日本の大学や高専の講義用の教科書に使うには分量が多すぎる．また，日本の教科書には分量がほどよく，使いやすい教科書が多数あるが，その多くは刊行されてからかなりの時間がたっており，最近の成果や教育内容の変化を考慮すると，これもまた現状に合わない状態にある．

　このような状況のもとで教科書の内容の過不足を感じていたときに，大学・高専の物質工学系学科のための標準的な基礎化学教科書シリーズの編集を担当することとなった．この機会に教育経験の豊富な先生方にご執筆をお願いし，編集者らが日頃求めている教科書づくりに携わることにした．

　編集者らは，よりよい教育を行うためには，『よき教育者』と『よき教科書』が基本的な条件であり，『よき教科書』というのは，わかりやすく，順次読み進めていけば無理なく学力がつくように記述された学習書のことであると考えている．私どもは，大学生・高専生の教科書離れが生じないよう，彼らに親しまれる教科書となることを念頭の第一におき，大学の先生と高専の先生との共同執筆とし，物質工学系の大学生・高専生のための物質工学の基礎を，大学生・高専生が無理なく理解できるように懇切丁寧に記述することを編集方針とした．

　現在，最先端の技術を支えているのは，幅広い領域で基礎力を身につけた技術者である．基礎力が集積されることで創造性が育まれ，それが独創性へと発展してゆくものと考えている．基礎力とは，樹木に喩えると根に相当する．大きな樹になるためには，根がしっかりと大地に張り付いていないと支えることができない．根が吸収する養分や水にあたるものが書物といえる．本シリーズで刊行される各巻の教科書が，将来も『座右の書』としての役割を果たすことを期待している．

シリーズ編集者
笹本　忠・高橋三男

はじめに

　クローン技術や遺伝子組換え技術，ヒトゲノム解析など，昨今のバイオテクノロジーは急速な勢いで発展している．21世紀はバイオの時代ともいわれ，生命・医療から資源・環境に至る幅広い分野にバイオ技術の応用が期待されている．

　そんな中，日本は国家を挙げてバイオテクノロジーの発展に努めるため，2003年12月にバイオテクノロジー戦略大綱を策定した．これは，日本の国際競争力を強化すると同時に，今後人類が直面するであろう健康・医療問題，農業・食糧問題，環境・資源・エネルギー問題など多くの問題を解決する切り札としてバイオテクノロジーが大いに期待されているためである．

　一口にバイオといっても実にさまざまな，そして多くの専門領域があり，また近年ではバイオを学ぶ学部や専攻も多岐にわたっている．さらに，バイオ技術が高度化されていく現状を考えると，これらを専門的に学ぶ前に生物化学の最低限の知識が必要となるだろう．しかし，生化学あるいは生物化学の教科書といえば，どれもかなりのボリュームがあり，とても通年ですべてを理解できるようなものではない．また，近年多くの大学がセメスター制度に移行し，半期で生物化学を学ぶ学科も増えてきている．

　そのような現状を考慮して，本書はバイオの基礎を幅広い読者に理解していただくことを念頭に執筆し，短期間で生物化学の最低限必要な知識を学べる教科書になるよう心がけた．これからバイオ関連の専門分野に進む前の高専低学年および大学教養課程の学生に，本書を導入書として参考にしていただければ幸いである．そして，一人でも多くの方にとって，バイオの基礎を理解するための一助となれば何よりである．

　本書は，執筆者の多くが初めての執筆ということもあり，至らぬ点も多いかと思われる．大方のご批判，ご叱正をお願いしたい．また，本書の執筆にあたっては先人達の多くの優れた書を大いに参考にさせていただいた．ここに謝意を表したい．本書執筆にあたり，原稿の校正・図表の作成の一部をお手伝いいただいた大分大学工学部応用化学科天尾研究室秘書の猪原裕子氏，平山美佐氏，ならびに内容の調整を含め出版にご尽力いただいた森北出版の利根川和男氏，石田昇司氏に深謝いたします．

　最後にバイオの面白さ，素晴らしさを伝えてくださった恩師，先人らに心より感謝したい．そして，一人でも多くの若者が本書をきっかけとしてバイオに興味をもち，バイオの道を志してくれればうれしい限りである．

2010年5月

執筆者一同

目 次

第1章 生物化学とは ── 1
1.1 生物化学について ── 1
1.2 生物化学の発展 ── 2
1.3 身のまわりの生物化学・先端技術を支える生物化学 ── 2

第2章 生体成分と細胞構造 ── 4
2.1 生体分子を構成する元素 ── 4
2.2 水 ── 6
2.3 細胞の構成 ── 6
   2.3.1 原核生物 ── 7
   2.3.2 真核生物 ── 7
演習問題2 ── 11

第3章 糖 ── 12
3.1 糖の分類 ── 12
3.2 単糖 ── 13
3.3 単糖の光学異性体 ── 13
3.4 単糖のアノマー炭素と変旋光 ── 15
3.5 ピラノースとフラノース ── 16
3.6 ピラノースの立体配座 ── 16
3.7 単糖のエステルとエーテル ── 17
3.8 単糖の還元 ── 18
3.9 単糖の酸化 ── 18
3.10 グリコシドの生成 ── 18
3.11 二糖 ── 19
   3.11.1 マルトース（麦芽糖） ── 19
   3.11.2 セロビオース ── 19
   3.11.3 ラクトース ── 19
   3.11.4 スクロース（ショ糖） ── 20
3.12 多糖 ── 20
   3.12.1 貯蔵多糖（デンプンとグリコーゲン） ── 20
   3.12.2 構造多糖（セルロース） ── 21
演習問題3 ── 22

第4章 アミノ酸, ペプチド, タンパク質 ── 23
4.1 アミノ酸の構造 ── 23
4.2 アミノ酸の性質 ── 26
   4.2.1 生理的性質 ── 26
   4.2.2 化学的性質 ── 27
4.3 ペプチド ── 28
   4.3.1 ペプチドの表記法 ── 29
   4.3.2 ペプチド合成法 ── 29
   4.3.3 生理活性ペプチド ── 29
4.4 タンパク質 ── 30
   4.4.1 タンパク質の分類 ── 30
   4.4.2 タンパク質の構造 ── 31
   4.4.3 変性 ── 32
   4.4.4 補助因子と補欠分子 ── 32
   4.4.5 ヘモグロビン ── 33
演習問題4 ── 34

第5章 酵素 ── 35
5.1 酵素の特徴 ── 35
   5.1.1 酵素と補酵素 ── 35
   5.1.2 特異性 ── 36
   5.1.3 酵素の分類 ── 36
   5.1.4 酵素の名前 ── 37
5.2 酵素の触媒作用機構 ── 37
   5.2.1 酵素の構造と酵素反応の過程 ── 37
   5.2.2 触媒作用機構 ── 38
   5.2.3 活性化エネルギー ── 38
5.3 酵素反応の速度論 ── 40
   5.3.1 酵素活性 ── 40
   5.3.2 ミカエリス-メンテンの式 ── 41
   5.3.3 酵素活性に対するpHと温度の影響 ── 42
5.4 阻害剤 ── 44
   5.4.1 不可逆的阻害 ── 44
   5.4.2 可逆的阻害 ── 44
演習問題5 ── 46

第6章 ビタミンと補酵素 ── 47
6.1 ビタミンの分類 ── 47
6.2 水溶性ビタミン ── 48
   6.2.1 チアミン（ビタミンB_1） ── 48
   6.2.2 リボフラビン（ビタミンB_2） ── 48
   6.2.3 ピリドキシン（ビタミンB_6） ── 49
   6.2.4 ビタミンB_{12} ── 49
   6.2.5 L-アスコルビン酸（ビタミンC） ── 49
   6.2.6 ビオチン（ビタミンH） ── 50
   6.2.7 葉酸（ビタミンM） ── 50
   6.2.8 ナイアシン ── 50
   6.2.9 パントテン酸 ── 51
6.3 脂溶性ビタミン ── 51
   6.3.1 ビタミンA ── 51
   6.3.2 ビタミンD ── 51
   6.3.3 ビタミンE ── 52
   6.3.4 ビタミンK ── 52
6.4 補酵素 ── 52

演習問題 6 —————————————— 56

第7章　脂質 —————————————— 57
7.1　脂肪・油脂 —————————————— 57
7.2　ろう —————————————— 60
7.3　リン脂質 —————————————— 60
7.4　糖脂質 —————————————— 62
7.5　リポタンパク質 —————————————— 62
7.6　環状構造を有する脂質 —————————————— 62
7.7　テルペン・ステロイド系脂質 —————————————— 63
演習問題 7 —————————————— 65

第8章　ヌクレオチドと核酸，遺伝情報の伝達と発現 —————————————— 66
8.1　ヌクレオチド —————————————— 66
8.2　核酸の構成成分 —————————————— 68
8.3　その他のヌクレオチド —————————————— 68
8.4　RNA の構造 —————————————— 69
8.5　遺伝情報 —————————————— 71
8.6　遺伝情報の伝達 —————————————— 72
8.7　DNA の複製 —————————————— 72
8.8　RNA の種類と機能 —————————————— 73
　8.8.1　メッセンジャー RNA（mRNA） —————————————— 73
　8.8.2　リボソーム RNA（rRNA） —————————————— 73
　8.8.3　トランスファー RNA（tRNA） —————————————— 74
8.9　転写 —————————————— 75
8.10　翻訳 —————————————— 75
8.11　遺伝子発現制御のしくみ —————————————— 76
　8.11.1　負の制御 —————————————— 76
　8.11.2　正の制御 —————————————— 77
演習問題 8 —————————————— 78

第9章　代謝 —————————————— 79
9.1　代謝とは —————————————— 79
　9.1.1　異化反応 —————————————— 79
　9.1.2　同化反応 —————————————— 80
9.2　物質代謝とエネルギー —————————————— 80
9.3　アデノシン三リン酸（ATP） —————————————— 80
　9.3.1　高エネルギー結合 —————————————— 81
　9.3.2　異化代謝による ATP の生成様式 —————————————— 82
9.4　呼吸とエネルギー —————————————— 82
演習問題 9 —————————————— 83

第10章　糖の代謝 —————————————— 84
10.1　解糖 —————————————— 84
　10.1.1　ヘキソキナーゼ —————————————— 86
　10.1.2　グルコース 6-リン酸イソメラーゼ —————————————— 86
　10.1.3　ホスホフルクトキナーゼ —————————————— 86
　10.1.4　アルドラーゼ —————————————— 87
　10.1.5　トリオースリン酸イソメラーゼ —————————————— 87
　10.1.6　グリセルアルデヒド 3-リン酸デヒドロゲナーゼ —————————————— 87
　10.1.7　ホスホグリセリン酸キナーゼ —————————————— 87
　10.1.8　ホスホグリセリン酸ムターゼ —————————————— 87
　10.1.9　エノラーゼ —————————————— 87
　10.1.10　ピルビン酸キナーゼ —————————————— 88
　10.1.11　ピルビン酸から乳酸への代謝 —————————————— 88
　10.1.12　ピルビン酸からエタノールへの代謝 —————————————— 88
10.2　クエン酸回路 —————————————— 89
　10.2.1　ピルビン酸のミトコンドリアへの移行 —————————————— 89
　10.2.2　ピルビン酸のアセチル CoA への変換 —————————————— 89
　10.2.3　クエン酸シンターゼ —————————————— 89
　10.2.4　アコニターゼ —————————————— 91
　10.2.5　NAD^+ 依存イソクエン酸デヒドロゲナーゼ —————————————— 91
　10.2.6　2-オキソグルタル酸デヒドロゲナーゼ複合体 —————————————— 91
　10.2.7　スクシニル CoA シンテターゼ —————————————— 91
　10.2.8　コハク酸デヒドロゲナーゼ —————————————— 92
　10.2.9　フマラーゼ —————————————— 92
　10.2.10　リンゴ酸デヒドロゲナーゼ —————————————— 92
10.3　グリコーゲン代謝 —————————————— 92
　10.3.1　グリコーゲン分解 —————————————— 92
　10.3.2　グリコーゲン合成 —————————————— 93
10.4　糖新生 —————————————— 96
　10.4.1　ピルビン酸カルボキシラーゼ —————————————— 98
　10.4.2　ホスホエノールピルビン酸カルボキシキナーゼ —————————————— 98
　10.4.3　フルクトース 1,6-ビスホスファターゼ —————————————— 99
　10.4.4　グルコース 6-ホスファターゼ —————————————— 99
10.5　ペントースリン酸回路 —————————————— 99
演習問題 10 —————————————— 101

第11章　脂質代謝 —————————————— 102
11.1　中性脂質（グリセリド）と脂肪酸の異化 —————————————— 102
　11.1.1　グリセリドの異化 —————————————— 102
　11.1.2　脂肪酸の異化（β酸化） —————————————— 103
　11.1.3　β酸化によって生成するエネルギー —————————————— 104
　11.1.4　β酸化が行われる場所 —————————————— 105
　11.1.5　不飽和脂肪酸の異化 —————————————— 105
　11.1.6　奇数炭素原子からなる脂肪酸の酸化 —————————————— 105
11.2　脂質（脂肪酸，グリセリド，リン脂質）の生合成 —————————————— 106
　11.2.1　脂肪酸の生合成 —————————————— 106
　11.2.2　脂肪酸の炭素鎖伸長と不飽和脂肪酸の合成 —————————————— 109
　11.2.3　グリセリド，リン脂質の生合成 —————————————— 109
11.3　イソプレノイドとステロイドの生合成 —————————————— 111
　11.3.1　イソプレノイドの生合成 —————————————— 111
　11.3.2　ステロイドの生合成 —————————————— 111
演習問題 11 —————————————— 112

第12章　アミノ酸の代謝 —————————————— 113
12.1　タンパク質の消化 —————————————— 113
12.2　アミノ基転移反応と脱アミノ化 —————————————— 114
　12.2.1　アミノ基転移反応 —————————————— 114
　12.2.2　酸化的脱アミノ化 —————————————— 114
12.3　アミノ酸の脱アミノ体の分解 —————————————— 115
12.4　尿素回路 —————————————— 116

12.5	アミノ酸の生合成	117	14.3 酸化還元電位	133
12.6	タンパク質の生合成	118	14.4 サイトゾル内でのNADHの好気的酸化	135
12.7	窒素循環と窒素固定	118	14.5 NADHの酸化による標準ギブズエネルギー変化	136
演習問題12		119	14.6 電子伝達の順序	137

第13章 核酸の代謝 — 120

- 13.1 プリンヌクレオチドの生合成 — 120
  - 13.1.1 IMPの生合成経路 — 121
  - 13.1.2 IMPからのAMPとGMPの生合成 — 123
  - 13.1.3 ヌクレオシド一リン酸のリン酸化による ヌクレオシド二リン酸，三リン酸の合成 — 124
  - 13.1.4 プリンヌクレオチド生合成の調節 — 124
  - 13.1.5 プリン塩基の再利用 — 125
- 13.2 ピリミジンヌクレオチドの生合成 — 125
  - 13.2.1 ウリジル酸(UMP)の生合成 — 126
  - 13.2.2 UTPとCTPの生合成 — 127
- 13.3 デオキシリボヌクレオチドの生合成 — 128
  - 13.3.1 リボヌクレオチドからデオキシリボヌクレオチドへの還元 — 128
  - 13.3.2 デオキシウリジル酸のメチル化によるデオキシチミジル酸の生成 — 129

演習問題13 — 131

第14章 電子伝達 — 132

- 14.1 ミトコンドリア — 132
- 14.2 酸化的リン酸化 — 133
- 14.3 酸化還元電位 — 133
- 14.4 サイトゾル内でのNADHの好気的酸化 — 135
- 14.5 NADHの酸化による標準ギブズエネルギー変化 — 136
- 14.6 電子伝達の順序 — 137
- 14.7 プロトン駆動力 — 138
- 14.8 ATP，ADP，Piの能動輸送 — 139

演習問題14 — 140

第15章 光合成 — 141

- 15.1 光合成とは — 141
- 15.2 葉緑体 — 142
- 15.3 明反応と暗反応 — 142
- 15.4 細菌の光合成 — 143
- 15.5 ヒル反応 — 143
- 15.6 光リン酸化 — 143
- 15.7 光合成器官 — 144
- 15.8 エネルギー変換機構 — 145
- 15.9 光合成細菌における電子伝達 — 146
- 15.10 暗反応（炭素の循環経路） — 147
  - 15.10.1 還元的ペントースリン酸回路：カルビン回路 — 147
  - 15.10.2 カルボキシル化過程 — 147
  - 15.10.3 還元過程 — 147
  - 15.10.4 再生過程 — 148
- 15.11 光合成の量子収率 — 148

演習問題15 — 149

付表 — 150
演習問題解答 — 151

参考文献 — 156
さくいん — 157

第1章 生物化学とは

本章では，生物化学とはどのようなことを学ぶ分野なのかを概説する．そのあとで，生物化学の発展の歴史的背景を紹介し，最後に，われわれの暮らしに関係する生物化学を紹介する．生物化学が，社会にとっていかに重要な学問かを知ってほしい．

| 生命活動 | 細 胞 | 代 謝 | 生物化学の歴史 | 酵 素 |

身のまわりの生物化学

1.1 生物化学について

生物化学とは，生命活動を支えている生体物質や細胞内で起こる代謝反応を化学的にとらえる学問である．化学や物理学に比べて，生物を対象とした学問の多くはその歴史が浅く，未解明の事象もあって確立された学問ではない．生物を対象とする，あるいは関連する学問分野は，図1.1に示すように，医学，農学，畜産学，水産学，生物工学など多岐にわたるが，生物化学は，これらの分野を学び深めていくうえで，共通して必要な基礎知識として位置している（図1.2参照）．

生体物質は，分子と原子でできている．その生体物質が巧妙に制御され，代謝反応が行われて生命体（生命活動），つまり『生きている状態』を維持している．そのため，生物の生命活動はすべて化学的に説明できるのである．

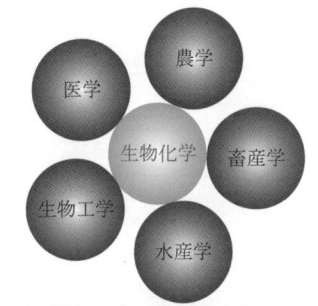

●図1.1● 生物化学と生物分野の関係

●図1.2● 中学・高校までに習った科目と専門科目との関係

1.2 生物化学の発展

　表1.1に示すように，オランダのレンズ磨き職人レーウェンフックが世界で初めて自作顕微鏡で細菌などの細胞を観察することに成功し，1665年に発表した．しかし，このあと200年もの間，生物化学の分野に進展はなかった．ようやく19世紀中頃になって，フランスのパスツールが**腐敗**と微生物の関係を証明し，**アルコール発酵**は酵母によるものであることを発見した．その後，次々と微生物や動物の細胞を用いて代謝反応に関する研究が進展し，**解糖系**や**クエン酸回路**（TCA回路，クレブス回路．ともに第10章参照）にかかわる酵素反応が次々と発見されていった．この当時の発見が今日の生物化学の礎となっている．先人達は，解糖系やクエン酸回路などに関与する酵素反応を一つずつ研究・証明し，細胞内でどのような代謝が行われているかを明らかにしていった．

　修道士であったメンデルは，7年間も遺伝の研究を行い，1865年に遺伝の法則を発表した．その後，1953年にワトソンとクリックがDNAの2重らせん構造を発見してからは，遺伝に関する分子レベルでの機構が次々と解明され，分子生物学や遺伝子工学へと発展することとなった．

■表1.1■　生物化学の黎明期

年代	発見者	発見事項
1665年	レーウェンフック (A. v. Leauwenhoek, 1632-1723, オランダ)	顕微鏡で細菌などの細胞を発見した．
1849年	パスツール (L. Pasteur, 1822-1895, フランス)	アルコール発酵が酵母のはたらきによることを発見した．
1865年	メンデル (G. J. Mendel, 1822-1884, オーストリア)	遺伝の法則を発表した．
1896年	ブフナー (E. Buchner, 1860-1917, ドイツ)	生細胞なし（酵母細胞抽出液のみ）でアルコール発酵が起こることを発見した．
1922年	マイヤーホフ (O. F. Meyerhof, 1884-1951, ドイツ)	筋肉中のグリコーゲンが乳酸に分解される過程（解糖）を発見した．
1937年	クレブス (H. A. Krebs, 1900-1981, ドイツ)	ハトの筋肉を細かく刻んだ懸濁液に，ピルビン酸とC4化合物を加えるとクエン酸ができることを発見した（クエン酸回路の発見）．
1953年	ワトソン (J. D. Watson, 1928-, アメリカ)， クリック (F. H. C. Crick, 1916-2004, イギリス)	DNAの2重らせん構造を発見した．

1.3 身のまわりの生物化学・先端技術を支える生物化学

　日常生活で，われわれが口にしたり利用したりしているものの中にも生物化学と関係が深いものがたくさんある．たとえば，砂糖や紙はどんな物質なのか，どんな構造をしているのか，生物化学を学んだ人はピンとくるはずである．生物化学を学ぶことで，たとえば，ごはんを食べるとどのように代謝されてエネルギーになるのかが頭に浮かぶだろう．

　産業や医療分野でも生物化学が基礎となって発展したものがたくさんある．われわれの身のまわりに目を向けると，胃腸薬に入っている消化酵素（デンプン分解酵素と油脂分解酵素）やコンタクトレンズの洗浄液に入っている酵素（タンパク質分解酵素），歯磨き粉に入っている歯垢分解酵素，

風邪薬に入っている塩化リゾチーム（細菌の細胞壁を分解する酵素），抗生物質やホルモン，生物毒（ペプチド），芳香剤（テルペン），アミノ酸やオリゴ糖などがある．ほかにも生物が合成し，利用している生体物質は数多くあり，それらを生物化学で学ぶことになる．

クローン技術や遺伝子組換え技術，ヒトゲノム解析など，昨今のバイオテクノロジーは急速な勢いで発展している．今世紀はバイオの時代ともいわれ，生命科学・医療から資源・環境に至る幅広い分野においてバイオ技術の応用が期待され，その研究・開発が進められている．

最近では，iPS細胞の開発やバイオエタノールなどの大きな発見や技術革新がもたらされている．現在から未来に渡って人類が直面するさまざまな問題を解決するために，生命科学（ライフサイエンス）と生物工学（バイオテクノロジー）が重要となることは疑いようのないことだろう．生命科学や生物工学を含め，生物を扱う分野・学問の基礎となる学問の一つが生物化学なのである．

第2章
生体成分と細胞構造

ヒトという個体をみていくと，心臓や肝臓といった「器官」という単位で構成されていることがわかる．そして，器官は同種細胞の集団である「組織」という単位となり，最後に生命としての最小の単位「細胞」になる．細胞の機能を理解するためには，この細胞を構成する生体分子に関する知識が極めて重要となる．

本章では，生体分子を構成する各元素および水の特性について前半で説明し，後半では細胞の構成分子を意識しながら，細胞膜や細胞小器官などの細胞構造について説明する．

KEY WORD

炭素	窒素	生体分子	水	細胞
真核生物	原核生物	核	小胞体	ゴルジ体
ミトコンドリア	リソソーム	ペルオキシソーム	葉緑体	

2.1 生体分子を構成する元素

細胞は主に，糖，タンパク質，脂質，核酸で構成されている．糖は第3章，タンパク質は第4章，脂質は第7章，核酸は第8章でそれぞれ詳細に説明する．本節では，生体分子化合物がなぜ炭素を生体の主成分としているのかを考えていく．

糖，タンパク質，脂質，核酸などの生体分子を構成する主な元素は，図2.1に示すように炭素C，水素H，酸素O，窒素N，リンP，硫黄Sで，生体乾燥重量の92%を占めている．残りはイオンとして存在する元素と，酵素の活性基としてはたらく極微量の元素などがある．これらの構成元素を図2.2に示した地殻の構成主要元素と比較すると，酸素とカルシウムCa以外は地殻中では微量元素であり，地殻と生体は異なった元素組成をもっている．

では，なぜ生体の元素組成が地殻と異なるのだ

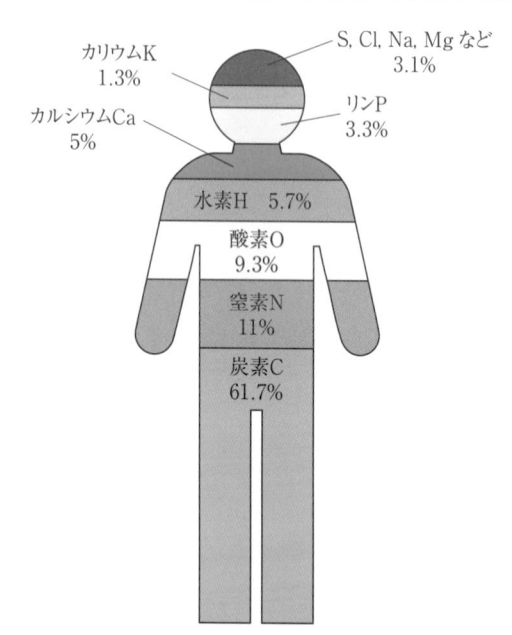

●図2.1● 人体を構成する主要元素（乾燥重量%）

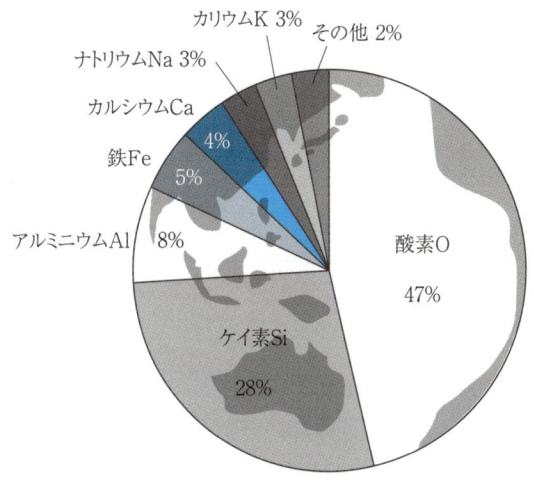

●図2.2● 地殻を構成する主要元素

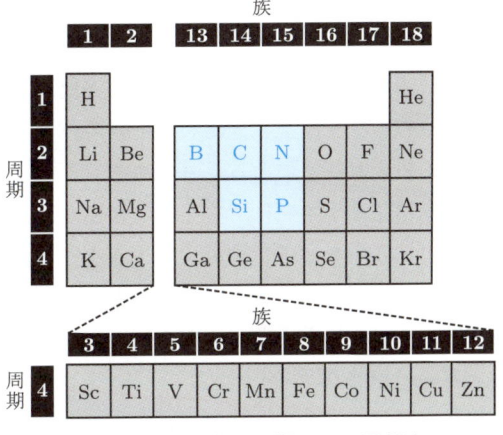

●図2.3● 第4周期までの周期表

ろうか．生体の分子化合物が地殻の主要成分であるケイ素 Si などではなく，炭素[*1]を中心とした構造となっている理由には，主に次の二つがある．

- 各炭素原子は最大で四つの安定な共有結合（単結合，二重結合，三重結合を含める）をつくることができる．
- 炭素鎖（C-C）はいくらでも伸びるため，ほぼ無限の長さの化合物ができる．ほかの元素にはこのような性質がない．

このことを確認するために，図2.3に示す周期表を使って説明する．ホウ素 B，炭素，窒素[*2]，ケイ素，リンの5元素（同図中に青色で示した元素）は，三つ以上の原子価[*3]をもつことから，三つ以上の共有結合をつくることができる．ほかの元素は金属元素でイオン化しやすいか，希ガスで不活性か，水素や酸素のように1，2個しか共有結合をつくることができない．炭素以外の元素のうち，ホウ素，窒素，ケイ素，リンの4元素は，原子のサイズそのものが大きいことや（ケイ素やリン），原子価に対して価電子[*4]が不足したり（ホウ素），あるいは過剰である（窒素）ため，炭素鎖のように単独の原子で安定に伸びた化合物をつくることができない．そのため，C-C結合以外の同種原子の結合は，タンパク質中にあるS-S結合以外，生体にはほとんどみられない．

Coffee Break

細胞の研究のはじまり

細胞の研究は，今から350年以上もの昔に光学顕微鏡の発明を契機に始められた．1665年にイギリスの自然哲学者フック（R. Hooke, 1635-1703）がコルク樫の樹皮を観察したときに構造を発見し，細胞（cell）と名付けた．そして，フックの時代から2世紀近くが経過した1838～1839年にかけて，ドイツの科学者シュライデン（M. Schleiden, 1804-1881）とシュワン（T. Schwann, 1810-1882）が，細胞は生命体の最小単位であるという「細胞説」を発表している．

[*1] 元素記号C，原子番号6，原子量12.0107．周期表の14（4B）族に属する元素である．天然には炭酸塩，二酸化炭素，有機化合物として岩石圏・気圏・水圏・生物圏に広く分布しており，動植物体の呼吸作用や同化作用などにより各圏の間を循環している．

[*2] 元素記号N，原子番号7，原子量14.0067．周期表の15（5B）族に属する元素である．自然界における窒素は，大気中の分子状窒素をはじめ，アンモニアや硝酸塩のような簡単な構造の化合物から，アミノ酸，タンパク質，核酸に至るまで種々の物質に含まれている．窒素を含む分子が相互に関連して変遷していく現象を窒素循環という．

[*3] ある元素の原子1個が，特定の元素の原子何個と結合するかを表す数を，それぞれの原子あるいは元素の原子価という．普通は水素を標準にしてその原子価を1とし，水素原子 n 個と結合するものの原子価は n であると定める．

[*4] 価電子は「原子価電子」ともいい，この電子を互いの原子が共有しあうことで共有結合が生まれる．原子構造の電子配置において，外部の電子殻を占める電子のことを価電子とよび，最外殻の s 電子と p 電子をさす．

2.2 水

　生命は原始の海から生まれ，陸上に進出していった．そのため，陸上に進出した生物の体液や細胞の中の組成は海水にそっくりである．この点は，陸上に進出した生物だけでなく，飽和塩水，熱硫黄泉，石油の中などの特殊環境に生きる生物も同様である．すべての生きた細胞は，水がなければ生育できない．ほとんどの生きた細胞で，水は細胞の質量の 60～90% を占める．

　タンパク質，多糖類，核酸，膜などの細胞の高分子成分は，水に応答して形を決める．水は非常に重要な溶媒であると同時に，多くの細胞反応の基質でもある．生体構造，生命現象は水の物理化学的性質をもとに成り立つため，本節では，まず水の性質について説明する．

　水分子では，酸素 O と水素 H の電気陰性度（電子を引き付ける相対的な強さ）の差によって，図 2.4 (a) に示すように水素は部分的に正電荷 δ^+ を，酸素は部分的に負電荷 δ^- を帯びる領域をもつ．水分子 H-O-H の結合角は 104.5° となり，原子は直線上に並ばない（結合角が 180° とならない）ため，図 2.4 (b) に示すように水分子全体として電気双極子が生じる．

　このように，水は極性（電気双極子）をもつので，図 2.5 に示すように，水分子どうしは正負の電荷による電気的な吸引作用により結合する．この結合は水素原子を介して形成されるため，水素結合とよばれる．水素結合をつくることができる分子は水だけでなく，タンパク質（第 4 章参照）や核酸（第 8 章参照）といった生体高分子の分子内や分子間にもみられる．

　水素結合は典型的な共有結合よりかなり弱い．共有結合を切断するのに必要なエネルギーは，O-H で約 460 kJ mol^{-1}，C-H で約 410 kJ mol^{-1} であるのに対し，水素結合の切断に必要なエネルギーは約 20 kJ mol^{-1} と見積もられている．この値は水素結合の種類にも依存し，水や水溶液中での水素結合の強さを測るのは難しい．水素結合は，水素原子とそれに結合する二つの電気陰性原子が直線上に並ぶときに最も安定する．

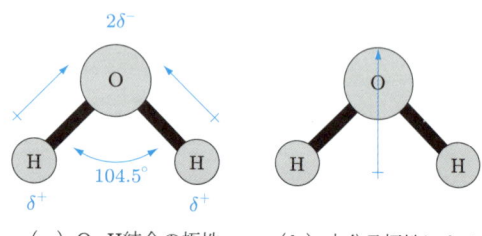

(a) O-H 結合の極性　　(b) 水分子極性による正味の双極子

● 図 2.4 ●　水分子の極性
（結合が直線状に並ばないため，部分的な正負電荷が双極子をつくる．矢印は負電荷に向かう双極子を示し，正電荷端は + とした）

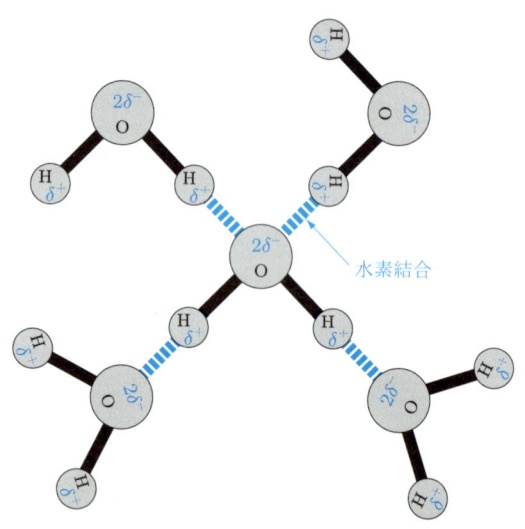

● 図 2.5 ●　水分子間の水素結合
中央の水分子に最大 4 個（平均 3.4 個）の水が水素結合する．

2.3 細胞の構成

　地球上のすべての生物は，約 40 億年前に存在した，ただ一つの原始細胞から派生したと考えられている．共通の祖先であるという証拠は，すべての生物に共通する一連の生化学的な基本成分があること，代謝様式の概略が同じであること，共通の遺伝暗号がみられることである[*5]．

図2.6に示すように，生物は原核生物と真核生物の二つに大きく分けることができる．原核生物は細胞内に核をもたない生物で，真核生物は細胞内にDNA（デオキシリボ核酸）を膜で囲った核をもつ生物である．本節では，原核生物と真核生物の細胞構造について説明する．

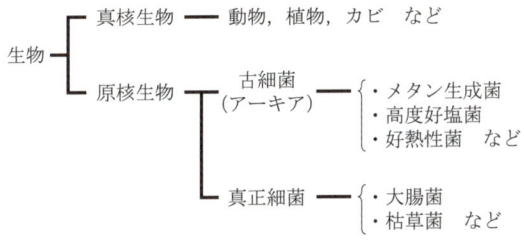

●図2.6● リボソームRNA[*6]の塩基配列に基づく生物の分類

2.3.1 原核生物

原核生物（prokaryote）は単細胞生物であり，ほとんどのものが1〜10 μm[*7]程度の大きさである．細菌は単細胞であるが，細胞が集合して特定の形をつくるものがあり，ときには1列に並んでできた糸状体が分岐したり，糸状体が1本の鞘の中に含まれることもある．図2.7に典型的な原核生物の細胞（原核細胞）の構造を示す．ほとんどの原核生物は，内部区画（仕切り）が存在せず，堅い細胞壁に囲まれている．核物質であるDNAは染色体構造をとらず，核様体として存在している．この核様体は，核膜がないため直接細胞質中に存在しており，転写と翻訳（8.9，8.10節参照）が緊密に結びついて同時に起こりうる[*8]．細胞中に葉緑体，ミトコンドリア，小胞体などの小器官は存在せず，リボソーム（ribosome）などの粒子を保有している．細胞膜は，しばしば発達して細胞質中に陥入し，メソソームという多層構造を形成する．一部の細菌には，1本または多数の鞭毛によって運動するものもいる．

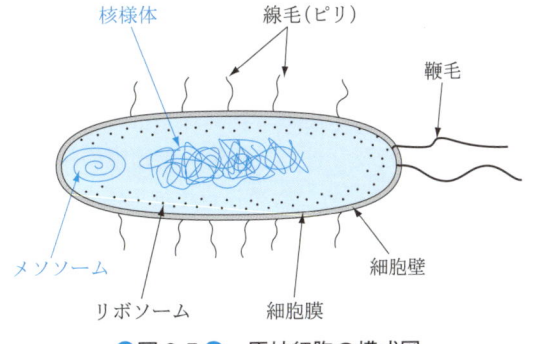

●図2.7● 原核細胞の模式図

Coffee Break

原核生物は古細菌（アーキア）と真正細菌に分類される

細胞を構成する分子の構造に着目すると，図2.6に示したように原核生物は進化系統樹的に二つのグループに分けられる．一つは古細菌（アーキア，または始原菌ともよばれる）のグループで，もう一つは真正細菌のグループである．古細菌にはメタン生成菌，高度好塩菌，好熱性菌などの極限環境微生物が数多く含まれ，真正細菌には大腸菌や枯草菌などが含まれる．古細菌と真正細菌は，リボソーム小サブユニットに含まれるRNA（8.8節参照）の塩基配列の差異によって[*9]独立した分類群に分けることができる．

2.3.2 真核生物

真核生物（eukaryote）を構成する真核細胞は，通常，直径が10〜100 μmあり，体積は原核細胞の千〜百万倍もある．図2.8に示すように，真核細胞には細胞内小器官とよばれる複数の膜に囲まれた構造や膜が重なった構造があり，細胞内の仕事を分担している．本節では，細胞内小器官である核，小胞体，ゴルジ体，ミトコンドリア，リソソーム，ペルオキシソーム，葉緑体について説明する．

[*5] これらの共通性には多少の変化がみられるものの，まれで少ない．
[*6] 本ページのCoffee Breakを参照．
[*7] μmはマイクロメーターと読む．1 μmは1/1000 mmである．
[*8] mRNAの小胞体への移動がなく，ごちゃまぜの状態で反応が起こる．つまり，核がないので，mRNA合成とタンパク質合成が別々に行われていない状態である．
[*9] 生物の分類や進化系統樹の作成に，最も一般的な指標として用いられている．

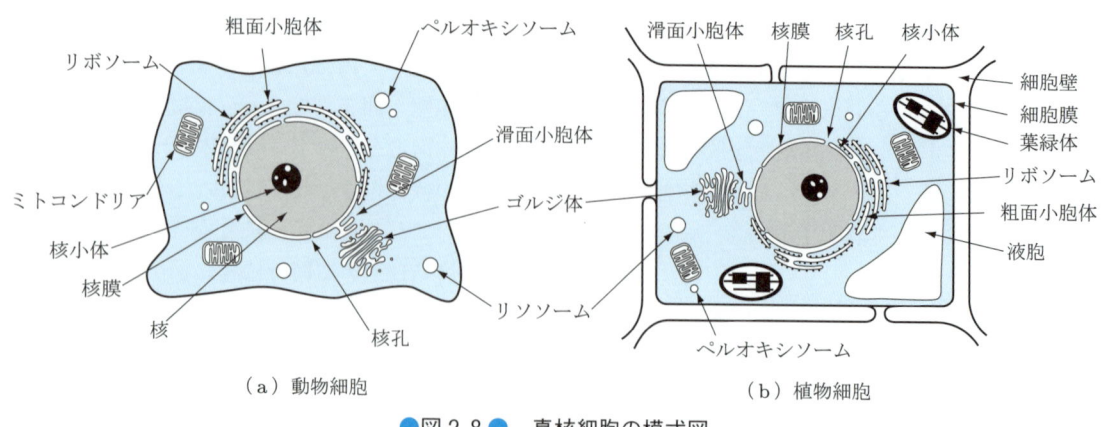

●図 2.8● 真核細胞の模式図

(a) 核

核（nucleus）は，真核細胞に最も特徴的な小器官であり，遺伝情報の担い手である DNA を含む染色体の局在する場所である．細胞の分裂期（M 期）を除く間期（G_1，S，G_2 期）の細胞にある核と，分裂を止めて分化した細胞の核を総称して代謝核という．この代謝核は特殊な細胞を除いて，1 細胞当たり一つの核をもつ．核の大きさは生物のゲノムサイズ（遺伝子情報を担う DNA の長さ）と相関性があり，脊椎動物で 3〜10 μm，酵母などの菌類で 1 μm 以下となる．

ほとんどの核には，色素でよく染まる核小体が少なくとも一つあり，ここでリボソームをつくる．核小体はリボソーム RNA をコードする遺伝子を多くもつ染色体の部分を含み，その遺伝子を転写して RNA をつくる（8.6 節参照）．

例題 2.1　(a) 真核生物と (b) 原核生物の遺伝子 DNA は，細胞内でどのように存在するか，その違いを説明せよ．

解答

(a) 真核生物

　DNA は，ヒストン 8 量体に DNA が約 2 回巻き付いたヌクレオソームという単位粒子が連なったクロマチン繊維で構成されている．クロマチン繊維は，ソレノイドというらせん状の構造に折りたたまれる．ソレノイドはチューブ状のコイル構造に，このチューブはさらに太い最終コイルというらせん構造をとっている．図 2.9 に示すように，真核生物の DNA は階層的折りたたみ構造によって高度に圧縮され，核に収まっている．

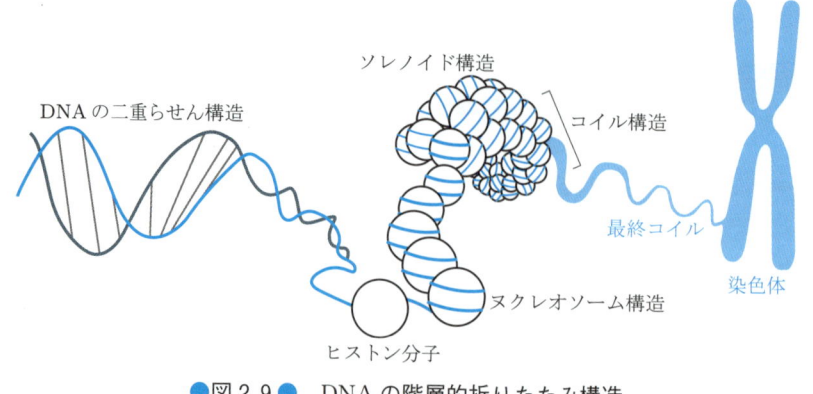

●図 2.9● DNA の階層的折りたたみ構造

(b) 原核生物
　　核が存在せず，DNAは環状で，二重らせんがよじれてつくられる超らせん構造により折りたたまれている．

(b) 小胞体とゴルジ体
　真核細胞の細胞質（cytoplasm）に存在する1重膜（小胞体膜）に包まれた袋状の構造物を小胞体（endoplasmic reticulum）という．この小胞体の大部分は粗面小胞体とよばれ，膜タンパク質や分泌タンパク質を合成するリボソームがちりばめられている．リボソームのない小胞体は滑面小胞体といい，脂質合成を行う．小胞体で合成された分泌タンパク質や細胞膜タンパク質などは，輸送小胞によってゴルジ体に運ばれる．小胞体で合成されたタンパク質を受けとったゴルジ体は，タンパク質を修飾・加工して別々の小胞に包装し，細胞膜やリソソームといった最終目的地に選別輸送する．

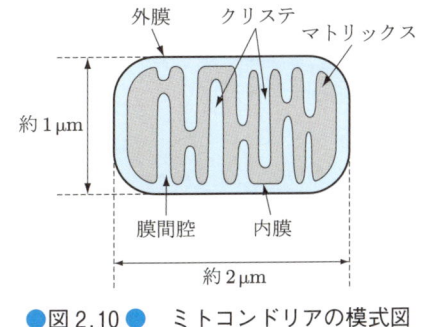

●図2.10●　ミトコンドリアの模式図

(c) ミトコンドリア
　ミトコンドリア（mitochondrion，複数形はmitochondria）は，真核細胞を特徴づける細胞内の呼吸（respiration，好気代謝）[*11]・エネルギー生成器官である[*12]．ミトコンドリアの大きさや形は一定ではないが，約 $1.0 \times 2.0\,\mu m$ の細長い卵形をしている．一般に1細胞当たり，肝細胞では約2500個，植物細胞では100〜200個が含まれる．
　図2.10に示すように，ミトコンドリアは内外2枚のミトコンドリア膜に包まれており，内膜は突出して棚状のクリステを形成する．このクリステの存在はミトコンドリアの基本的な特徴であり，電子顕微鏡観察による形態学的な同定の指標になっている．
　内膜で囲まれた水相部分をマトリックス[*13]とよぶ．内膜とマトリックスは，クエン酸回路（第10章参照）と電子伝達系（第14章参照）および両者に共役する酸化的リン酸化の酵素群をもち，好気条件下におけるエネルギー生産の場所となっている．この酵素群で酸化のエネルギーを使い，アデノシン三リン酸（ATP）の合成を行う（9.3節参照）．ATPはミトコンドリアから細胞質に送り出され，エネルギーを使う反応にエネルギーを供給する．

(d) リソソームとペルオキシソーム
　リソソーム（lysosome）は，形や大きさはさまざまだが，直径約 $0.1〜0.8\,\mu m$ の一重の膜で囲まれた細胞内小器官であり，さまざまな加水分解酵素を含む小胞である．エンドサイトーシス[*14]で取り込んだものや細胞成分を分解したり，再利用したりする．組織学的には，酸性ホスファターゼ

[*10] 細胞分裂とDNA複製にみられる周期性を細胞周期という．細胞分裂するM期，DNA合成の準備期間であるG_1期，細胞がDNA合成するS期，細胞分裂の準備期間であるG_2期に分けられる．

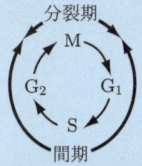

[*11] 呼吸には，肺に取り込んだ空気と血液との間でガス交換をする外呼吸と，組織細胞が養分として取り入れた有機物を分解してエネルギーを取り出し，ATPを生成する内呼吸がある．
[*12] 一部の嫌気性・寄生性の真核生物の中には，ミトコンドリアをもたないものもいる．
[*13] ミトコンドリア基質ともいう．
[*14] 細胞が異物を内部に取り込む作用．取り込まれる物質が固体だと食作用，液体だと飲作用として区別される．

活性陽性*15 のものをリソソームと同定している．

リソソーム内に存在する酵素は酸性領域に至適 pH をもち，細胞質のほぼ中性 pH 領域では活性が非常に弱くなる．リソソーム酵素が細胞質中の生体高分子を分解しない理由は，この pH 感受性とリソソームに封入されているためである．

ペルオキシソーム（peroxisome）は，直径約 0.5 μm の一重の膜で覆われた小胞で酸化酵素を含む．酸化反応によって過酸化水素 H_2O_2 ができる場合があるため，この名前が付いた．一部の過酸化水素は，ほかの物質の酸化に使用される．過剰の過酸化水素は，ペルオキシソームの酵素の一つであるカタラーゼの作用で水 H_2O と酸素 O に分解される．

(e) 葉緑体

葉緑体（クロロプラスト：chloroplast）は光合成を行う細胞内小器官であり，黄色のカロテノイドのほか，多量のクロロフィル（葉緑素）を含むため緑色にみえる．葉緑体は図 2.11 に示すように，直径 5〜10 μm，厚さ 2〜3 μm の凸レンズ

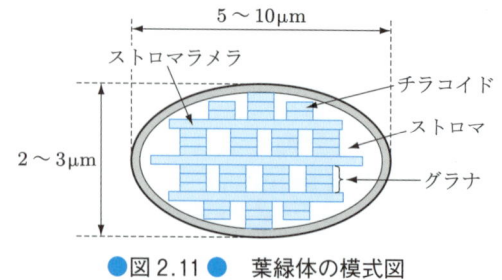

●図 2.11● 葉緑体の模式図

形で，内外 2 層の膜をもつ．内膜の内部にはストロマ*16 というミトコンドリアのマトリックスに似た可溶性酵素を含む部分があるが，ミトコンドリアのクリステのようには折りたたまれておらず，ストロマにはチラコイドという円盤状の袋が互いにつながった構造がある．多くの生物種でチラコイド膜は層状に重なり，この重なった部分をグラナとよぶ．チラコイドでは光合成色素クロロフィルが存在し，クロロフィルで受け止めた光エネルギーを使って二酸化炭素 CO_2 と水から ATP を合成し，さらに ATP を使って糖などの化合物をつくる（第 15 章参照）．

Coffee Break

ミトコンドリアと葉緑体は独自の DNA をもつ

ミトコンドリアにはミトコンドリア特有の DNA，RNA，リボソームがあり，いくつかのミトコンドリア成分を合成する．多くの機能を真核細胞の核内遺伝子由来産物に依存しているものの，ミトコンドリアは分裂増殖する．これらの事実は，ミトコンドリアがもともと独立に生活していた好気細菌であることを示しており，原始の嫌気的な真核細胞に共生したという，共生説の証拠の一つとなっている．

葉緑体もミトコンドリアと同様，核の DNA と異なる独自の DNA をもち，原核生物のものと類似する独自のタンパク質生合成装置が存在する．これも共生説の根拠となっている．葉緑体は，シアノバクテリア（藍色細菌のことで，真正細菌の一群であり，光合成によって酵素を生み出す）と類縁の光合成を行う原核生物が真核細胞に共生したものだと考えられている．

---

*15 pH が酸性条件下でリン酸化合物を分解する酵素．
*16 葉緑体基質ともいう．

演・習・問・題・2

2.1
ミトコンドリアおよび葉緑体に関する下記の文章の正誤を判断し，間違っている場合はその理由を述べよ．
(1) ミトコンドリアと葉緑体は独自のDNAとリボソームをもち，タンパク質合成をしている．
(2) 真核細胞1個当たり，1個のミトコンドリアが存在する．
(3) ミトコンドリア遺伝子には，酸化的リン酸化反応に必要なすべてのタンパク質の遺伝子がコードされている．
(4) ミトコンドリアや葉緑体内のリボソームは，真核細胞の細胞質と同じ80Sの大きさのリボソームをもつ（「S」は沈降定数（Svedberg，スベドベリ）のことで，沈降の単位である）．

2.2
生物を構成する元素と地殻中に存在する元素の組成にはどのような違いがあるか．

2.3
水分子の極性とは何か説明せよ．

2.4
次に挙げるはたらきをもつ小器官は何とよぶか．
(1) それぞれ2個のH2A, H2B, H3, H4のヒストン8量体にDNA二重らせん146塩基対が巻き付いた構造をもつ，真核生物特有のDNA-タンパク質複合体．
(2) 一重の膜で囲まれた直径約 0.1〜0.8 μm の細胞内小器官で，さまざまな加水分解酵素を含む小胞．エンドサイトーシスで取り込んだものや細胞成分を分解したり，再利用したりする．組織学的には酸性ホスファターゼ活性陽性のもので，不要になったタンパク質，核酸，脂質などを分解する．
(3) 一重の膜で覆われた直径約 0.5 μm の小胞で，酸化酵素を含む．酸化反応によって過酸化水素 H_2O_2 ができる場合がある．

第3章

糖

本章では，糖の分類，化学構造，さらには糖が関与する簡単な反応について紹介する．糖は炭水化物ともよばれ，ポリヒドロキシアルデヒドまたはポリヒドロキシケトンの構造をもつもの，または加水分解によりこれらの化合物を与える物質のことである．糖は生物の生命活動に深く関与している．また，最近では糖鎖工学分野が発展してきており，医療分野にも大きな影響を与えている．

KEY WORD

| 炭水化物 | 単 糖 | 二 糖 | オリゴ糖 | 多 糖 |
| 光学異性体 | 立体配置 |

3.1 糖の分類

炭水化物は構造によって，単糖，二糖，オリゴ糖，多糖の四つに分類される．このように分類された4種類の炭水化物は，加水分解を介して互いに深い関連がある．たとえば，図3.1のように多糖のデンプンを加水分解すると二糖のマルトースになり，さらに加水分解すると単糖のグルコースになる．

単糖は，それ以上加水分解されない炭水化物のことである．多糖類は数百〜数千という極めて多くの単糖単位で構成され，同じ単糖単位だけで構成されているものが主である．たとえば，デンプンとセルロースは代表的な多糖であるが，いずれもグルコース単位だけが連なった構造である．オリゴ糖は，一般に2，3の単糖単位が連なったものであり，結合している単糖単位の数によって二糖，三糖などとよぶ．このような場合，構成成分の単糖はすべて同一の種類だが，まったく異なることもある．たとえば，マルトースはグルコース単位二つからなる二糖であるが，スクロースはグルコースとフルクトースという二つの異なる単糖が結合したものである[*1]．

$$\underset{\text{デンプン}}{\underset{\text{多糖}}{(C_{12}H_{20}O_{10})_n}} \xrightarrow{\text{加水分解}} \underset{\text{マルトース}}{\underset{\text{二糖}}{nC_{12}H_{20}O_{10}}} \xrightarrow{\text{加水分解}} \underset{\text{グルコース}}{\underset{\text{単糖}}{2nC_6H_{12}O_6}}$$

● 図3.1 ● 多糖から単糖までの加水分解反応経路

*1 アルデヒドとケトンは，ともにカルボニル化合物とよばれている．官能基はアルデヒドが CH=O であるのに対し，ケトンは C=O である．一般には，アルデヒドのほうがケトンよりも反応性が高く，とくに還元性を示すという特徴がある．

3.2 単糖

単糖は構成する糖の炭素数により，トリオース，テトロース，ペントース，ヘキソースなどに分類できる．また，結合しているカルボニル基の種類によっても分類され，カルボニル基がアルデヒド CH=O の場合はアルドース，ケトン C=O の場合はケトースと分類される．

トリオースに分類されるのは，グリセルアルデヒドとジヒドロキシアセトンの二つだけである．どちらも分子内にヒドロキシ基（-OH）を二つとカルボニル基（>C=O）を一つもつ構造である．

図 3.2 に示すように，アルドースの最小単位はグリセルアルデヒド，ケトースはジヒドロキシアセトンである．どちらもグリセリンの一つのヒドロキシ基がカルボニル基に置換された化学構造である．

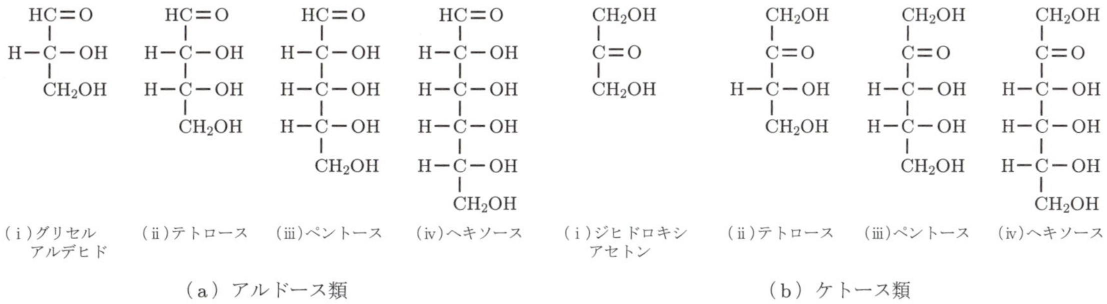

(i) グリセルアルデヒド　(ii) テトロース　(iii) ペントース　(iv) ヘキソース

(a) アルドース類

(i) ジヒドロキシアセトン　(ii) テトロース　(iii) ペントース　(iv) ヘキソース

(b) ケトース類

●図 3.2● アルドースとケトースの構造例

3.3 単糖の光学異性体

アルドースの最小単位であるグリセルアルデヒドの化学構造では，不斉炭素原子[*2]が C-2 位に存在するので二つの光学異性体があり，そのうち右旋性の異性体は R 絶対配置をもつことになる[*3]．

糖の立体構造を解明したのはフィッシャー[*4]であり，フィッシャー投影式とよばれる構造式を考案した．フィッシャー投影式に示されている水平線は紙面から表側に向いて出ている置換基を示し，垂直線は逆に紙面の裏側へ出ている置換基を示している．したがって，S-(−)-グリセルアルデヒドの不斉中心は 2 本の直線の交点として示され，図 3.3 のように描くことができる[*3]．

フィッシャーはまた，R, S 命名法よりも優先する立体化学の命名法を考案し，現在でも糖やアミノ酸の命名でよく使われている．フィッシャー

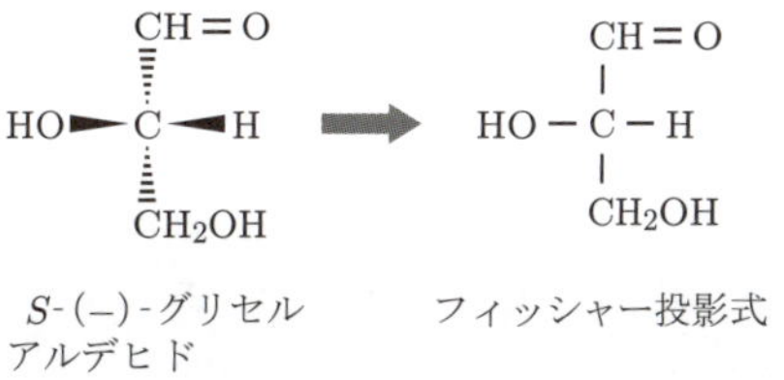

S-(−)-グリセルアルデヒド　　フィッシャー投影式

●図 3.3● S-(−)-グリセルアルデヒドのフィッシャー投影式

[*2] ある炭素原子に結合している四つの置換基がすべて異なる場合，その炭素原子を不斉炭素とよぶ．
[*3] 異性体の立体配置について 4 種類の置換基に順位をつけ，最低順位の置換基の裏側からみて，残りの 3 個の置換基が順位の上位から順に時計回りに並んでいれば「R」，反時計回りなら「S」を化合物名の前に付ける．また，「D」は dextrorotatory の略で右旋性，「L」は levorotatory の略で左旋性という意味である．（＋）-体，（−）-体はそれぞれ時計回り，反時計回りの配置を意味する．
[*4] フィッシャー（E. H. Fischer, 1852-1919）はドイツの化学者である．グルコースの立体構造を決定し，不斉炭素原子理論に支持を与えた．糖類とプリン誘導体の研究業績により，1902 年にノーベル化学賞を受賞している．

投影法では，ヒドロキシ基（-OH）が右に書かれる（＋）-グリセルアルデヒドの立体配置は小さな大文字“D”を付けて表し，その対掌体のヒドロキシ基が左に書かれるものはL-(－)-グリセルアルデヒドと定義している．フィッシャー投影法では，図 3.4 のように酸化度が最も高い炭素（CH=O）を一番上に書く約束になっている．

このフィッシャー命名法は，ほかの単糖にも適用できる．すなわち，アルデヒドまたはケトンから最も遠くにある不斉な炭素原子が，D-グリセルアルデヒドと同じ立体配置（ヒドロキシ基が右側にくるもの）をもつとき，その化合物はD-単糖であり，L-グリセルアルデヒドと同じ立体配置（ヒドロキシ基が左側にくるもの）をもつときはL-単糖である，と定義する．

（a）L-(－)-グリセルアルデヒド　（b）D-(＋)-グリセルアルデヒド

●図 3.4● グリセルアルデヒドのフィッシャー投影式

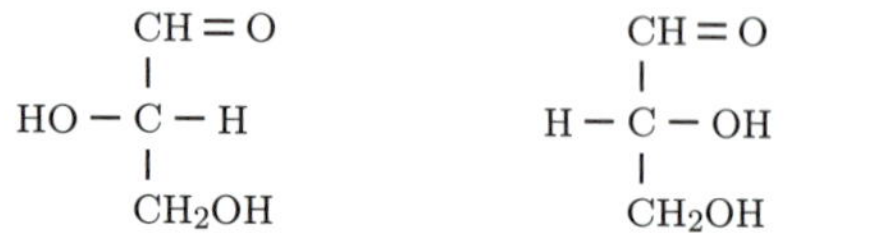

図 3.5 に，ヘキソースまでのD-アルドースすべてをフィッシャー投影式で示す．

D-(－)-エリトロースとD-(－)-トレオースとを比較してみると，両方とも C-3 位の立体配置は同じだが C-2 位の配置は逆になっている．したがって，両者は鏡像体の関係にはないが，立体異性体（ジアステレオマー）である．つまり，四つのD-ペントースのジアステレオマーと八つのD-ヘキソースのジアステレオマーが存在するこ

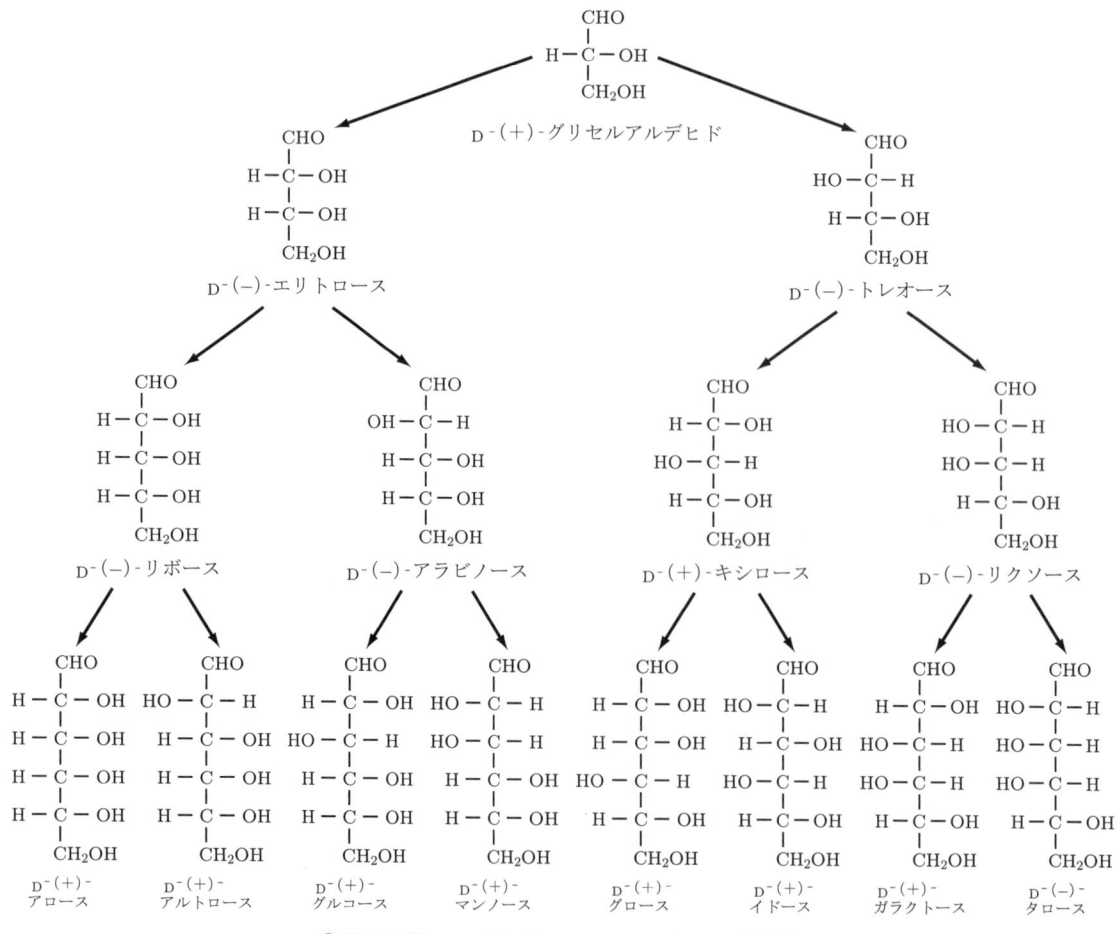

●図 3.5● D-アルドースのフィッシャー投影式

とになっている.

エピマーは, 不斉炭素原子の立体配置が一つだけ逆の関係になっている1対の立体構造異性体のことである*5. たとえば, D-(−)-エリトロースとD-(−)-トレオースはそれぞれのジアステレオマーであり, なおかつエピマーの関係でもある. 同様に, D-(+)-グルコースとD-(+)-マンノースもC-2位に関して, D-(+)-グルコースとD-(+)-ガラクトースもC-4位に関してエピマーである. どのエピマー対でも, 一つの不斉炭素原子以外はすべて同じ立体配置である.

> **例題 3.1** L-フルクトースとD-フルクトースのフィッシャー投影式をそれぞれ描け.
>
> **解答** フルクトースは五炭糖である. まず, 天然に存在するD-フルクトースの立体配座式を描くと図3.6の左端のようになる. 次に, 立体配座式をもとにフィッシャー投影式を描くと同図中央の構造になる. L-フルクトースとD-フルクトースは鏡像異性体の関係にあるので, D-フルクトースのキラル中心の立体配置を鏡に映したように反転させれば, 同図右端のようにL-フルクトースのフィッシャー投影式を描くことができる.

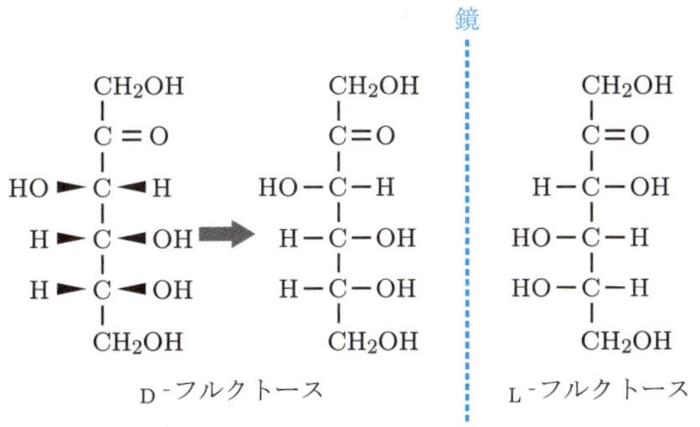

● 図3.6 ● D, L-フルクトースのフィッシャー投影式

3.4 単糖のアノマー炭素と変旋光

3.3節で説明したように, グルコースの非環状アルデヒド構造C-1位炭素原子は不斉炭素ではないが, 環状構造となったときに不斉炭素になる. このようにして生じた不斉炭素中心の立体配置に基づいて二つのヘミアセタール*6が生成することになる. このヘミアセタール炭素のことをアノマー炭素とよぶ. また, この炭素の立体配置のみが逆の関係にある2種類の環状単糖のことをアノマーとよぶ. アノマーには, C-1位のヒドロキシ基の立体配置の違いによりα型とβ型の二つの型がある.

α型ならびにβ型のD-グルコースの不斉炭素中心は, 図3.7に示すようにアノマー炭素C-1以外はすべて同じ立体配置である.

D-グルコースをメタノールから再結晶するとα型, 酢酸から再結晶するとβ型のヘミアセタールが得られる. このα型とβ型は, それぞれジアステレオマーの関係にあるので, 融点や比旋光度などの物性は大きく異なる値になる.

D-グルコースのα型およびβ型は, 水溶液中で相互変換できる. α-D-グルコースの結晶を水に溶解すると比旋光度は初期値 +112° から徐々に減少し, +52° で平衡に達する. これに対して, β型の結晶を用いても比旋光度は初期の +19° から

---

*5 2箇所以上の光学中心をもつジアステレオマーの関係にある化学物のうち, 1箇所の光学中心の立体配置が異なる.
*6 一つの炭素にヒドロキシ基とアルデヒドをもつ.

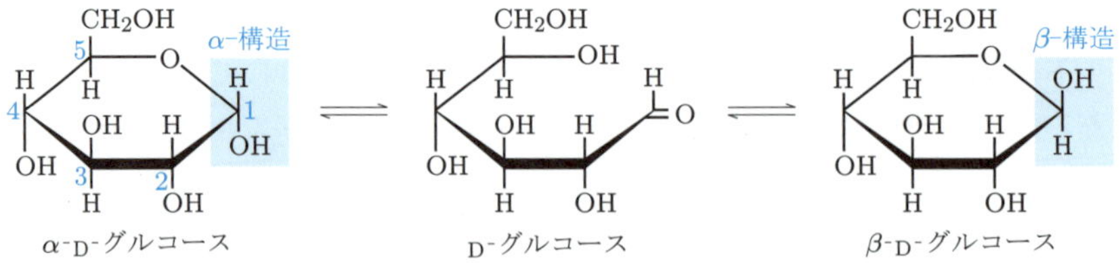

●図 3.7● α型，β型のD-グルコースの構造*7

しだいに変化して，同様に +52° の平衡値に達する．このように旋光度が変化する現象のことを変旋光とよぶ．これは，ヘミアセタール体から出発しても環は直鎖状アルデヒドに開環し，再環化するときに α型と β型の二つを生じることと，平衡混合物になることを示している．

3.5 ピラノースとフラノース

単糖では，一般に六員環構造は立体的にひずみがなく安定であり，ピラン誘導体として六員環の含酸素ヘテロ環化合物からピラノースとよばれている．

ピラノースは C-5 位のヒドロキシ基がカルボニル基と反応して形成されるものである．一方，いくつかの糖では C-4 位のヒドロキシ基が反応する．この環状ヘミアセタールは五員環であり，五員環の含酸素ヘテロ環化合物であるフラン誘導体としてフラノースとよばれる．グルコースのフラノース構造は 1% 以下しか存在できないが，ケトースの一種である D-フルクトースは，図 3.8 のように水溶液中で主に二つのフラノース形で存在する．C-2 位のカルボニル炭素と C-5 位のヒド

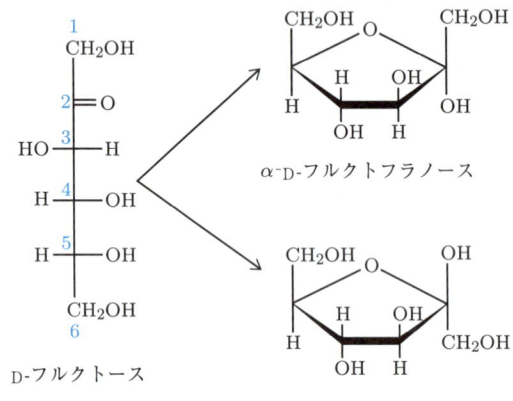

●図 3.8● D-フルクトースの二つのフラノース系の構造

ロキシ基をもった炭素とが環化して，フラノース環を生成している．

3.6 ピラノースの立体配座

ハワース投影式*8 では，アルドヘキソース中の環をなす六つの原子を紙面に垂直な六角形で表す投影式を示した．ハワース投影式では，図 3.9 のようにピラノース環を平面として示すが，実際にはシクロヘキサンと同様にいす型立体配座をとりやすい．この投影式を用いると，D-グルコースの環内炭素上の大きな置換基はすべてエクアトリアル位*9 になることが示され，グルコースが自然界で最も多い単糖であることの理由につながる．しかし，アノマー炭素 C-1 においては，ヒドロキシ基はアキシアル位あるいはエクアトリアル位の両方が存在することになる．

*7 平衡時，β-Glc が約 6 割，α-Glc が約 4 割である．
*8 ハワース (S. W. N. Haworth, 1883-1950) は，イギリス・ランカシャー州生まれの化学者である．1937 年に，ビタミンCの化学構造解明に関する研究業績でノーベル化学賞を受賞した．
*9 D-グルコースの青色面に対して平行方向に結合しているものをエクアトリアル位 (e)，垂直方向に結合しているものをアキシアル位 (a) とよぶ．

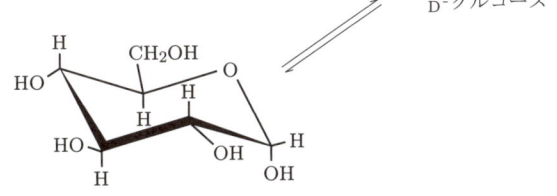

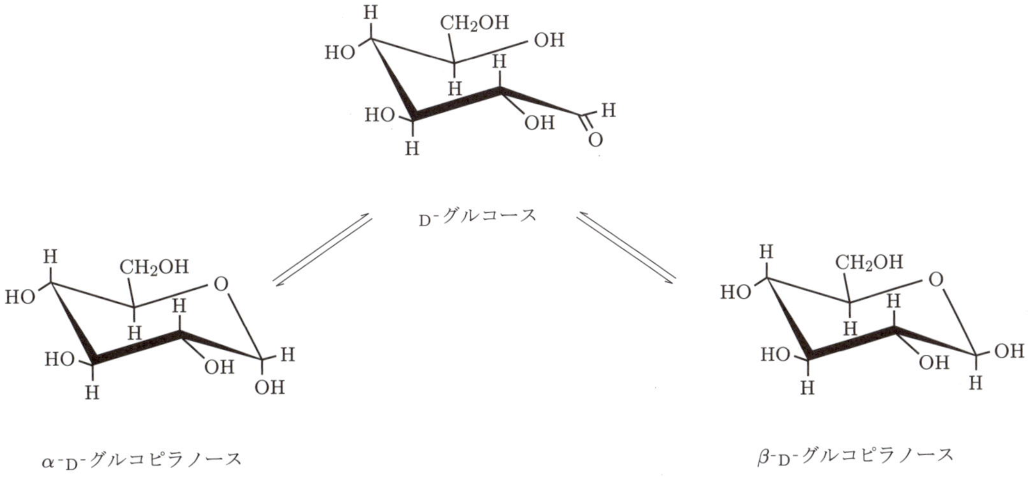

●図 3.9● D-グルコピラノースの構造

3.7 単糖のエステルとエーテル

単糖はヒドロキシ基をもっているので，酸塩化物や酸無水物と反応してエステルを生成する．図3.10のように β-D-グルコースを過剰量の酢酸無水物と反応させると，五つのヒドロキシ基すべてが酢酸とのエステル化反応によってアセチル化され，β-D-グルコピラノースペンタアセテートが生成する．

また単糖のヒドロキシ基は，図 3.11 に示すようにハロゲン化アルキルと塩基との反応によってエーテルに変換される．単糖は強塩基に対して不安定であるため，弱塩基の酸化銀 Ag_2O が広く用いられている．

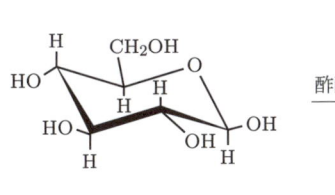

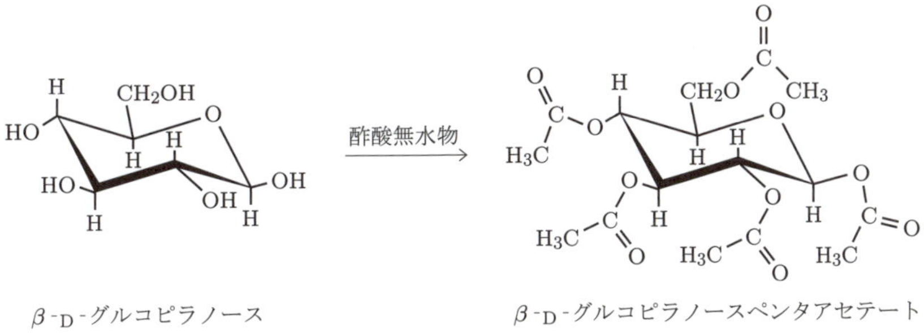

●図 3.10● β-D-グルコピラノースのアセチル化反応

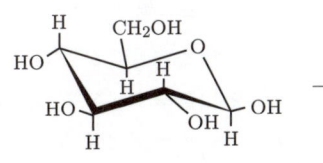

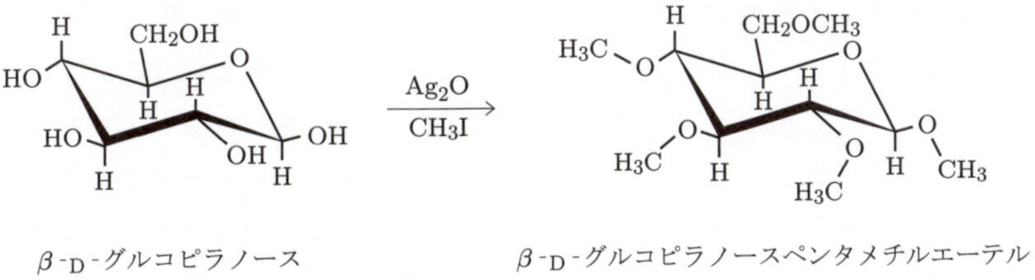

●図 3.11● β-D-グルコピラノースのエーテル化反応

3.8 単糖の還元

アルドースとケトースのカルボニル基は還元剤によって還元される．還元生成物のポリオールはアルジトールとよばれている．図 3.12 に示すように，D-グルコースは接触水素添加や水素化ホウ素ナトリウム $NaBH_4$ などの試薬によって還元され，D-ソルビトールに変換される．ソルビトールは糖尿病患者用の食品甘味剤として広く使用されている．

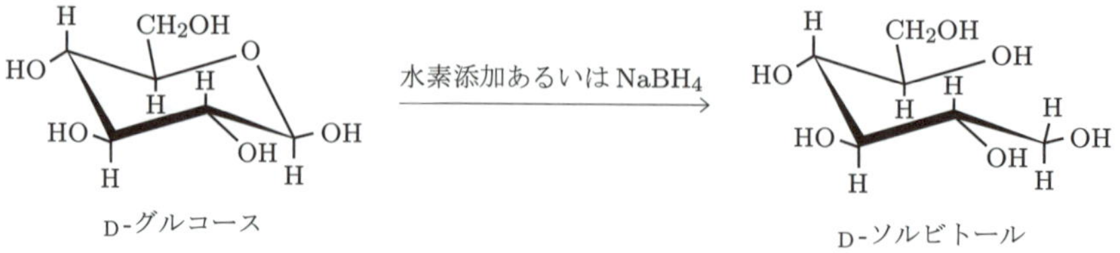

●図 3.12 ● D-グルコースの還元反応

3.9 単糖の酸化

分子内で遊離されるアルデヒド基は，おだやかな酸化条件下で容易にカルボン酸へ酸化される．この酸化生成物がアルドン酸である．D-グルコースはグルコースオキシダーゼのような酵素によって容易に酸化されて D-グルコン酸になる．

また，硝酸銀 $AgNO_3$ 水溶液のような強い酸化剤を用いると，アルデヒド基と第一級アルコール基の二つが酸化され，ジカルボン酸であるアルダル酸が生成する．図 3.13 に示すように，D-グルコースからは D-グルカル酸が得られる．

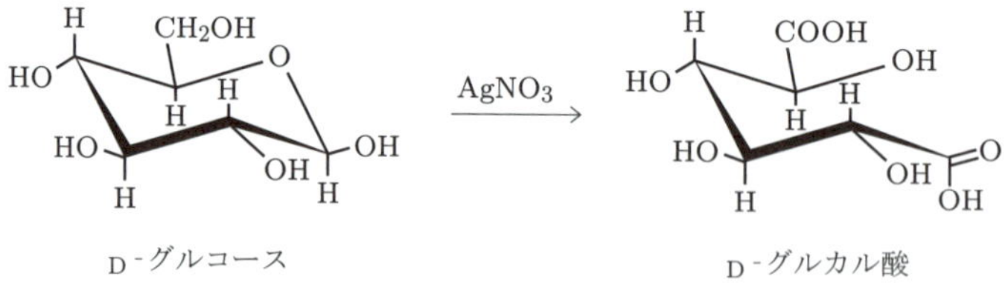

●図 3.13 ● D-グルコースの酸化反応

3.10 グリコシドの生成

単糖からのグリコシド生成は生体内でのアルコールやフェノールを保持するための重要な性質である．単糖は環状ヘミアセタールとして存在しているため，アルコール 1 mol と反応してアセタールを生成する．図 3.14 に示すように，塩酸中において β-D-グルコースとメタノール CH_3OH を反応させると，2 種類のグリコシドが生成する．この反応では，アノマー炭素原子上のヒドロキシ基だけが OR 基で置換され，このようにして生成

するアセタールのことをグリコシド（配糖体）という．また，アノマー炭素と OR 基との間の結合をグリコシド結合という．グルコースからできるアセタールはグリコシド，マンノースからできるアセタールはマンノシドとなる．

天然物中のアルコールやフェノール類は，細胞中でグルコースとグリコシド結合して存在している．これは，細胞質に不溶性である物質がグリコシドの形に変換されていると，糖の部分がヒドロ

キシ基を多くもつことになり細胞質中への溶解性が高まるからである．たとえば，解熱剤として知られている柳の樹皮中に含まれる苦み成分のサリシンは典型的なグリコシドである．

β-D-グルコピラノース　　メチルβ-D-グルコピラノシド

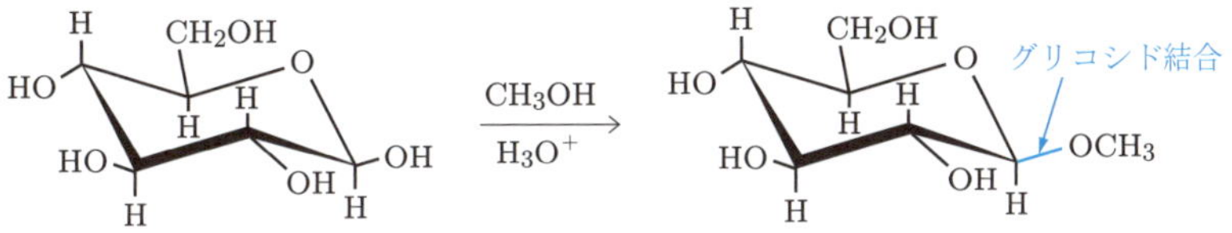

●図 3.14●　グリコシドの合成反応

3.11 二糖

糖類は，単糖，二糖，オリゴ糖，多糖に分類される．多糖類を高分子ととらえた場合，その単量体のほとんどは単糖もしくは二糖になる．また二糖は，単糖 2 分子が 1 番目の単糖のアノマー炭素と 2 番目の単糖のヒドロキシ基との間でグリコシド結合を形成した化学構造であり，糖類の構造や性質を知るうえで重要である．本節では，とくに重要性の高い 4 種類の二糖について説明する．

3.11.1 マルトース（麦芽糖）

マルトース[*10]はデンプンにアミラーゼを作用させ，部分的に加水分解することによって得られる二糖である．その化学構造を図 3.15 に示す．マルトースをさらに加水分解すると 2 分子の D-グルコースが生成する．この化学構造は，二つのグルコースの左側のアノマー炭素が右側の C-4 位のヒドロキシ基との間でアセタール結合したものである．この結合を α-1,4-結合という．左側のグルコースのアノマー炭素の立体配置は α 型である．しかし，右側のグルコース単位のアノマー炭素は，α 型と β 型のどちらの立体配置もとれることになる．また，還元性を示すため，マルトースは還元糖である．

●図 3.15●　マルトースの構造

3.11.2 セロビオース

セロビオース[*11]は，セルロースを部分的に加水分解すると得られる二糖であり，マルトースの異性体である．その化学構造を図 3.16 に示す．マルトースと異なる点は，左側のグルコース単位の C-1 位が β 配置をもっている点である．これは β-1,4-グリコシド結合という．この点以外は，すべてマルトースの構造と同じである．

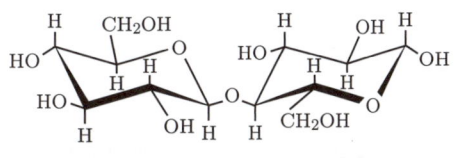

●図 3.16●　セロビオースの構造

3.11.3 ラクトース

ラクトースは母乳に含まれる重要な糖である．その化学構造を図 3.17 に示す．ラクトースを加水分解すると D-ガラクトースと D-グルコースがそれぞれ 1 分子ずつ生成する．ガラクトース単位

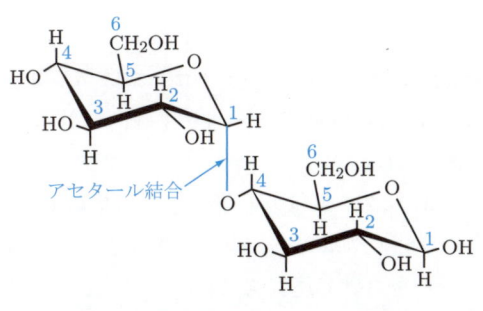

*10　マルトースは，デンプンのモノマー単位である．
*11　セロビオースは，セルロースのモノマー単位である．

●図 3.17● ラクトースの構造

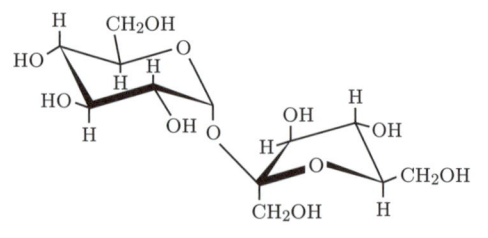

●図 3.18● スクロースの構造

のアノマー炭素は β 配置をもち，これがグルコース単位の C-4 位ヒドロキシ基とグリコシド結合，つまり β-1,4-結合を形成している．

ガラクトースをグルコースへ異性化させる酵素（β-ガラクトシナーゼ）を欠き，母乳を消化吸収できないガラクトセミアとよばれる先天性の病気をもつ乳幼児もいる．

3.11.4 スクロース（ショ糖）

二糖の中で最も重要なものは砂糖のスクロースである．その化学構造を図 3.18 に示す．スクロースはすべての光合成植物中に存在し，エネルギー源として作用している[*12]．

スクロースにインベルターゼ（異性化酵素）[*13]を作用させて加水分解すると，D-グルコースとケト糖の D-フルクトースが 1 分子ずつ得られる．スクロースは二つの構成単糖のアノマー炭素どうしがグリコシド結合，つまりグルコース単位の C-1 位とフルクトース単位の C-2 位とが酸素原子を介して結合している．この点は，他の二糖との明白な違いである．もう一つ異なる点は，フルクトースが五員環をもった糖，いわゆるフラノース形をとっていることである．アノマー炭素どうしがグリコシド結合しているので，どちらの単糖単位にもヘミアセタール基が残らない．このため，スクロースには開環形との間の平衡は存在しない．また，遊離のアルデヒド基も存在しないため，スクロースは非還元糖であり，他の二糖と単糖がすべて還元糖であることとは対照的である．

3.12 多糖

多糖とは，数多くの単糖分子がグリコシド結合したものであり，多様な鎖長と分子量をもっている．多糖は完全に加水分解すると単一の単糖になるものが多く，この単糖単位が直線状あるいは分岐した結合により多糖を形成している．

3.12.1 貯蔵多糖（デンプンとグリコーゲン）

デンプンは高等植物のエネルギー貯蔵物質であるので，そのため穀類，イモ類，トウモロコシ，米などの主成分は当然デンプンである．高等植物は，デンプンの形態でグルコースを貯蔵している．

デンプンは，主に α-1,4-グリコシド結合でつながったグルコース単位からなる．デンプンに α-アミラーゼを作用させて部分的に加水分解するとマルトースを生じ，さらに完全に加水分解すると D-グルコースとなる．しかし，α-1,6-グリコシド結合による別のグルコース鎖も存在している．

デンプンは，アミロースとアミロペクチンの 2 成分からなる．デンプンは約 20% がアミロースで構成されており，このアミロースはグルコース単位が α-1,4-結合で 50〜300 連続的に結合した分子鎖である．

アミロペクチンは分岐構造をもつ多糖である．300〜5000 のグルコース単位で構成されているが，α-1,4-結合だけで連続的に結ばれている分子鎖長は比較的少なく 25〜30 である．分岐点では，こ

[*12] 二糖の中で，スクロースは還元糖にならない数少ない例である．
[*13] 組換えインベルターゼを用いて生産されている異性化糖（液糖）は，ジュースなどに利用されている．

の短い分子鎖が α-1,6-結合で別のグルコース鎖に結合している．デンプンが水中で膨潤してコロイド状の溶液になるのは，この分岐構造が原因である．

グリコーゲンは動物組織の貯蔵多糖である．デンプンと同様にグルコース単位が α-1,4-，α-1,6-結合で連なった構造をもつ．分子量はデンプンと比較すると大きく，およそ 10 万のグルコース単位からなる高分子である．化学構造はアミロペクチン以上に分岐構造が多く，グルコース単位が 8〜12 ごとに分岐点を有している．

グルコースが腸から吸収され，血液によって肝臓や筋肉に運ばれたのち，酵素のはたらきで重合することによってグリコーゲンを生成する．動物体内におけるグリコーゲンの役割は，摂取した過剰量のグルコースを除去するのと同時に貯蔵し，細胞にとってエネルギーが必要となったときにはその供給源となり，血液中のグルコース濃度の均衡を保つことである．

3.12.2 構造多糖（セルロース）

木材，木綿，麻，亜麻，麦わら，トウモロコシの穂柄などの主要成分がセルロースである．セルロースは，図 3.19 に示すようにグルコースが β-1,4-グリコシド結合でつながった分岐のない高

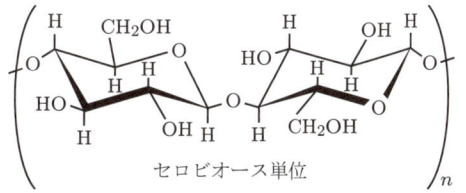

●図 3.19● セルロースの構造

分子化合物である．セロビオース単位が直鎖状につながった分子は平均 5000 のグルコース単位からできており，さらに隣り合った分子鎖がヒドロキシ基間で水素結合して強度の高い繊維になっている．

デンプンとセルロースの化学構造の相違点はグリコシド結合の違いだけである[*14]が，ヒトや動物は，セルロースを消化できない．ヒトの消化器官には α-グリコシド結合の加水分解を触媒する酵素だけが存在しており，β-グリコシド結合の加水分解はできない．一方，セルロースを分解できる酵素であるセルラーゼをもったバクテリアは数多く存在し，たとえば，シロアリはこのようなバクテリアを腸管内に宿しているので木材を主食として繁殖することができる．ウシなどの反すう動物は，こぶ胃の中に消化に必要な微生物を共生させているため，草などのセルロース源を消化して D-グルコースを利用することができる．

Coffee Break

人工甘味料アスパルテーム

食品化学分野でブームをよんでいるものに人工甘味料がある．人工甘味料は糖に代わるものであり，化学合成された物質である．最近，とくに健康食品として話題をよび，広く用いられているものがアスパルテームである．アスパルテームはアスパラギン酸と L-フェニルアラニンとを有機化学的な酵素法で結合したものであり，化合物の中に糖の成分は含まれていない．いわゆる「砂糖ではないからカロリーゼロである」というものである．アスパルテームは，菓子や飲料に広く使われている．

[*14] デンプンとセルロースは，グリコシド結合の位置の違いだけで水溶性・不溶性になることに着目する．

演・習・問・題・3

3.1
トレハロースは昆虫の血液に含まれる糖であり，化学構造は図 3.20 のようになる．トレハロースが加水分解される際に得られる単糖の化学構造はどのようなものになるか答えよ．

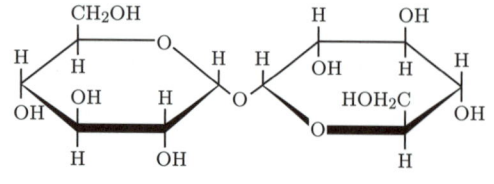

●図 3.20● トレハロースの化学構造

3.2
アルドペントースの異性体構造はいくつ存在するか．D-糖と L-糖とに分けて答えよ．

3.3
L-グルコース，L-ガラクトースのフィッシャー投影式を示せ．

3.4
水に溶解した α-D-グルコピラノースと β-D-グルコピラノースの比旋光度は，それぞれ $+112.2°$ および $+18.7°$ である．平衡時の比旋光度が $+52.6°$ であるとき，平衡時における α- および β-アノマーの存在比を計算せよ．

第4章
アミノ酸，ペプチド，タンパク質

本章では，アミノ酸，ペプチド，タンパク質の構造と性質について説明したあと，タンパク質のもつ機能について説明する．

タンパク質はアミノ酸から構成される高分子であり，生物学的機能はこの立体的な構造により決定される．タンパク質は筋肉や皮膚の成分としてだけでなく，酵素やホルモンなどの成分として重要な機能を果たしている．

KEY WORD

| 光学異性体 | アミノ酸 | 必須アミノ酸 | 両性イオン | 等電点 |
| ペプチド結合 | ポリペプチド | 立体構造 | 変性 | |

4.1 アミノ酸の構造

天然のタンパク質を加水分解して得られるアミノ酸は20種類あり，L型であるといわれている[*1,2]．生体内ではこの20種類のアミノ酸を用いて，DNAからRNAを経てタンパク質を生合成して生命活動を維持している．

アミノ酸の一般式を図4.1に示す．アミノ酸は，α-炭素原子（中心部の炭素原子）にアミノ基（$-NH_2$）とカルボキシル基（$-COOH$），そしてアミノ酸の種類によって異なるR基が結合している有機化合物である．天然のタンパク質からはR基が異なる20種類のアミノ酸しか見い出されていない．

グリシン以外のアミノ酸には不斉炭素が存在する．たとえば，アラニンではα位の炭素原子には異なる四つの置換基（$-NH_2$, $-COOH$, $-CH_3$, $-H$）が結合しており，不斉炭素が存在する．その

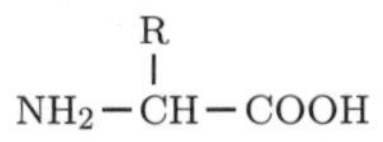

●図4.1● アミノ酸の一般式

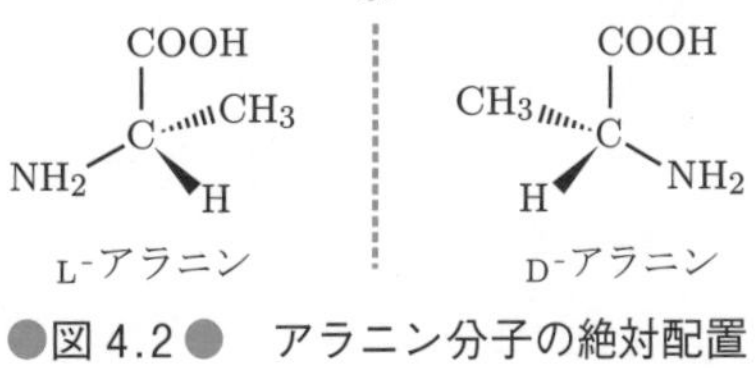

●図4.2● アラニン分子の絶対配置

[*1] 天然に存在するアミノ酸は，D型とL型が同量存在しており，光学活性はない．しかし，生物は酵素のはたらきによってL型のみを選択し，用いている．このメカニズムについては現在のところ不明である．
[*2] 天然に存在するアミノ酸の絶対配置はL型であるが，これをR, S命名法で示すとS体となる．

ため，図 4.2 に示すように 2 種類の光学異性体が存在する．この二つの分子は右手と左手の関係にあり，お互い実像と鏡像の関係にある．生体内反応では，これらの立体配置の違いを識別する．また，左側の立体配置をとる分子が天然型のL-アラニンであり，右側の立体配置をとる分子はD-アラニンである．

光学異性体であるL-アラニンとD-アラニンは，溶解度や融点などの物理的および化学的性質は同一であるが，旋光性のみが異なる（偏光面を回転させる方向が異なり，旋光度の符号が逆となる）．また，L-アラニンとD-アラニンの等量混合物からの結晶はラセミ体[*3]であり，DL-アラニンとよぶ．

例題 4.1

α-アミノ-β-ヒドロキシ酪酸を例にとって，ジアステレオマーについて説明せよ．

解答　α-アミノ-β-ヒドロキシ酪酸は二つの不斉炭素原子をもち，フィッシャー投影式で記述すると図 4.3 に示す四つの異性体が存在する．これらはジアステレオマーとエナンチオマーに分類され，どちらか片方の不斉炭素原子の立体配置が異なるものがジアステレオマーの関係であり，両方とも立体配置が異なるものはエナンチオマー（対掌体）の関係である．

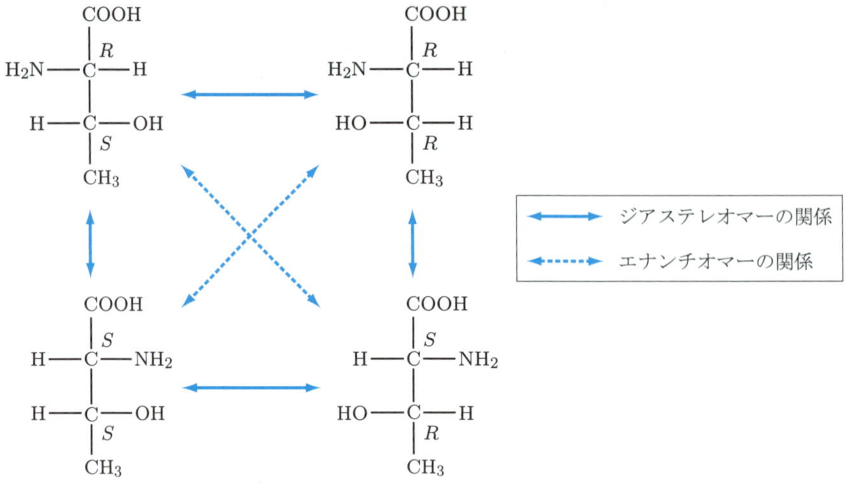

●図 4.3●　α-アミノ-β-ヒドロキシ酪酸の異性体

タンパク質の生合成は細胞内で DNA の塩基配列から mRNA の塩基配列へと転写されることから始められる（第 8 章参照）．タンパク質の生合成の過程でコドン（遺伝暗号ともいう．8.10 節「表 8.3」参照）により指定され，合成されるアミノ酸は 20 種類であり，その置換基から導かれる性質により中性アミノ酸，酸性アミノ酸，塩基性アミノ酸に分類される．

中性アミノ酸は中性（pH 7）でアミノ酸分子の一つのアミノ基（$-NH_2$）がプロトン化（$-NH_3^+$）し，一つのカルボキシル基（$-COOH$）が脱プロトン化（$-COO^-$）しているアミノ酸であり，15 種類がこれに分類される．また，中性アミノ酸の中でも，R 基に脂肪族炭化水素鎖や芳香族炭化水素鎖をもつ疎水性アミノ酸と，R 基にヒドロキシ基，アミド基，チオール基などの極性基をもつ親水性アミノ酸とに分類することができる．表 4.1 に中性アミノ酸の構造式と略号を示す．なお，青

[*3] 2 種類の光学異性体の等量混合物をラセミ体とよび，旋光度は打ち消し合うことで 0 となる．
[*4] 表 4.1 に示したグリシンからトリプトファンまでの 15 種類のアミノ酸は，中性アミノ酸に分類される．アスパラギン酸，グルタミン酸の 2 種類は酸性アミノ酸に分類され，リシン，アルギニン，ヒスチジンの 3 種類は塩基性アミノ酸に分類される（表 4.2 参照）．

■表 4.1 ■　アミノ酸の構造式と略号（中性アミノ酸）[*4]

アミノ酸名	構造式	略号 3文字	略号 1文字
グリシン glycine	CH_2-COOH の α 位に NH_2	Gly	G
アラニン alanine	$CH_3-CH(NH_2)-COOH$	Ala	A
バリン valine	$CH_3-CH(CH_3)-CH(NH_2)-COOH$	Val	V
ロイシン leucine	$CH_3-CH(CH_3)-CH_2-CH(NH_2)-COOH$	Leu	L
イソロイシン isoleucine	$CH_3-CH_2-CH(CH_3)-CH(NH_2)-COOH$	Ile	I
プロリン proline	ピロリジン環-COOH	Pro	P
セリン serine	$HOCH_2-CH(NH_2)-COOH$	Ser	S
トレオニン threonine	$CH_3-CH(OH)-CH(NH_2)-COOH$	Thr	T
システイン cysteine	$HS-CH_2-CH(NH_2)-COOH$	Cys	C
メチオニン methionine	$CH_3-S-CH_2-CH_2-CH(NH_2)-COOH$	Met	M
アスパラギン asparagine	$H_2NCO-CH_2-CH(NH_2)-COOH$	Asn	N
グルタミン glutamine	$H_2NCO-CH_2-CH_2-CH(NH_2)-COOH$	Gln	Q
フェニルアラニン phenylalanine	$C_6H_5-CH_2-CH(NH_2)-COOH$	Phe	F
チロシン tyrosine	$HO-C_6H_4-CH_2-CH(NH_2)-COOH$	Tyr	Y
トリプトファン tryptophan	インドール-$CH_2-CH(NH_2)-COOH$	Trp	W

（左端列：中性アミノ酸）

色で示した部分がアミノ酸ごとに構造が異なる側鎖である．

また，酸性アミノ酸は中性域で一つのアミノ基（$-NH_2$）がプロトン化（$-NH_3^+$）し，また複数のカ

■表4.2■　電荷を有するアミノ酸の構造式と略号

アミノ酸名		構造式	略号	
			3文字	1文字
酸性アミノ酸	アスパラギン酸 aspartic acid	HOOC−CH$_2$−CH−COOH 　　　　　　　｜ 　　　　　　　NH$_2$	Asp	D
酸性アミノ酸	グルタミン酸 glutamic acid	HOOC−CH$_2$−CH$_2$−CH−COOH 　　　　　　　　　　｜ 　　　　　　　　　　NH$_2$	Glu	E
塩基性アミノ酸	リシン lysine	H$_2$N−(CH$_2$)$_4$−CH−COOH 　　　　　　　　｜ 　　　　　　　　NH$_2$	Lys	K
塩基性アミノ酸	アルギニン arginine	H$_2$N−C−NH−(CH$_2$)$_3$−CH−COOH 　　　‖　　　　　　　　｜ 　　　NH　　　　　　　　NH$_2$	Arg	R
塩基性アミノ酸	ヒスチジン histidine	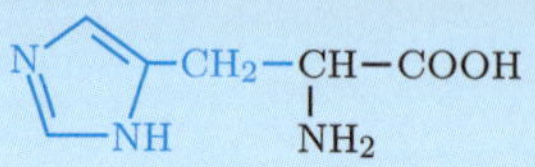 (imidazole)−CH$_2$−CH−COOH 　　　　　　　　　｜ 　　　　　　　　　NH$_2$	His	H

ルボキシル基(-COOH)が脱プロトン化(-COO⁻)しており，負電荷親水性を示す（表4.2上部参照）．

一方，塩基性アミノ酸は中性域でアミノ基ともう一つの窒素原子がプロトン化し，また一つのカルボキシル基が脱プロトン化しており，正電荷親水性を示す（表4.2下部参照）．なお，青色の部分がアミノ酸ごとに構造が異なる側鎖である．

また，生体中でアミノ酸残基が変化を受けたタンパク質は，20種類のアミノ酸以外の修飾アミノ酸を含む．修飾アミノ酸はmRNA中に対応するコドンをもたず，すでに20種類以上が報告さ

$$\begin{array}{c} H_2N-CH-COOH \\ | \\ H-C-H \\ | \\ S \\ | \\ S \\ | \\ H-C-H \\ | \\ H_2N-CH-COOH \end{array}$$

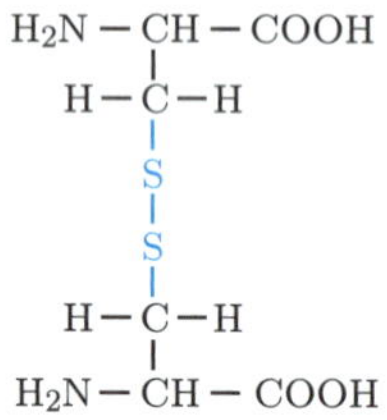

●図4.4●　シスチンの構造

れている．とくに，図4.4に示すシステイン2分子が酸化的に結合したシスチン（cystine）は多くのタンパク質中にみられ，青色で示したジスルフィド結合を有している．

4.2 アミノ酸の性質

アミノ酸は分子内にアミノ基とカルボキシル基を有することから，その性質もアミノ基とカルボキシル基の両官能基に基づくものとなっている．また，合成反応を行うことで，官能基が保護され，修飾されたアミノ酸を作製することもできる．

4.2.1　生理的性質

生物は細胞内でアミノ酸を生合成している（第12章参照）が，生物によっては生体内で特定のアミノ酸を合成できないために外部から摂取する必要がある[*5]．

成人は，20種類のアミノ酸のうち，成長に必要

[*5]　植物や微生物は，すべてのアミノ酸を生合成することができる．

なアミノ酸である必須アミノ酸8種類の生合成を行うことができないため，バランスのとれた食事によって摂取する必要がある．成人の栄養上の必須アミノ酸8種類は，バリン，ロイシン，イソロイシン，トレオニン，メチオニン，リシン，フェニルアラニン，トリプトファンである．また，これらを摂取する際には，甘み，苦み，うま味などの味覚がある*6 が，これはそれぞれのアミノ酸が固有の立体構造をとっているために起こる現象である．

4.2.2 化学的性質
(a) アミノ酸の平衡

実際にアミノ基（$-NH_2$）とカルボキシル基（$-COOH$）を一つずつもつ一般的なアミノ酸は，水に溶解した，ほぼ中性の状態で両性イオン（dipolar ion）として存在し，図4.5に示すように平衡状態をとっている．この状態はアミノ基とカルボキシル基が二重にイオン化した状態であり，アミノ酸のアミノ基は塩基としてはたらき，水溶液からプロトン H^+ を受けとる．一方，カルボキシル基は酸としてはたらき，水溶液中にプロトンを

$$NH_3^+-\underset{\underset{陽イオン型}{|}}{\overset{R}{C}H}-COOH \underset{H^+}{\overset{OH^-}{\rightleftarrows}} NH_3^+-\underset{\underset{両性イオン}{|}}{\overset{R}{C}H}-COO^-$$

$$\underset{H^+}{\overset{OH^-}{\rightleftarrows}} NH_2-\underset{\underset{陰イオン型}{|}}{\overset{R}{C}H}-COO^-$$

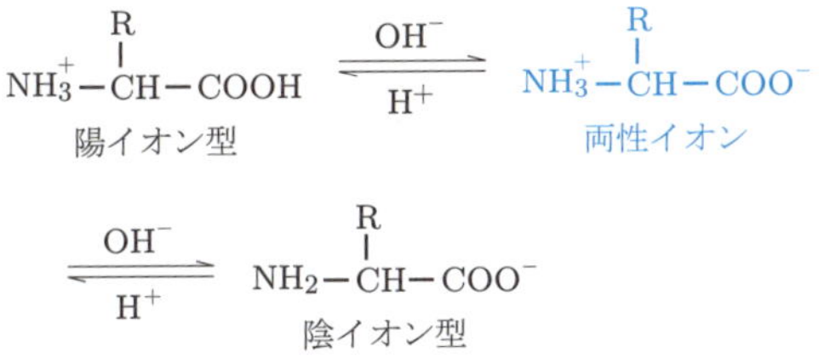

● 図4.5 ● アミノ酸の平衡

放出する．

また，アミノ酸の正味の電荷が0となるpHを等電点 pI（isoelectric point）とよぶ．たとえば，グリシンのpIは6.0であり，強酸性水溶液中では陽イオン型となり，強塩基性水溶液中では陰イオン型となる．

(b) アミノ酸の溶解性と融点

アミノ酸の親水性部分であるアミノ基とカルボキシル基は塩を形成するため（両性イオン），融点は一般の有機化合物に比べると高く，300℃程度である．

また，アミノ酸の溶解性はクロロホルムなどの有機溶媒よりも極性の高い水などに溶けやすい．これは，一般的な有機化合物とは逆の溶解性であり，イオン性化合物としての性質が強いことを示している．

(c) カルボキシル基の反応

アミノ酸はアミノ基およびカルボキシル基をもっており，通常の有機反応と同様に反応することが知られている．最近では，自動固相合成装置とHPLC（高速液体クロマトグラフィー：high performance liquid chromatography）を利用することで長鎖のペプチドを純粋に合成できるようになっている*7．しかし，目的のペプチドが大量に必要な場合や，複雑なペプチドを合成する場合には従来の液相法による合成方法が有用である．

カルボキシル基の典型的な化学反応はエステル生成であり，図4.6に示すように，アミノ酸は塩酸などの酸の存在下でアルコール C_2H_5OH と加熱すると青色で囲んだエステルを生成する．カルボキシル基の保護基*8 としてエステルが用いられる場合には，その合成や脱保護*9 の容易さおよびアミノ酸の光学活性が失われるラセミ化の起こりにくさから，ベンジルエステルや t-ブチルエス

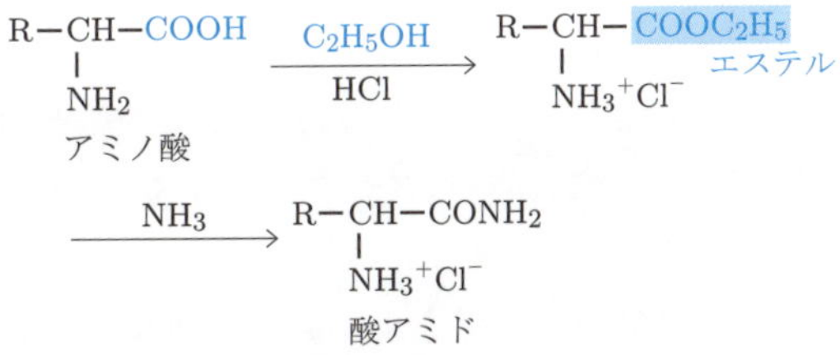

$$R-\underset{\underset{アミノ酸}{|}}{\overset{|}{C}H}-COOH \xrightarrow[HCl]{C_2H_5OH} R-\underset{\underset{}{|}}{\overset{|}{C}H}-\underset{エステル}{COOC_2H_5}$$
$$\underset{NH_2}{} \qquad\qquad NH_3^+Cl^-$$

$$\xrightarrow{NH_3} R-\underset{\underset{酸アミド}{|}}{\overset{|}{C}H}-CONH_2$$
$$\qquad NH_3^+Cl^-$$

● 図4.6 ● カルボキシル基の反応

---

*6 たとえば，L-バリンは苦みを有している．
*7 アミノ酸を同定し，定量するには，それぞれのアミノ酸を分離する必要がある．分離方法として，ペーパークロマトグラフィー，HPLC，イオン交換クロマトグラフィー，濾紙電気泳動等がある（詳細は，本シリーズ「基礎からわかる分析化学」参照）．
*8 目的の反応を行うために，反応させたくない部分を変換すること．
*9 目的の反応を行ったあと，変換した部分を元の形に戻すこと．

テルなどがよく用いられる．また，得られたエステルをアルコール中でアンモニアガスと反応させることにより酸アミドを得ることができる．

(d) アミノ基の反応

アミノ酸のアミノ基は，図4.7に示すように酸クロリド C_6H_5COCl や酸無水物 $(C_6H_5CO)_2O$ によりアシル化され，青色で囲んだアシルアミノ酸を生成する．アミノ基の保護基としてアシル基（RCO-）が用いられる場合，ベンジルオキシカルボニル基（BzlOCO-）や t-ブトキシカルボニル基（t-BuOCO-）などが主に用いられる．カルボン酸のナトリウム塩は，酸性にすることでカルボン酸を生成する．

また，アシルアミノ酸の合成は光学分割やアミノ酸同定などの目的で用いられることもあり，結晶化を利用する光学分割としてフェニルエチルアミンを用いた分割法がある．

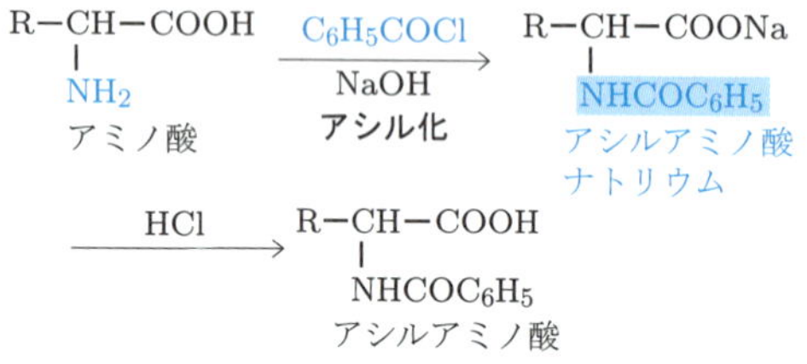

●図4.7● アミノ基の反応

(e) 呈色反応

呈色反応とは，目的の化合物を検出する際に化合物を呈色試薬と反応させ，色の変化として視覚的に検出する方法である．ニンヒドリンは，クロマトグラフィーの発色剤として，アミノ酸の定性および定量分析に用いられる．アミノ酸水溶液をニンヒドリンと加熱するとアミノ酸は酸化的に脱アミノ化され，アンモニア NH_3 が発生する．また，ニンヒドリンは同時に還元され，さらに反応が起こり青紫色の色素を生成する．この反応をニンヒドリン反応という．図4.8に，ニンヒドリンと青紫色化合物の構造を示す．

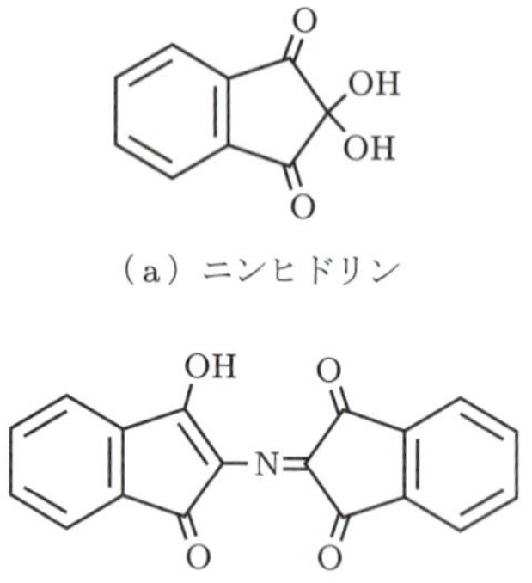

●図4.8● ニンヒドリンと青紫色化合物の構造

その他の呈色反応として，芳香核を有するアミノ酸を検出するキサントプロテイン反応，フェノール性ヒドロキシ基を有するアミノ酸を検出するミロン反応，システインなどの含硫黄アミノ酸を検出する硫化鉛反応などがある．

4.3 ペプチド

ペプチドはアミノ酸が2～約90個まで結合した化合物であり，鎖状ペプチドと環状ペプチドに分類される．ペプチドは，図4.9に示すように，あるアミノ酸のカルボキシル基（-COOH）とほかのアミノ酸のアミノ基（-NH$_2$）との間で脱水縮合して生成し，アミノ酸間をつなぐ-CO-NH-結合のことをペプチド結合とよぶ．

ペプチド結合は，窒素原子の孤立電子対とカルボニル基との間で電子のやりとりがあり共鳴して

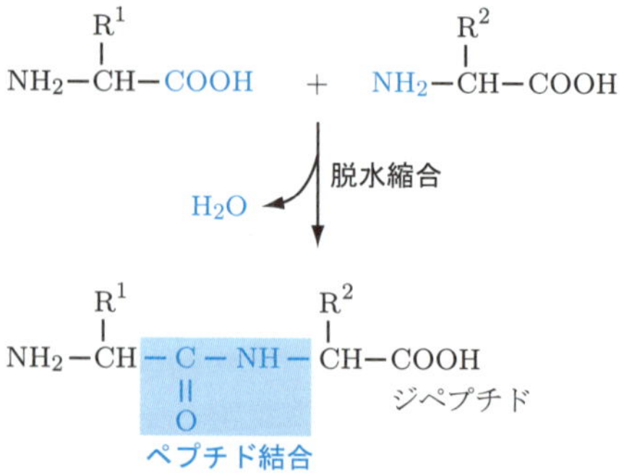

●図4.9● アミノ酸からのペプチドの生成過程

いる．そのため，ペプチド結合のC-N間の結合は二重結合性をもち，自由回転は起こらない．

ペプチド結合はタンパク質を構成する主要な構造であり，新たに生成したペプチドの両端には反応活性なアミノ基とカルボキシル基が存在している．そのため，両端から脱水縮合を行うことで長いペプチド鎖を生成できる．これらのペプチドは，アミノ酸が二つのものをジペプチド，三つのものをトリペプチドといい，アミノ酸残基が10個程度のものまでをオリゴペプチド，それ以上のものをポリペプチドという．

4.3.1 ペプチドの表記法

ペプチドの構造式は，一般にアミノ末端（N末端）を左側に，カルボキシル末端（C末端）を右側に記す．命名はN末端から始め，順次アミノ酸の名称の語尾 -ine を -yl に変えてつなぎ，最後はC末端のアミノ酸の名称とする．1文字表記の場合は，メチオニン-チロシン-トリプトファン…のペプチドを H_2N-MYW…-COOH のように表記する．

4.3.2 ペプチド合成法[*10]

アミノ基とカルボキシル基とを脱水縮合させてペプチド合成を行う場合，おのおののアミノ酸にはアミノ基とカルボキシル基が存在するため，ペプチド合成に関与しない官能基[*11]を保護する必要がある．

たとえば，図4.10に示すように Ala-Val を合成する際には，アラニン Ala のカルボキシル基（-COOH）とバリン Val のアミノ基（$-NH_2$）を選択的に反応させる必要がある．そのため，反応に関与しないアミノ酸の官能基保護を行い，DCC（ジシクロヘキシルカルボジイミド）による選択的なペプチド合成を行ったあとに脱保護し，目的のペプチドを得る．アミノ基の保護基として最も用いられているのは，ベンジルオキシカルボニル基（Cbz基）である．また，カルボキシル基の保護基として，ベンジル基（Bzl基）や t-ブチル基などが用いられる．

ペプチド合成法としては，DCCを縮合試薬[*12]として用いる方法が最も広く用いられている．また，ほかの方法として混合酸無水物法や活性エステル法などがある．これらの方法は，カルボキシル基の反応性の低さを補うために開発されたもので，いずれもカルボキシル基を反応性の高い形へと変換したあとアミノ基と反応させる．また，これらの合成の際には，アミノ酸の α 位（不斉中心，図4.10中 *）のラセミ化に気を付ける必要がある．最近では，固相合成法による自動合成も盛んであり，純度の高いペプチドが得られるようになってきている．固相合成法とは，表面をアミノ基で修飾したビーズを固相として用い，固相上にペプチド鎖を伸張して目的の配列を合成したのちに切り出して，目的のペプチドを得る方法である．

4.3.3 生理活性ペプチド

ホルモン，抗生物質，毒素など少量で重要な生

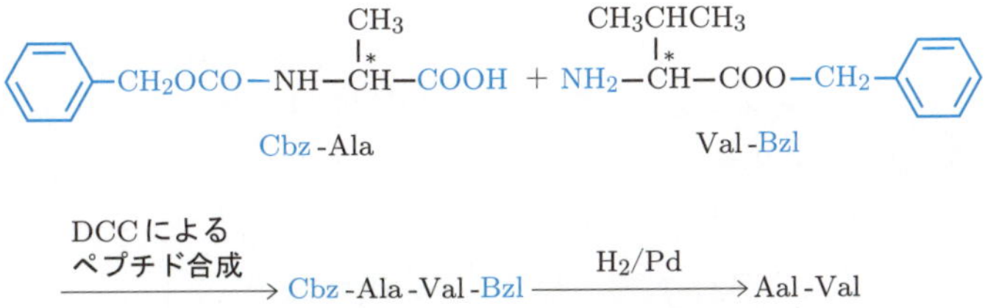

●図4.10● Ala-Val の合成経路

[*10] アメリカの生化学者デュ・ビニョー（V. du Vigneaud, 1901-1978）は，1953年にアミノ酸9個からなるペプチドを合成し，1955年にノーベル化学賞を受賞した．
[*11] アミノ酸の場合は，アミノ基やカルボキシル基のことである．置換基ともよぶ．
[*12] 縮合反応を効率よく進行させるために反応系に加える試薬のこと．ペプチド合成の場合はDCCがカルボキシル基と反応し，アミノ基との反応性を上げる．

物学的機能を示す物質のことを生理活性ペプチドという．これらの生理活性ペプチドは，アミノ酸の種類や配列により生理作用が異なっている．

たとえば，ポリペプチドであるエンケファリン[*13]は脳内で生成され，特異な受容体に結合することで痛みのレベルを調節すると考えられている．また，血液中で生成されるアンギオテンシンは，血圧を上げたり体内の水分を保持する機能がある．

4.4 タンパク質

タンパク質は，ペプチド結合により約90個以上のアミノ酸（分子量として約1万以上）が重合した生体高分子である．タンパク質のポリペプチド鎖は，そのアミノ酸配列により決まっている特異的な三次元形状をとる．このポリペプチド鎖の特異的な形状により，タンパク質はそれぞれ異なる生物学的機能を発現している．タンパク質の種類は非常に多く，核酸とともに重要な生体高分子である．また，脂質や糖質に加えて動物の三大栄養素となっている．

タンパク質の機能は多岐にわたるが，主な機能を挙げると，細胞や器官を形成する構造タンパク質，物質を運搬する輸送タンパク質，物質を蓄える貯蔵タンパク質，生体内反応を促進する酵素などがあり，生体内で多くの重要な役割を担っている．

例題 4.2 機能性タンパク質とよばれる生理活性を有するタンパク質の例とその役割を示せ．

解答
トリプシン： 酵素であり，タンパク質加水分解作用を示す．
成長ホルモン： ホルモン[*14]であり，成長促進作用を示す．
ヘモグロビン： 運搬タンパク質であり，酸素の運搬を行う．
抗体グロブリン：防御タンパク質であり，免疫作用を示す．

4.4.1 タンパク質の分類

(a) 組成による分類

アミノ酸のみで構成されるタンパク質を単純タンパク質という．一方，糖質などほかの物質が結合しているタンパク質を複合タンパク質という．複合タンパク質に含まれる非アミノ酸化合物には，糖質，脂質，無機イオンなどが含まれる．

複合タンパク質は結合しているほかの物質の種類により，核タンパク質（ウイルスなど），糖タンパク質，リポタンパク質（血清リポタンパク質など），色素タンパク質（ヘモグロビンなど），金属タンパク質（金属酵素など）に細分される．複合タンパク質のポリペプチド鎖はアポタンパク質とよばれ，それ自身ではほとんど生理活性をもたない．

(b) 形状による分類

タンパク質は，形状により球状タンパク質と繊維状タンパク質に分類される．球状タンパク質は，酵素，抗体，ホルモンなど多数の機能性タンパク質を含み，ペプチド鎖がジスルフィド結合[*15]または弱い水素結合により折りたたまれるためコンパクトな球状となっている．繊維状タンパク質は，皮膚や毛髪などを構成するケラチンや，腱や軟骨などを構成するコラーゲンなどを含み，通常は細長い繊維状である．

[*13] 脳組織中に存在するオリゴペプチドであり，痛みの応答などを制御している．
[*14] ホルモンは，動物体内の特定の組織でつくられ，標的となる組織に作用して活動に変化を与える物質である．
[*15] –S–S– 結合のことである．図4.4参照．

4.4.2 タンパク質の構造

タンパク質の構造は，一次構造と高次構造によって表される．一次構造とはタンパク質のペプチド鎖のアミノ酸配列のことであり，高次構造は次に示す二〜四次構造までの総称である．

(a) 一次構造

多くのタンパク質は，アミノ酸残基の正確な配列が決定されている．タンパク質の生物学的・物理的性質はアミノ酸配列と密接に関係しており，その配列は各タンパク質に特異的なものである．一次構造の判別法には，DNA の塩基配列による方法，化学的方法，アミノ酸分析，エドマン法などがある．また，近年の質量分析計の発達により，微量タンパク質の同定も可能となった．

(b) 二次構造

タンパク質の二次構造とは，ポリペプチド鎖の局部的な立体構造（配列），つまり立体的に隣接するアミノ酸残基の幾何学的な関係のことである．二次構造として α ヘリックス，β シート，ループ構造がある．

① α ヘリックス

α ヘリックスは，図 4.11 に示すようにアミノ酸から構成されるペプチド鎖がより安定な右回りにらせんを巻く構造である．色の同じ部分で水素結合が起こっている．n 番目のアミノ酸残基の C=O[*16] と $n+4$ 番目の残基の N-H との間の多数の水素結合[*17]（⋯）により，安定な円筒型構造をとっている．

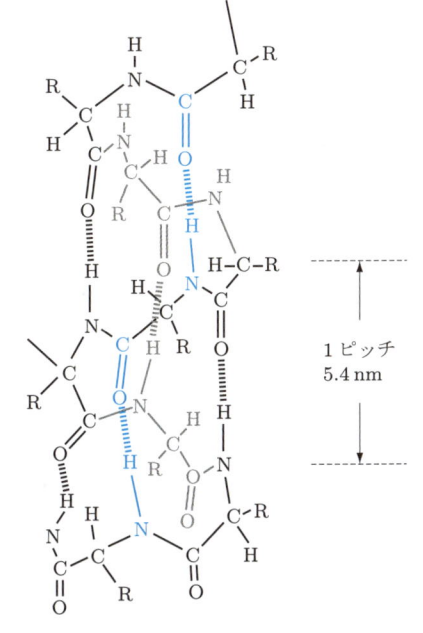

●図 4.11● α ヘリックス構造

② β シート

β シートは，図 4.12 に示すように，アミノ酸から構成されるペプチド鎖が伸びて一定方向に並ぶためにできる構造である．-C-CO-NH-C- による平面が，置換基 R がついている α 炭素を頂点として波形に折れ曲がった構造であり，ポリペプチド鎖の間に多数の水素結合により安定化されている．ペプチド鎖の並び方には，2 本のペプチド鎖の並び方の方向が同一の平行型と逆方向の逆平行型がある．

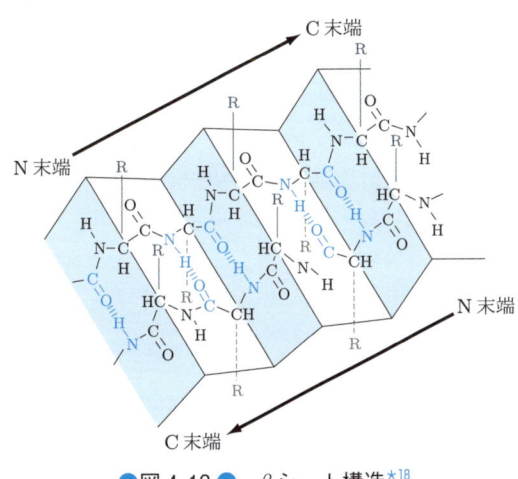

●図 4.12● β シート構造[*18]

[*16] 1 ピッチに含まれるアミノ酸の個数は 3.6 個である．
[*17] ペプチドの C-N 結合は，共鳴構造の存在により二重結合性および平面性をもつ．この平面間の角度の規則性により二次構造が生じる．
[*18] 図中の矢印は，N 末端から C 末端への方向を示しており，逆平行型となっている．

③ ループ構造

ループ構造とは，タンパク質分子において α ヘリックスと β シートとをつなぐペプチド鎖の立体構造であり，タンパク質の種類による固有の構造である．

(c) 三次構造

三次構造とは，ポリペプチド鎖全体の立体構造のことであり，三次構造は数種類の結合によって組み立てられている．これらの相互作用により立体構造は安定化され，ポリペプチド鎖全体は折りたたまれた形をとっている．三次構造の相互作用は，大きく分類すると次に示す五つがある．

① アミノ酸，α ヘリックス，β シート間の水素結合
② 水-タンパク質間の水素結合
③ システイン残基間のジスルフィド (-S-S-) 結合
④ アミノ基-カルボキシル基間などの静電的相互作用（イオン結合）
⑤ 疎水性置換基間の疎水性相互作用

それぞれの例を図 4.13 に示す．

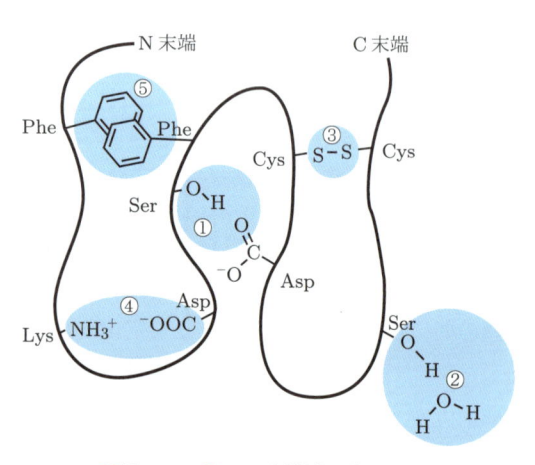

●図 4.13 ● 三次構造の相互作用

(d) 四次構造

四次構造とは，三次構造を形成したポリペプチド鎖分子（サブユニット）が相互作用により数個会合した集合体のことである．タンパク質には四次構造を形成することで機能を発現しているもの（ヘモグロビンなど）と，単独のポリペプチド鎖で機能するもの（MAP キナーゼなど）がある．

4.4.3 変性

タンパク質は溶液中に溶けていて，特定の化学的や機械的な機能をもっている．しかし，加熱，激しいかくはん，有機溶媒や界面活性剤などの化学試薬の影響，pH の極端な変化などにより溶解性が落ち，機能を失ってしまう．これを変性とよぶ．固まった牛乳やゆで卵などは，変性したタンパク質である．タンパク質の変性により機能や形状などの性質が変わるのは，水素結合，ジスルフィド結合，疎水性相互作用などタンパク質の三次構造を支えている相互作用が変化し，立体構造を保てなくなるためである[19]．

4.4.4 補助因子と補欠分子

タンパク質が機能を発揮するために，タンパク質以外の分子の補助が必要な場合がある．これらは補助因子とよばれ，とくに有機化合物の補助因子を補酵素とよぶ．

タンパク質と強い相互作用で結合した補酵素を補欠分子とよぶ．タンパク質（複合タンパク質）は機能[20]を発現させるため，補欠分子に特別な結合場所と化学的な環境を与える役割を果たしている．

図 4.14 に一般的な補助因子と補欠分子を示す．多くのビタミンや微量元素がこれに該当し，多くの生物は，これらの構造すべてを生合成することはできないため，食物中から摂取する必要がある．青色で示した部分が，機能に直接関与している部分である．

---

[19] 変性しても，一般にはタンパク質の一次構造は変化しない．したがって，変性の要因を取り去ることにより元の三次構造に戻る場合もある．
[20] 酵素機能についての詳細は，第 5 章を参照のこと．

(a) NADH（還元型ニコチンアミドアデニンジヌクレオチド）

(b) リボフラビン誘導体

(c) 補酵素A

(d) ポルフィリン誘導体

●図4.14● 補助因子と補欠分子

4.4.5 ヘモグロビン

ヘモグロビンは脊椎動物の赤血球に含まれており，ヘム（ポルフィリン-鉄錯体）を補欠分子としてタンパク質中にもつ複合タンパク質である．ヘモグロビンの三次および四次構造を図4.15に示す．四つのヘモグロビンサブユニットで四次構造を形成している．赤血球中のヘモグロビンは，ヘムの鉄原子と酸素分子を可逆的に結合させる性質をもち，必要な酸素を各組織へと運搬している．

一酸化炭素COの強い毒性は，ヘムの中心にあ

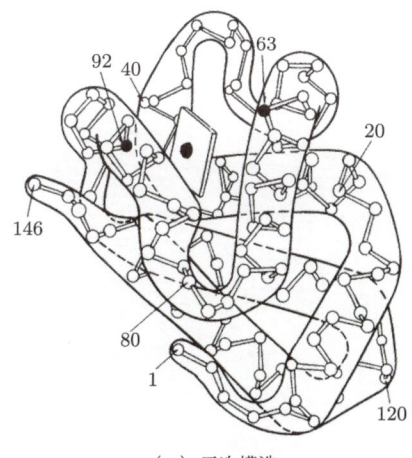

(a) 三次構造

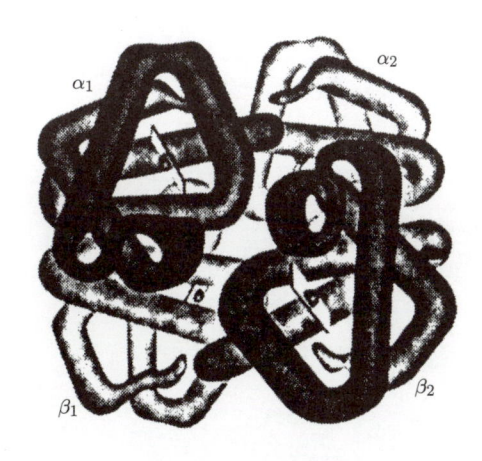

(b) 四次構造

●図4.15● ヘモグロビンの三次および四次構造（概説生物化学，p.61より）

る二価の鉄と一酸化炭素がほぼ不可逆的に結合し，酸素分子の運搬を妨げることに由来している．すなわち，ヘモグロビンと一酸化炭素との親和性は酸素分子の親和性の200倍程度であり，鉄原子を介して一酸化炭素-ヘモグロビン錯体を形成している．同様の理由により，CN^-，F^-，N_3^- なども毒性が高い．

ヘムの構造は四つのピロール骨格が縮合して生成したものであり，ポルフィリンともよばれる（図4.14（d）参照）．ポルフィリンは，シトクロム（14.6節参照）やクロロフィルなどの構成成分であり，中心金属の違いにより酸化還元などの機能をもつ．

Coffee Break

動物の血の色は赤色だけではない

酸素を運搬する金属タンパク質は多数存在するが，脊椎動物の場合には，ヘムをもつヘモグロビンやミオグロビンを酵素として用い酸素を運搬している．ヒトの血の色が赤いのは，このヘモグロビンの色のためである．一方，軟体動物や節足動物は，非ヘムの銅タンパク質を有するヘモシアニンを酵素として用い，ホシムシの仲間は，非ヘムの鉄タンパク質をもつヘムエリスリンを酵素として用い酸素を運搬している．したがって，軟体動物であるイカの血の色は赤色ではなく，ヘモシアニンの色である緑色をしている．

演・習・問・題・4

4.1 α-アミノ酸の光学異性体について，アラニンの構造式を用いて説明せよ．

4.2 酸性アミノ酸と塩基性アミノ酸とについて，例を挙げて説明せよ．

4.3 必須アミノ酸について説明せよ．

4.4 アミノ酸の性質である両性イオンとはどのようなことか．アミノ酸の一般式を用いて説明せよ．

4.5 複合タンパク質とは何か．例を挙げて説明せよ．

第5章
酵素

ヒトに限らず，地球上の生物の生体内反応は，ほとんどすべて酵素によって促進されている．生物が生きていくためには，細胞内で多種多様な，そして数え切れないほど多くの化学反応を絶えず行わなければならない．これら細胞内の一つ一つの反応を促進しているのが酵素である．本章では，酵素についての基本的事項を説明する．

KEY WORD

生体触媒	酵素	補助因子	基質特異性	反応特異性
酵素-基質複合体	活性中心	活性化エネルギー	触媒トライアド	触媒作用機構
酵素活性	反応速度	ミカエリス-メンテンの式	最大速度	ミカエリス定数
最適温度	最適pH	温度・pH安定性	阻害	

5.1 酵素の特徴

酵素（enzyme）は『生体内でつくられるタンパク質でできた触媒（生体触媒）』であり，化学的触媒と比較して次のような特徴がある．

- 特異性（基質特異性，反応特異性など）が極めて高く，化学的触媒では不可能な反応を触媒することが可能である．
- 触媒効率が極めて高く，省エネルギー化や低コスト化が可能である．
- 物理的要因（加熱や強いかくはんなど）や化学的要因（酸，アルカリ，有機溶媒など）によって変性し，触媒機能を失いやすいため，壊れやすく，繰り返し使用することが困難である．
- 反応の最適温度，最適pHがある（常温・常圧で触媒作用を発揮できる）．
- 環境に優しい（廃棄時に環境汚染の原因にならない）．

5.1.1 酵素と補酵素

酵素には，タンパク質単独（ポリペプチド鎖のみ）で機能するものと，触媒機能を発揮するために補助が必要なものとがある．補助の役目を果たす物質は非タンパク質であり，補助因子（cofactor）とよばれ，大別すると金属と有機化合物がある．有機化合物である補助因子を補酵素（coenzyme）とよぶ．補酵素には，もう一つの基質のように作用するものと，酵素タンパク質に強く結合したものとがある．後者を補欠分子族（prosthetic group）とよぶ．これら補助因子は，酵素のポリペプチド鎖部分に結合しており，酵素反応の触媒作用において重要な役割（たとえば，触媒作用の発現や基質との結合の仲介など）を果たしている．

> **例題 5.1** ある酵素活性を示す溶液（酵素溶液）を透析（半透膜チューブに酵素溶液を入れて緩衝液に浸漬）したあと，透析内液と外液の酵素活性を調べた．その結果，どちらにも活性がみられなかった．両液を混ぜ合わせたところ，活性を示した．この実験結果から何がわかるか説明せよ．
>
> **解答** 透析によって透析内液に酵素活性がみられなかったことと，透析内液と外液を混合すると活性が復活することから，この酵素の触媒作用には補酵素もしくはある金属イオンが必要であると考えられる．

5.1.2 特異性

酵素の特徴の一つに，特異性の高さがある．たとえば，スクロース（ショ糖）を加水分解する酵素スクラーゼはスクロースだけに作用し，ほかの化合物，たとえば尿素 CH_4N_2O には作用しない．このように，酵素は作用する反応物（**基質**：substrate）が決まっている．言い換えれば，酵素は多くの化合物の中から特定の基質だけを判別して触媒作用を行うのである．この判別する作用を**基質特異性**（substrate specificity）という．

とはいえ，酵素も千差万別であり，厳密に1種類の化合物にしか作用しない酵素もあれば，共通構造をもつ類似化合物群に作用する酵素も存在する．前者のような酵素は『基質特異性が高い』，後者のような酵素は『基質特異性が低い』と表現する．

基質に，ある特定の反応だけを起こさせることを**反応特異性**という．たとえば，リパーゼはトリグリセリドの加水分解以外の反応を触媒することはない．

5.1.3 酵素の分類

酵素は，触媒する反応型によって次の6種類に分類される．

(a) 酸化還元酵素（oxidoreductase）

酸化還元反応を触媒する酵素群である．代表例として，アルコールデヒドロゲナーゼの触媒反応例を次に示す．

$$\underset{\text{アルコール}}{RCH_2OH} + NAD^+ \rightleftharpoons \underset{\text{アルデヒド}}{RCHO} + NADH + H^+ \quad (5.1)$$

(b) 転移酵素（transferase）

図5.1に示す反応を触媒するアミノトランスフェラーゼのように，一方から他方の基質へ原子団の転移を触媒する酵素群である．

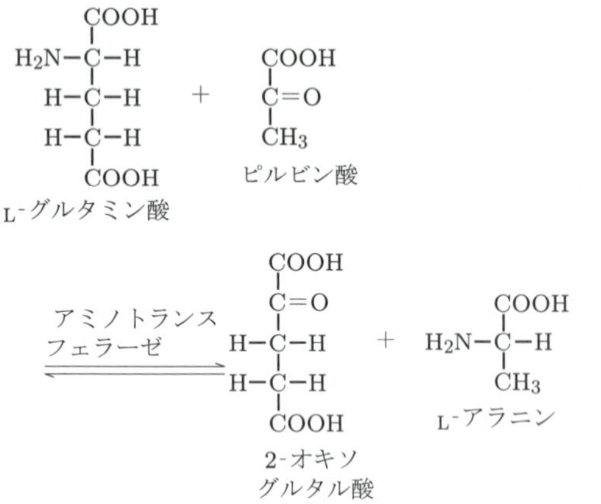

●図5.1● アミノトランスフェラーゼによる反応

(c) 加水分解酵素（hydrolase）

加水分解反応を触媒する酵素群である．代表的なものとして，リパーゼ，プロテアーゼ，アミラーゼなどの消化酵素がある．リパーゼの反応例は図5.2のようになる．

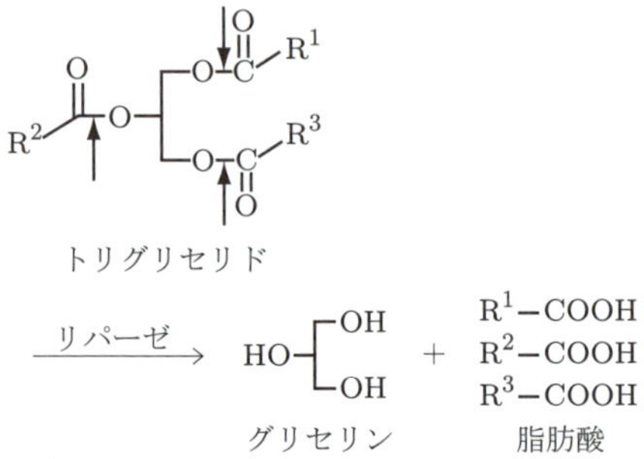

●図5.2● リパーゼによる加水分解反応

(d) 脱離（切断）酵素（lyase）

基質から非加水分解的に原子団を取り去って二

重結合などを残す反応，およびその逆反応を触媒する酵素群である．代表的なものとして，脱炭酸酵素（グルタメートデカルボキシラーゼ），アルドラーゼ，デヒドラターゼなどがある．脱炭酸酵素の反応例は図5.3のようになる．

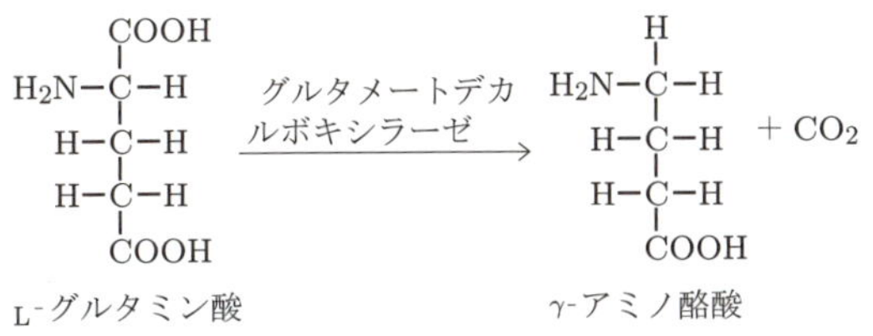

●図5.3● 脱炭酸酵素の反応

(e) **異性化酵素（isomerase）**

異性体間の相互変換を触媒する酵素群である．その一例として，マレイン酸イソメラーゼの反応を図5.4に示す．

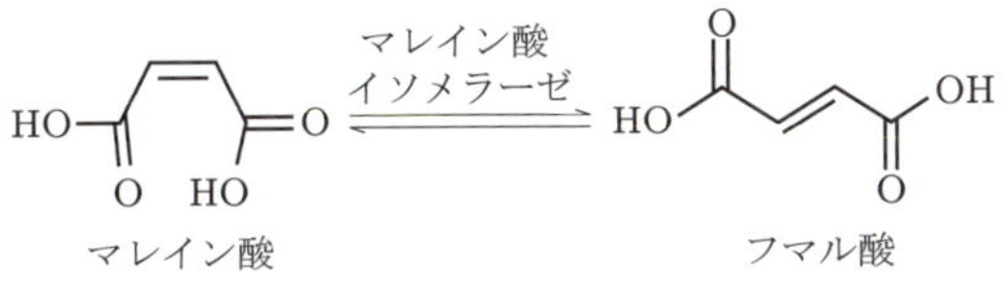

●図5.4● マレイン酸イソメラーゼによる反応

(f) **合成（結合）酵素（ligase）**

ATPなどの加水分解と共役して2種類の基質を縮合する反応を触媒する酵素で，シンテターゼ（synthetase）ともいう．代表的なものとして，DNAの5′末端のリン酸基と3′末端のヒドロキシ基を連結し，ホスホジエステル結合形成を触媒するDNAリガーゼ（DNA ligase）がある（8.7節参照）．

5.1.4 酵素の名前

酵素の名前は原則として，その酵素が触媒する反応に基づいて付けられる．酵素の名前として，反応の種類を表す系統名，日常使用する簡略化した慣用名，四つの数字で番号付けしたEC番号（酵素番号：Enzyme Commission numbers）がある．たとえば，式(5.1)を触媒する酵素は，慣用名ではアルコールデヒドロゲナーゼ，系統名ではアルコール：NAD^+オキシドレダクターゼ，EC番号では1.1.1.1である．

Coffee Break

酵素の発見

初めて酵素が発見されたのは1833年である．ペイアン[*1]とペルソ[*2]が，麦芽抽出液からアミラーゼを含んだ酵素複合体を分離し「ジアスターゼ」と命名した．「酵素（enzyme）」という語の使用は，1878年にキューネ[*3]が提唱した．enzymeは「酵母の中にあるもの（in yeast）」を意味しており，「の中」を意味するギリシア語の「en」と「酵母」あるいは「パン」を意味する「zyme」の合成語である．酵素反応は，一般に穏和な条件で行うことが可能なことから，省エネルギーで有害な溶媒や廃棄物の排出が少ないなど，地球環境に優しいといえる．そのため，近年，酵素を利用した製造法「バイオプロセス」の開発が活発に進められるなど，酵素はたいへん注目されている．

5.2 酵素の触媒作用機構

本節では，酵素が基質とどのように結合して触媒作用を行うのか，また，どのように化学反応を促進するのかについて，酵素の触媒作用機構を分子レベルで説明する．

5.2.1 酵素の構造と酵素反応の過程

図5.5に示すように，酵素反応では，まず基質分子が酵素表面の特定部位（くぼみ）に結合して**酵素-基質複合体**（enzyme-substrate complex）を形成し，基質が触媒作用を受けて生成物に変化

---

*1 ペイアン（A. Payen, 1795-1871）は，フランスの生化学者である．
*2 ペルソ（J. F. Persoz, 1805-1868）は，フランスの生化学者である．
*3 キューネ（W. Kühne, 1837-1900）は，ドイツの生理学者である．

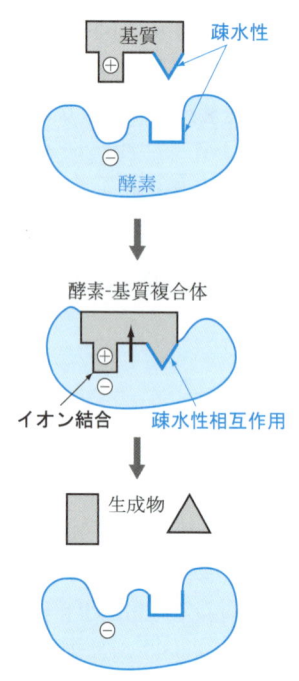

●図5.5● 酵素反応進行過程（誘導適合モデル）

したあと生成物が解離する．基質分子が結合する特定部位を酵素の活性中心（active center）あるいは活性部位（active site）とよぶ．活性中心は，さらに基質を識別して結合させる基質結合部位と触媒反応が行われる触媒部位に分けられる．

酵素-基質複合体の形成は，酵素活性中心に位置するアミノ酸の側鎖と基質間におけるイオン結合や水素結合，疎水相互作用などにより生じる．つまり，酵素は基質とうまく結合できるように，活性中心の形，電荷，疎水性側鎖を上手に配置しているのである．したがって，pHや温度変化などによってこれらのバランスが崩れると，酵素の能力が低下してしまう．

酵素-基質複合体の形成については，現在，二つの考え方が酵素の触媒作用機構をよく説明できると考えられている．一つは，コシュランド[*4]らが提唱した誘導適合モデル（図5.5参照）であり，酵素が基質と結合するとともに立体構造が変化して，触媒部位が正しい配置をとるようになるというものである．もう一つは，酵素に基質が結合する際に酵素分子の立体構造が変化して基質分子の構造にひずみを起こさせ，基質分子内の結合が切断されやすくなるというものである．

5.2.2 触媒作用機構

タンパク質加水分解酵素であるキモトリプシンやエラスターゼなどのセリンプロテアーゼの活性中心を図5.6に示す．触媒反応は，活性中心にあるAsp-His-Serの3残基（触媒トライアド）が共同的にはたらいて進行する．したがって，水溶液のpHが変化すると，この3残基からなる活性中心の電荷の状態も変化し，触媒作用がうまくいかずにその能力が低下することになる．キモトリプシンの触媒反応の機構を図5.7に示す．

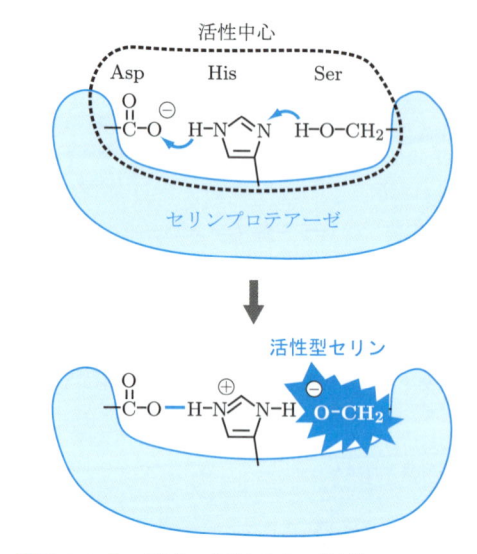

●図5.6● 酵素の活性中心（触媒トライアド）

5.2.3 活性化エネルギー

たとえば，水素H_2と酸素O_2を混合しただけでは水は生成しない．つまり，反応の自由エネルギー変化ΔGが，たとえ負（発エルゴン反応）でも反応は起こらないのである．一般に，化学反応が起こるためには必要なエネルギーを与えなければならない．この必要なエネルギーを活性化エネル

[*4] コシュランド（D. Koshland, 1920-2007）は，基質と酵素の結合について，フィッシャー（E. H. Fischer, 1852-1919）が提唱した「鍵と鍵穴モデル」（タンパク質には，はじめから基質の形に合った結合部位がある）ではなく，基質とタンパク質の両者が構造を変化させて結合するという「誘導適合モデル」を提案した．その後，X線結晶構造解析により，タンパク質が構造変化を起こすことが示され，コシュランドの説が証明された．

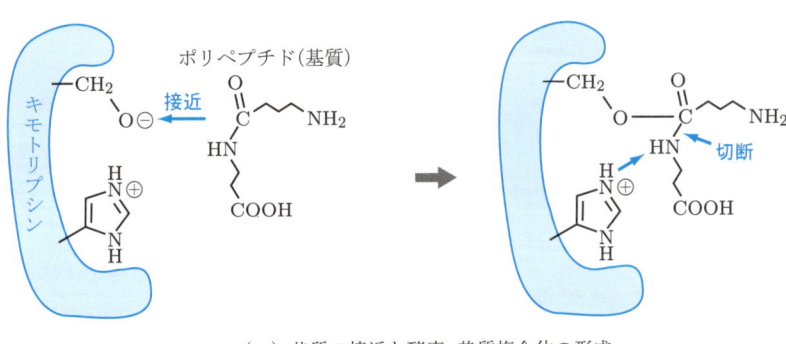

(a) 基質の接近と酵素-基質複合体の形成

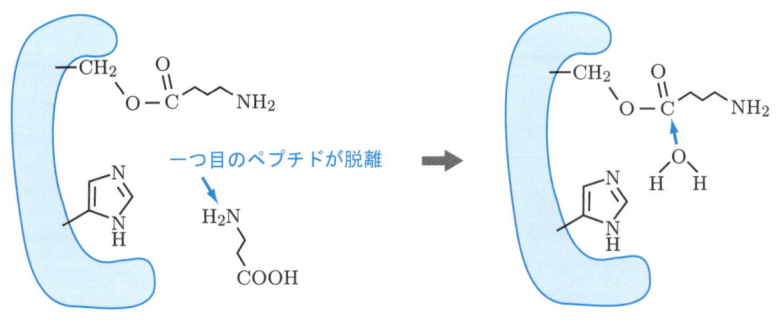

(b) ペプチド結合の切断，一つ目のペプチドの脱離，水分子の付加

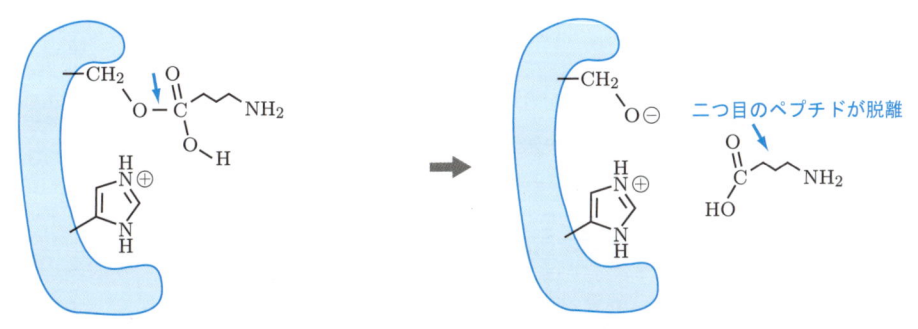

(c) 二つ目のペプチドの生成と脱離

●図 5.7● キモトリプシンによるペプチド加水分解反応の機構（Asp の関与は省略している）

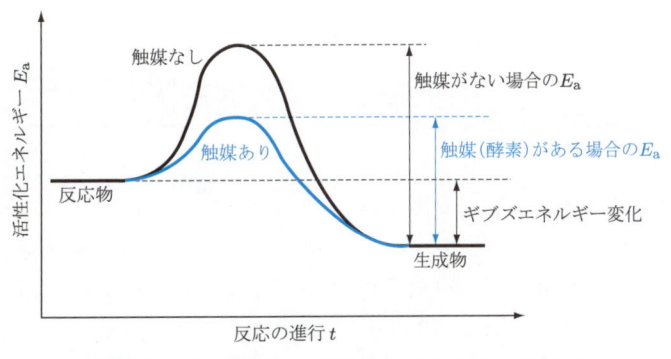

●図 5.8● 酵素による活性化エネルギーの低下

■ 表 5.1 ■ 過酸化水素分解反応（$2H_2O_2 \longrightarrow 2H_2O+O_2$）における速度パラメーターの比較

触媒	反応速度 [$M\,s^{-1}$]	E_a [$kJ\,mol^{-1}$]
なし	0	4.3
Fe^{2+}	56.0	2.4
カタラーゼ	3.5×10^7	0.41

ギーといい，E_a で表す（図 5.8 参照）．触媒や酵素は，この活性化エネルギーを下げる役目を果たしているのである．

表 5.1 に示すように，触媒なしの場合に比べて，触媒あるいは酵素存在下では活性化エネルギーが低くなっていることがわかる．とくに，酵素カタラーゼによる触媒反応では，その活性化エネルギーは約 10 分の 1 まで低下している．また，酵素の反応速度に至っては，触媒 Fe^{2+} の反応速度に比べて約 60 万倍も速いという驚くべき速さである．このことからもわかるように，酵素は優れた触媒といえる．

Step up 比活性

酵素（タンパク質）の単位質量当たりの活性を比活性（specific activity）という．酵素以外の不純物としてのタンパク質の混在量が多いほど比活性が低くなる．

Coffee Break 日本人で初めて産業用酵素を発明した人

1894 年，高峰譲吉（1854-1922）は，日本で古くから酒，醤油，味噌などの製造に使われてきた麹菌 *Aspergillus oryzae* から粗アミラーゼの生産に成功した．この酵素剤は「タカヂアスターゼ」とよばれ，現在でも消化酵素剤として胃腸薬に用いられている．

2005 年現在，医薬品を除く世界の産業用酵素市場は約 2000 億円，日本市場は約 250 億円といわれ，食品加工，洗剤成分や繊維加工用などの工業用酵素，飼料用酵素が主な用途となっている．なかでも，洗剤成分（約 36%）と，食品加工（約 34%）の用途が大きなシェアを占めている．

5.3 酵素反応の速度論

本節では，酵素反応の反応速度，酵素反応と反応温度，pH との関係など酵素の速度論について説明する．

5.3.1 酵素活性

酵素活性（enzyme activity）とは反応を起こす速さであり，ある単位時間における基質の減少量または生成物の増加量を測定することによって求めることができる．酵素反応では，図 5.9 に示すように時間経過とともに基質が生成物に変化していき，図 5.9 の直線部分の傾きが活性にあたる．

活性の SI 単位はカタール（katal，記号 kat）であり，1 秒間に 1 mol の基質を生成物に変化させる酵素量を 1 kat と定義する．国際単位はユニット（unit，記号 U）であり，1 分間に 1 μmol の基質を生成物に変化させる酵素量を 1 U と定義する．実際には，従来から使用されている国際単位が使われることが多い．また，酵素の触媒作用の強さを反応速度で表現する場合もある．反応速度は，単位時間当たりの基質濃度の減少または生成

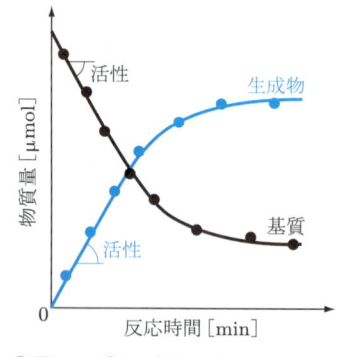

● 図 5.9 ● 酵素反応の経時変化

物濃度の増加で表される．

酵素はタンパク質であるため，pHや温度などのさまざまな要因によって触媒作用力，つまり活性を失う．活性を失うことを**失活**（inactivation）という．

例題 5.2 ある酵素反応（反応液 10 mL）を行った結果，5分間で 10 μmol の生成物が生成した．酵素活性と反応速度を求めよ．

解答 酵素活性は，次のように求めることができる．

$$\frac{10\,\mu\text{mol}}{5\,\text{min}} = 2\,\mu\text{mol min}^{-1} = 2\,\text{U}$$

$$\frac{10 \times 10^{-6}\,\text{mol}}{5 \times 60\,\text{s}} = 3.33 \times 10^{-8}\,\text{kat}$$

5分間で生成した生成物濃度は，

$$\frac{10\,\mu\text{mol}}{10\,\text{mL}} = 1\,\text{mmol L}^{-1} = 1\,\text{mmol dm}^{-3}$$

であることから，反応速度は次のようになる．

$$1\,\text{mmol dm}^{-3} \div 5\,\text{min} = 0.2\,\text{mmol dm}^{-3}\,\text{min}^{-1}$$

5.3.2 ミカエリス-メンテンの式

酵素反応は式(5.2)で表され，その反応速度 v は単位時間当たりに生成する生成物濃度（$d[P]/dt$），あるいは式(5.3)のように，単位時間当たりに生成物に変換され消費される基質濃度（$-d[S]/dt$）で表せる（[ ] は濃度を表す）．

$$S \xrightarrow{v} P \tag{5.2}$$

$$v = \frac{d[P]}{dt} = -\frac{d[S]}{dt} \tag{5.3}$$

ここで酵素反応をもう少し詳しくみてみると，酵素反応は式(5.4)のように，反応の進行途中で酵素-基質複合体を形成して進行している．Eは酵素，Sは基質，ESは酵素-基質複合体，Pは生成物，k は各素反応の速度定数である．

$$E + S \underset{k_{-1}}{\overset{k_{+1}}{\rightleftharpoons}} ES \xrightarrow{k_{+2}} E + P \tag{5.4}$$

ここで，図5.10に示す酵素反応の速度と基質濃度の関係を詳細に考えてみる．ESの生成速度は $k_{+1}[E][S]$ で，ESの分解速度は $(k_{-1} + k_{+2})[ES]$ で表すことができる．ESの正味の生成速度（$d[ES]/dt$）は，ESの生成速度から分解速度を差し引いたものであり，次式で表せる．

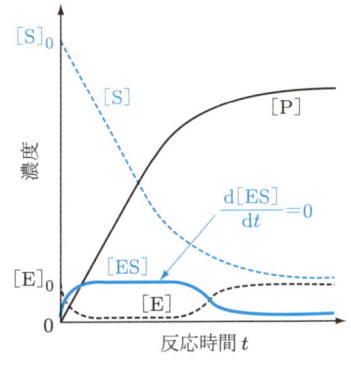

●図5.10● 酵素反応における各成分の濃度

$$\frac{d[ES]}{dt} = k_{+1}[E][S] - (k_{-1} + k_{+2})[ES] \tag{5.5}$$

反応が始まってすぐに，ほとんどの酵素がESとなり，ES濃度が一定となる定常状態では $d[ES]/dt = 0$ であるから，

$$k_{+1}[E][S] = (k_{-1} + k_{+2})[ES] \tag{5.6}$$

である．したがって，

$$\frac{[E][S]}{[ES]} = \frac{k_{-1} + k_{+2}}{k_{+1}} = K_m \tag{5.7}$$

となる．K_m は**ミカエリス定数**とよばれ，酵素と基質の親和性を表す指標として極めて重要な定数である．K_m が小さいほど k_{+1} が大きいと考えら

れることから，酵素と基質は複合体を形成しやすい．つまり，酵素と基質の親和性が大きいといえる．

ここで，反応系に最初に添加した酵素濃度を $[E]_0$ とすると，触媒作用をしていない酵素濃度 $[E]$ は次式のようになる．

$$[E] = [E]_0 - [ES] \tag{5.8}$$

式(5.8)を式(5.7)に代入し，[ES]について整理すると次式のようになる．

$$[ES] = \frac{[E]_0[S]}{K_m + [S]} \tag{5.9}$$

定常状態，つまり基質濃度が高く全酵素がESになれば，式(5.4)の第二段階反応が律速段階となり，全体の反応速度 v は次式のようになる．

$$v = \frac{d[P]}{dt} = k_{+2}[ES] \tag{5.10}$$

式(5.9)を式(5.10)に代入すると，

$$v = k_{+2}[ES] = \frac{k_{+2}[E]_0[S]}{K_m + [S]}$$
$$= \frac{V_{max}[S]}{K_m + [S]} \tag{5.11}$$

が与えられる．これを**ミカエリス-メンテンの式**という．ここで，$V_{max}(=k_{+2}[E]_0)$ は**最大速度**である．V_{max} とは，添加した酵素がすべて触媒作用を行っているとき，つまり添加した酵素がすべて酵素-基質複合体となったとき（$[E]_0 = [ES]$ のとき）の反応速度を意味している．

式(5.11)において，基質濃度が K_m より十分低い（$[S] \ll K_m$）とき，$K_m + [S] \fallingdotseq K_m$ であるから，

$$v = \frac{V_{max}}{K_m}[S] \tag{5.12}$$

となり，[S]に対して一次（v は[S]に比例）となる．基質濃度が K_m より十分高い（$[S] \gg K_m$）とき，$K_m + [S] \fallingdotseq [S]$ であるから，

$$v = k_{+2}[E]_0 = V_{max} \tag{5.13}$$

となり，[S]に対して0次，つまり v は[S]に対して無関係な一定値となる．この関係を図5.11に示す．

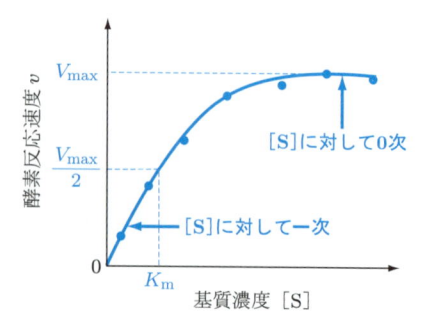

● 図5.11 ● 基質濃度と酵素反応速度の関係

式(5.11)において，$v = V_{max}/2$ のとき，式を満たすのは $[S] = K_m$ である．つまり，最大速度の半分の反応速度となる基質濃度が K_m である．したがって，V_{max} がわかればミカエリス定数 K_m を求めることができる．ミカエリス定数を求めることは，酵素の特徴を知るうえで極めて重要といえる．

実際にミカエリス定数を求める場合は，次のような方法を用いる．まず，式(5.11)を次のように変形する．

$$\frac{1}{v} = \frac{K_m}{V_{max}} \cdot \frac{1}{[S]} + \frac{1}{V_{max}} \tag{5.14}$$

これにより，簡単な $y = ax + b$ の関係となる．次に，$1/[S]$ を x，$1/v$ を y としてプロットすると図5.12のような直線が得られ，各切片から各定数を求めることができる．このプロットを**ラインウィーバー-バークプロット**という．

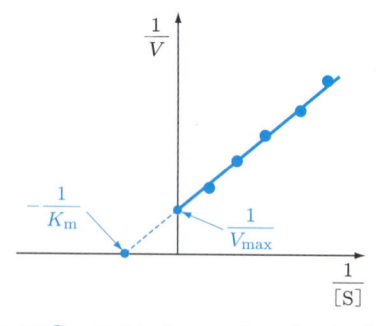

● 図5.12 ● ラインウィーバー-バークプロット

5.3.3 酵素活性に対するpHと温度の影響

酵素活性は多くの因子によって影響を受けるが，本項ではpHと温度の影響について説明する．

(a) pH の影響

活性中心を含む酵素の表面には，カルボキシル基（-COOH）やアミノ基（-NH₂）などの官能基があり，5.2節で述べたように微妙なバランスによって，その機能を発揮している．また，pH変化により酵素の立体構造も崩れる．そのため，pHによって荷電の状態が変化し，触媒としての作用力が変化するのである．pH以外のすべての条件を一定にして種々のpHにおける活性を測定すると，図5.13のようなpH-活性曲線が得られる．活性が最大となるpHを最適（至適）pH（optimum pH）とよぶ．最適pHは酵素によって異なるが，多くの酵素は中性付近に最適pHをもつ．なかには，アルカリ性や酸性の領域に最適pHをもつものもある．

熱変性を起こさない温度で，一定時間各pHに保ったあと，最適pHにて残存活性を測定し，活性とpHの関係を調べたものがpH安定性（pH stability）である．図5.13中の●の曲線がその典型的な例である．酵素はタンパク質なので，極端なpHにさらされると変性を起こし，触媒としての機能を失う．

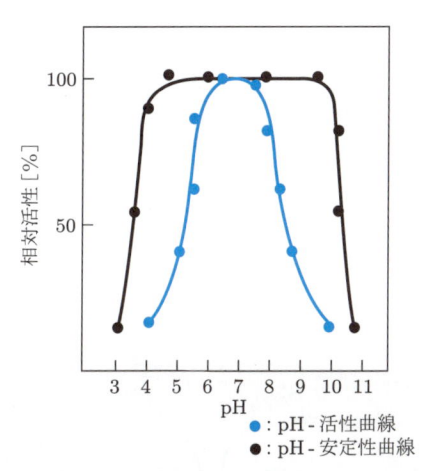

●図5.13● 酵素活性に対するpHの影響

(b) 温度の影響

酵素はタンパク質であるから，熱によって変性し失活する．酵素がどの温度まで安定なのかを調べたものが温度安定性（thermostability）であり，図5.14のような曲線となる．

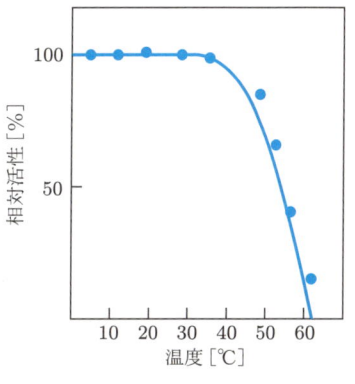

●図5.14● 酵素の温度安定性

化学反応では，一般に反応温度が高いほどその反応速度は高くなる．一方，酵素はタンパク質であるため，ある温度以上では熱変性を起こし，触媒としての機能を失う．その結果，図5.15に示すように，酵素が変性しない低温域では化学反応と同じように温度上昇にともなって反応速度が増加し，ある温度を境に熱変性による反応速度の低下が観察され，ちょうど，釣り鐘型のような曲線となる．反応速度（活性）が最大となる温度を最適（至適）温度（optimum temperature）という．最適温度も酵素によってさまざまであるが，40℃程度のものが多い．なかには100℃付近でも失活せず，70℃程度が最適温度の酵素も存在する．

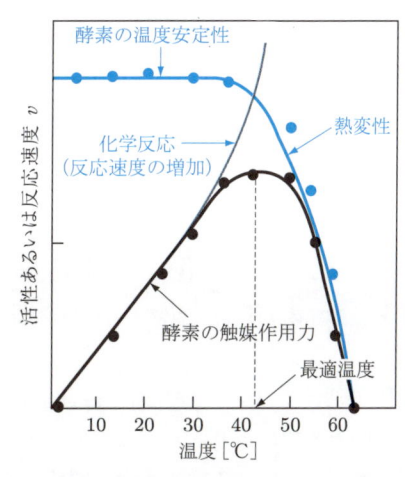

●図5.15● 酵素反応速度に対する温度の影響
● : 酵素の触媒作用力（活性あるいは反応速度）と温度の関係．
● : 酵素の温度安定性．

例題 5.3 図 5.13, 5.15 において，最適 pH と温度はいくつか答えよ．

解答 最適 pH は pH 7 付近，最適温度は 40 ℃ 付近である．

Step up ターンオーバー数

タンパク質の単位物質量（モル数）当たりの活性をターンオーバー数（turnover number）という．ターンオーバー数は，1 mol の酵素が単位時間に変換する基質の物質量（モル数），または 1 分子の酵素が単位時間に変換する基質分子数を意味し，酵素の触媒効率を表す．本文中の k_{+2} のことであり，単位は s^{-1} である．酵素の多くは，$10^2 \sim 10^4$ [s^{-1}] 程度であるが，なかにはカタラーゼのように 10^7 [s^{-1}] に達する酵素もある．

5.4 阻害剤

酵素活性を低下させる物質を**阻害剤**（inhibitor）という．阻害剤として作用する物質は数多く存在し，医薬品として利用されているものもある．阻害作用（inhibition）には，**可逆的阻害**（reversible inhibition）と**不可逆的阻害**（irreversible inhibition）がある．

5.4.1 不可逆的阻害

フェニルメタンスルホニルフルオリド（PMSF, phenylmethanesulfonyl fluoride）は，図 5.16 に示すように，活性部位のセリン残基と不可逆的に結合することにより酵素を阻害する．

● 図 5.16 ● PMSF による酵素の不可逆的阻害

この阻害剤はセリン残基と強く結合するため，透析などの方法では取り除くことができず，活性は二度と回復しない．このような阻害作用を不可逆的阻害といい，このような阻害を起こす物質を不可逆的阻害剤という．

5.4.2 可逆的阻害

可逆的阻害とは，酵素と阻害剤が可逆的に結合することによって活性が低下する阻害様式である．酵素と阻害剤は不可逆的阻害剤のように強く結合しないので，透析や希釈によって阻害剤濃度が低下すると阻害作用が低下し，酵素の活性が回復する．このような阻害作用を示す阻害剤を可逆的阻害剤という．可逆的阻害にはいくつかの形式があるが，本項では，それらのうち最も重要と思われる**競争阻害**（competitive inhibition）と**非競争阻害**（noncompetitive inhibition）の二つを紹介する．競争阻害は，図 5.17 に示すように基質とよく似た化合物が基質と競争して酵素活性中心に結合することにより，基質が酵素に結合して触媒作用を受けることを阻害する．なお，基質とよく似た物質は触媒作用を受けない．

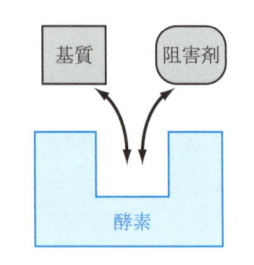

● 図 5.17 ● 競争阻害のモデル

競争阻害の典型的な例を図5.18に示す．コハク酸デヒドロゲナーゼは，基質と構造がよく似たマロン酸やオキサロ酢酸によって阻害を受ける．

競争阻害では，基質濃度に対して阻害剤濃度が増加すると，不活性な酵素-阻害剤複合体が増加するため酵素の反応速度は低下する．逆に阻害剤濃度に対して基質濃度が十分に大きければ，阻害剤の影響がほとんど無視できるようになる．

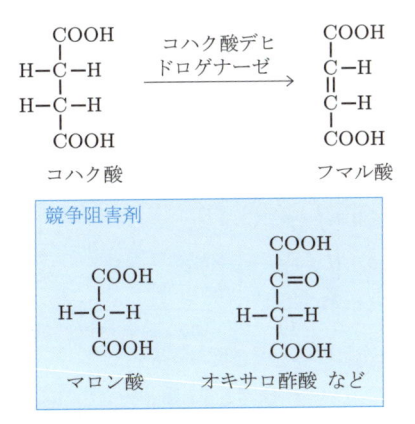

非競争阻害は，図5.19に示すように阻害剤が酵素の活性中心とは別の部位に結合することにより生じる阻害様式である．酵素-基質-阻害剤の複合体からは生成物は生じない．したがって，非競争阻害では基質濃度とは無関係に阻害が起こり，添加した阻害剤濃度に応じて酵素が不活性化される．つまり，添加した阻害剤濃度分だけ酵素濃度が減少したのと同じ効果を示す．

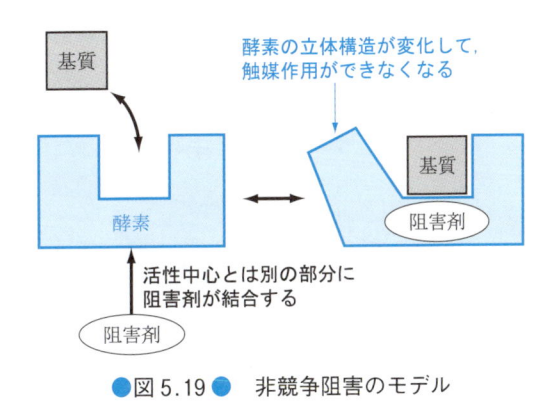

●図5.18● コハク酸デヒドロゲナーゼによる競争阻害

●図5.19● 非競争阻害のモデル

Coffee Break

極限環境微生物と酵素

100℃でも機能を失わない酵素やアルカリ性ではたらく酵素などが，これまでに数多く見つかっている．これらの酵素は産業用酵素として開発され，現在われわれの身のまわりで使われている．たとえば，100℃でも機能を失わない酵素である耐熱性ポリメラーゼは遺伝子工学で使用されており，アルカリ性ではたらく酵素は洗剤に配合されている．これらの酵素の多くは，100℃を超える海底火山，温泉周辺，高塩濃度の塩湖など普通の生物が生息できない過酷な環境に生息する微生物「極限環境微生物」がつくり出す酵素である．この分野では，多くの日本人研究者が活躍している．

演・習・問・題・5

5.1
生命活動にとって酵素は必須といえる．なぜ，必須であるのかを答えよ．

5.2
酵素反応が進行する過程を簡潔に説明せよ．

5.3
酵素の最適 pH について説明し，酵素はなぜ最適 pH をもつのか説明せよ．

5.4
最適温度について説明し，酵素はなぜ最適温度をもつのか説明せよ．

5.5
図 5.20 は，酵素反応の経時変化を示したものである．次の質問に答えよ．

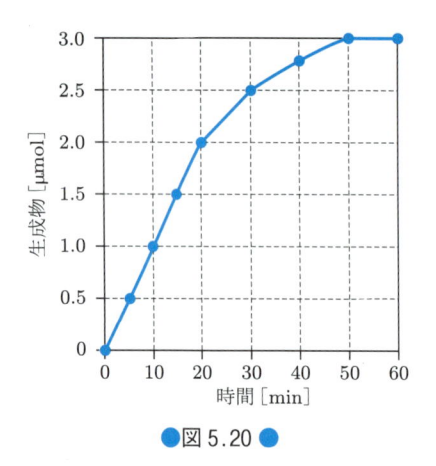

●図 5.20 ●

(1) 酵素活性を求めよ．ただし，活性の単位はユニット［U］とする．
(2) 酵素の反応速度を求めよ．ただし，反応液は 10 mL とする．

5.6
図 5.21 は，同じ反応を触媒する（同一の基質に作用する）ある 2 種類の酵素について，基質濃度と反応速度の関係を調べた結果を示している．二つの酵素について，V_{max} と K_m からその反応における特性を比較せよ．

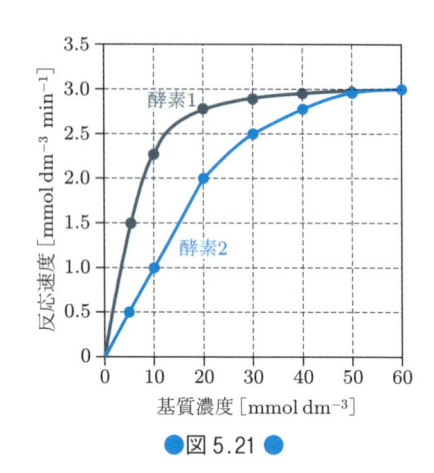

●図 5.21 ●

第6章 ビタミンと補酵素

ビタミンは，水溶性ビタミンと脂溶性ビタミンの2種類に大きく分類することができる．本章では，代表的なビタミンの構造，生理活性などを中心に説明し，章の後半では，生体内の重要な反応である酵素反応にかかわる補酵素について機能や化学構造を中心に説明する．

KEY WORD

| 水溶性ビタミン | 脂溶性ビタミン | 補酵素 | 酵素反応 | 酸化 |
| 還元 |

6.1 ビタミンの分類

『ビタミン』という栄養素が発見されるまでは，ビタミンの欠乏によって引き起こされる病気が原因で多くの人命が奪われ，風土病や伝染病として恐れられていた．やがて医学の進歩とともに，これらの病気は食物に含まれるビタミンの欠如によって発病することが明らかになり，不治の病ではなくなった．しかし，現代でもビタミン欠乏症の人は多い．最近では，体外からビタミンを摂取する健康食品が流行している．このため，ビタミンの種類や生理活性を十分理解したうえで食品などへ応用することが望まれてきている．

ビタミンには，大きく分けて水溶性と脂溶性の2種類があり，生理活性や機能もさまざまである．ビタミンの分類を表6.1に示す．水溶性ビタミンの多くは補酵素の構造の一部をもっており，最終的には体内で補酵素に変換される．本章では，水

■表6.1■ ビタミンの分類

	ビタミン	補助対象酵素
水溶性ビタミン	L-アスコルビン酸（ビタミンC）	水酸化酵素
	チアミン（ビタミンB_1）	還元酵素
	リボフラビン（ビタミンB_2）	還元酵素
	ピリドキシン（ビタミンB_6）	アミノトランスフェラーゼ
	ナイアシン	還元酵素
	葉酸（ビタミンM）	メチルトランスフェラーゼ
	ビタミンB_{12}	イソメラーゼ
	パントテン酸	アシルトランスフェラーゼ
	ビオチン（ビタミンH）	カルボキシラーゼ
脂溶性ビタミン	ビタミンA	視覚系
	ビタミンD	カルシウム代謝
	ビタミンE	抗酸化剤
	ビタミンK	血液凝固

溶性ビタミンと脂溶性ビタミンの性質について述べる.

6.2 水溶性ビタミン

6.2.1 チアミン（ビタミンB_1）

チアミンは栄養失調症，脚気に関連して発見され，ビタミンという名の起源となった．1912年，ファンク[*1]はこの化合物を『バイタルアミン』と命名したが，これこそがビタミンBである[*2]．その後，水溶性で窒素を含むなど類似の性質をもつが，構造が異なるビタミンが発見され，これらをB_1（図6.1（a）参照），B_2，B_6などと区別するようになった．

ビタミンB群は，植物種子，玄米や精粉していない麦の中に含まれている．動物組織では，チアミン二リン酸（図6.1（b）参照）やコカルボキシラーゼ（チアミンピロリン酸）として存在している．主なはたらきとして精神安定や成長促進などが挙げられ，欠乏すると，脚気，体重減少，手足の知覚障害などを引き起こす．ビタミンB_1は，カルボニル炭素に隣接する炭素原子[*3]に対する炭素-炭素結合の分解，または生成反応の触媒に

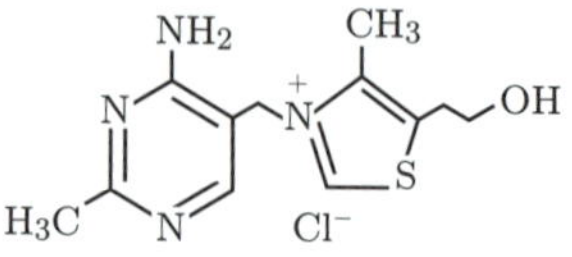

●図6.1● ビタミンB_1とチアミン二リン酸の構造

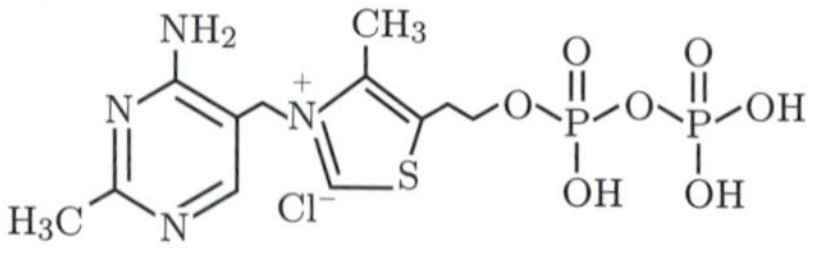

関与している．

6.2.2 リボフラビン（ビタミンB_2）

ビタミンB_2は，図6.2に示すように2種のフラビン補酵素，フラビンモノヌクレオチド（FMN）とフラビンアデニンジヌクレオチド（FAD）の

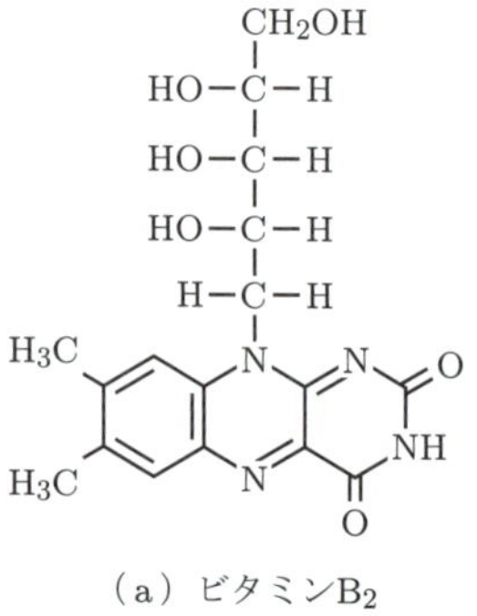

（a）ビタミンB_2 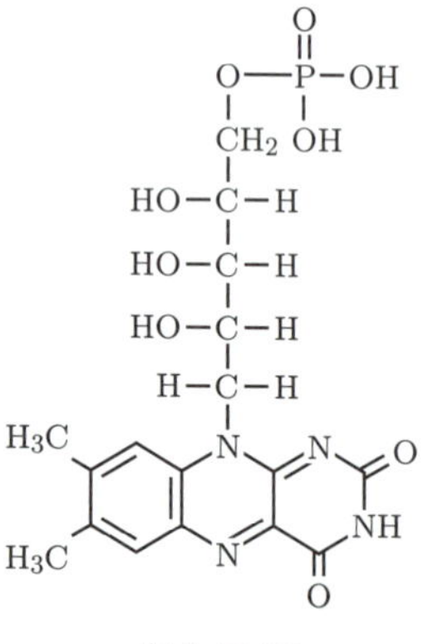　　（b）FMN 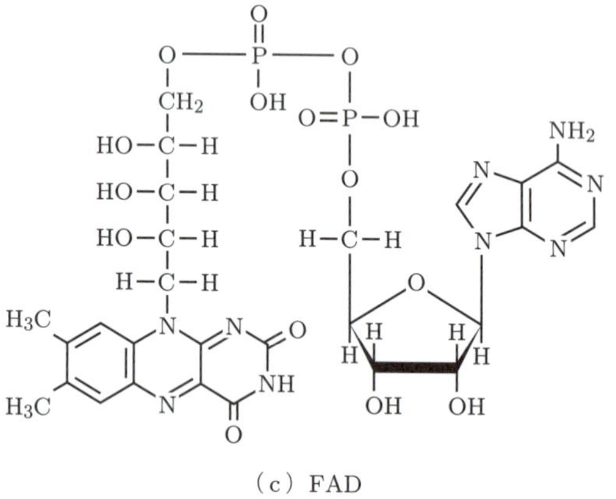　　（c）FAD

●図6.2● ビタミンB_{12}，FMNおよびFADの構造

[*1] ファンク（C. Funk, 1884-1967）は，ポーランドの生化学者である．
[*2] 「ビタミン」という名称は，ファンクがニワトリの白米病を予防する副栄養素が米ぬか中に存在する塩基性であることを認め，バイタルアミン（vital amine）にちなみVitaminと名づけたことに由来している．ビタミンB_1は，ほしのり，豚肉，ゴマなどに多く含まれている．
[*3] $\overset{O}{\underset{\|}{-C}}-C-$ 青色で示した炭素原子のことである．

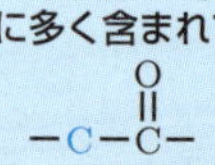

構造成分として存在している．FMNやFADは通常，ヌクレオチドに分類してもよいが，フラビンはプリンやピリミジンではないので，むしろ擬ヌクレオチドとして分類される．また，結合しているのはリビトールであり，D-リボースではない．

植物，細菌，カビはビタミンB_2を合成できる．また，動物の肝臓にも多く含まれている[*4]．主なはたらきとしては，動脈硬化予防，解毒作用，成長促進，髪や爪などの再生がある．欠乏すると，口角炎，口唇炎，口内炎，皮膚炎などを引き起こす．ビタミンB_2は，ヒドリドイオンの移動や1電子移動をともなう酸化還元反応に関与している．

6.2.3 ピリドキシン（ビタミンB_6）

ビタミンB_6には，図6.3に示すようにピリドキサル，ピリドキシン，ピリドキサミンの3種類がある．ビタミンB_6は動植物内に多く存在し，とくに穀類に多量に含まれる[*5]．主なはたらきとしては，発育促進，解毒作用，抗アレルギー作用，脂肪肝の予防などがある．欠乏すると，皮膚炎，痙攣，貧血などを引き起こす．ビタミンB_6は，アミノ転移，脱炭酸あるいはラセミ化反応に関与している．

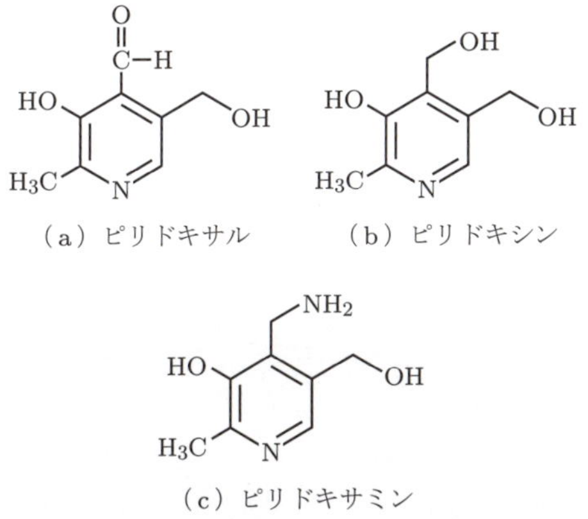

6.2.4 ビタミンB_{12}

ビタミンB_{12}は肝臓から分離されるコバルトポルフィリンを基本骨格にもつシアノコバラミンとよばれるものである．ビタミンB_{12}は動物と微生物に存在するが，植物には存在しない[*6]．主なはたらきとしては，巨赤芽球性貧血防止，タンパク質の合成，神経のはたらきを正常に保つことなどがある．欠乏すると，巨赤芽球性貧血，胃腸障害，精神障害などが現れる．ビタミンB_{12}は炭素鎖の組換え反応に関与しており，炭素-炭素結合の組換え，炭素-酸素結合の開裂，炭素-窒素結合の組換え，メチル基の活性化の四つに分類される．

6.2.5 L-アスコルビン酸（ビタミンC）

ビタミンCは酸素原子を含む五員環構造である（図6.4参照）．ほとんどの動植物はD-グルコースからアスコルビン酸を合成することができるが，モルモットや霊長類は，L-グロノラクトンを3-ケト-L-グロノラクトンに変換するL-グロノラクトンオキシダーゼをもたないため，アスコルビン酸を合成することができない．

ビタミンCの主なはたらきとしては，発がんの抑制，壊血病の予防などがある．欠乏すると，食欲不振や壊血病を引き起こす[*7]．ビタミンCは強い還元剤である．また，コラーゲンの合成にも関与しており，コラーゲン前駆体中のプロリン残基をヒドロキシル化し，コラーゲンがもつヒドロキシプロリン残基に変換する過程に作用している．

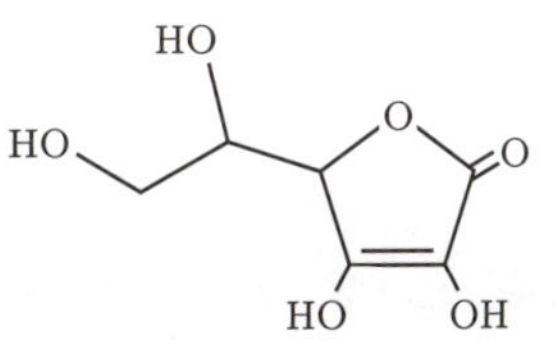

（a）ピリドキサル　　（b）ピリドキシン

（c）ピリドキサミン

●図6.3● ビタミンB_6（ピリドキサル，ピリドキシン，ピリドキサミン）の構造

L-アスコルビン酸

●図6.4● ビタミンCの構造

[*4] ビタミンB_2は，豚レバー，ワカメ，アーモンドなどに多く含まれている．
[*5] ビタミンB_6は，ニンニク，牛レバー，黒砂糖などに多く含まれている．
[*6] ビタミンB_{12}は，シジミ，やきのり，すじこ，イクラ，牛レバーなどに多く含まれている．
[*7] ビタミンCは，パセリ，ブロッコリー，レモンなどに多く含まれている．

6.2.6 ビオチン（ビタミンH）

ビタミンHは硫黄原子を含む五員環を有する構造である（図6.5 (a) 参照）．補酵素型はビオシチン（図6.5 (b) 参照）である．酵母や細菌の発育因子として見い出された．動物では，腸内細菌がビタミンHを合成できるので，外部から摂取する必要はない[*8]．ビタミンHは広く自然界に分布し，酵母や肝臓に多く存在する．主なはたらきとしては，皮膚の健康保持，筋肉痛の緩和，白髪の予防などがある．一方，欠乏すると，皮膚炎，筋肉痛，脱毛などが引き起こされる．ビタミンHは特異的な酵素タンパク質と結合することでカルボキシル化，カルボキシル転移反応に関与している．

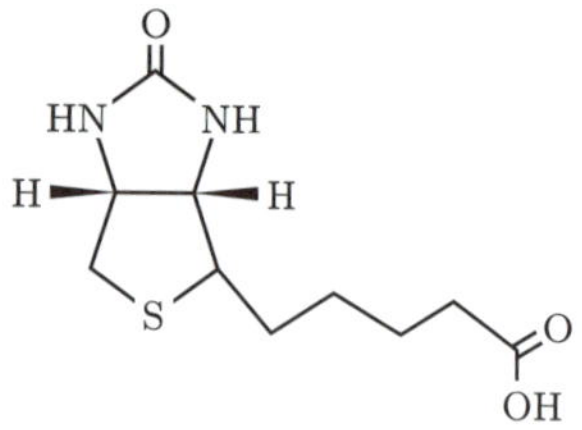

(a) ビタミンH

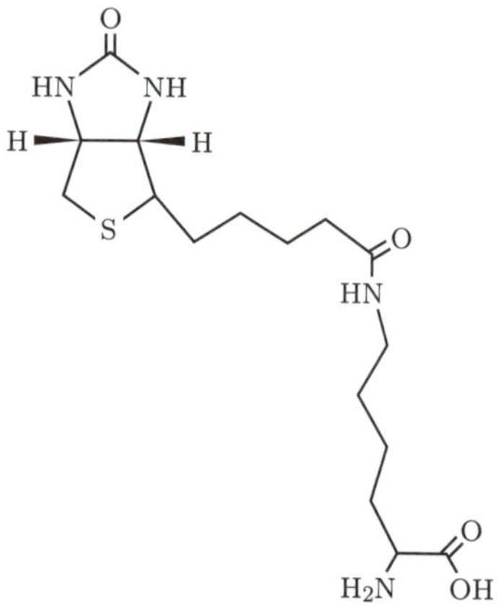

(b) ビオシチン

●図6.5● ビタミンHとビオシチンの構造

6.2.7 葉酸（ビタミンM）

ビタミンMは，図6.6に示すように，2-アミノ-4-ヒドロキシ-6-メチルプテリジン，p-アミノ安息香酸，グルタミン酸オリゴマーが結合した化学構造をもち，プテロイル-L-グルタミン酸とよばれる化合物である．多くの微生物の発育因子としてはたらき，また，動物の成長に必要な量のビタミンMは腸内細菌によって合成されている．正常な赤血球をつくるためにビタミンMおよびその誘導体が必要とされている．主なはたらきとして，口腔内の炎症予防，貧血防止，発育促進などがあるが，欠乏症としては，大赤血球性貧血，舌炎，先天性奇形などがある[*9]．ビタミンMは，実際には還元体がビタミンとして作用し，ホルミル基などのC1転移反応に関与している．

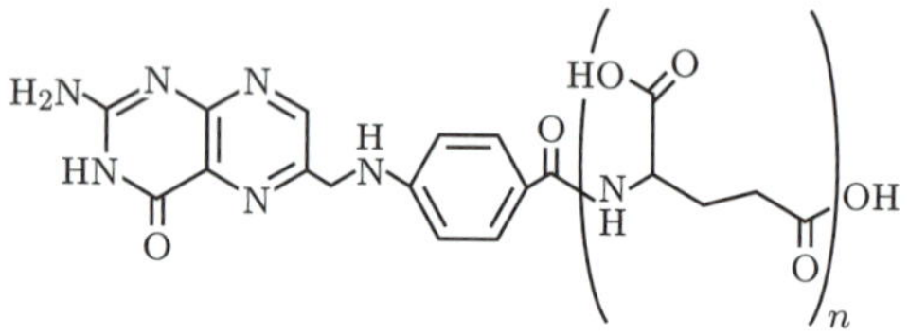

●図6.6● ビタミンMの構造

6.2.8 ナイアシン

ナイアシンとは，ニコチンを酸化することによって生成するニコチン酸あるいはニコチンアミド（図6.7参照）のことである．生体内では，主にニコチンアミドアデニンジヌクレオチド（NAD$^+$）をはじめ500種類の酸化還元酵素の補酵素として機能する．生理的機能としては胃腸障害の修復に関与しており，また，血液の循環をよくし血圧を低減する作用もある．さらに，摂取物有効利用でエネルギー亢進，コレステロール，中性脂肪を減らすはたらきがある．欠乏すると，ペラグラ皮膚炎，神経過敏などを引き起こす[*10]．

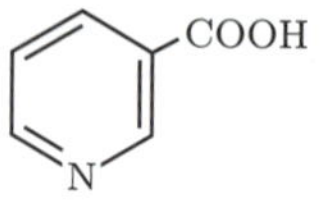

(a) ニコチン酸 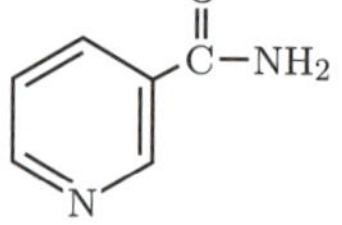　　(b) ニコチンアミド

●図6.7● ニコチン酸とニコチンアミドの構造

[*8] ビタミンHは卵白に多く含まれている．
[*9] ビタミンMは，生ウニ，枝豆，モロヘイヤなどに多く含まれている．
[*10] ナイアシンは，卵，レバー，赤身肉，小麦全粒粉，小麦胚芽，モツ，魚，ビール酵母，ピーナッツ，鶏のささ身，アボガド，ナツメなどに多く含まれている．

6.2.9 パントテン酸

パントテン酸は，図6.8に示す構造をもち，自律神経のはたらきの維持や免疫力を強化するなどのはたらきをもつ．また，副腎の適正な機能維持，脂肪と糖のエネルギーへの転換，抗体の合成などに深く関与している．一方，欠乏すると，低血糖症，十二指腸潰瘍，血液と皮膚の障害，感染症，うつ状態，腰痛，副腎皮質機能低下を引き起こすことが多い[*11]．パントテン酸は，補酵素A（CoA）およびアシル基運搬タンパク質の成分として存在する．

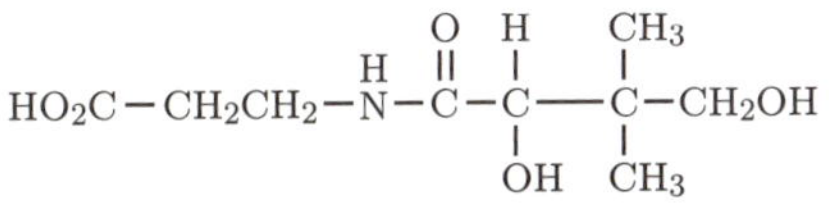

●図6.8● パントテン酸の構造

6.3 脂溶性ビタミン

6.3.1 ビタミンA

ビタミンAはレチノール（ビタミンA_1）やレチナール（ビタミンA_1アルデヒド）とよばれるイソプレノイド（11.3.1項参照）である．β-カロテンが腸粘膜に存在するオキシダーゼによって切断されることによって生じる．ビタミンAの構造を図6.9に示す．

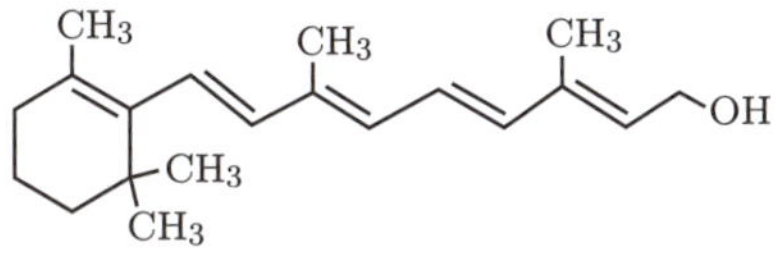

(a) ビタミンA_1

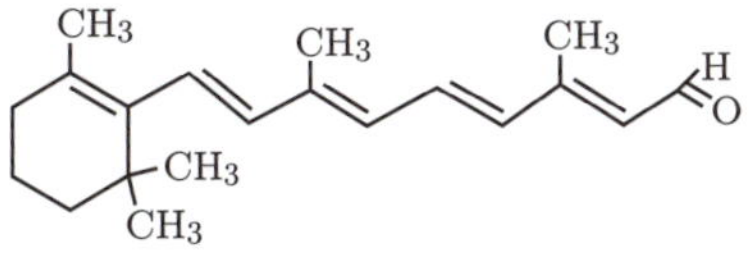

(b) ビタミンA_1アルデヒド

●図6.9● ビタミンAの構造

ビタミンAの主なはたらきとして，夜盲症防止，皮膚・粘膜の保全，骨の発育促進などがある．一方，欠乏すると夜盲症，暗順応低下，角膜乾燥症，皮膚乾燥などを引き起こす[*12]．生理活性としては，光照射による視神経の興奮を引き起こす反応に関与している．

6.3.2 ビタミンD

ビタミンD類はコレカルシフェロール（ビタミンD_3）などが代表例である．動物組織では皮膚に含まれる7-デヒドロコレステロールが紫外線を受けてビタミンD_3が生成する．魚油にもビタミンD_3は含まれている．ビタミンD_3の構造を図6.10に示す．

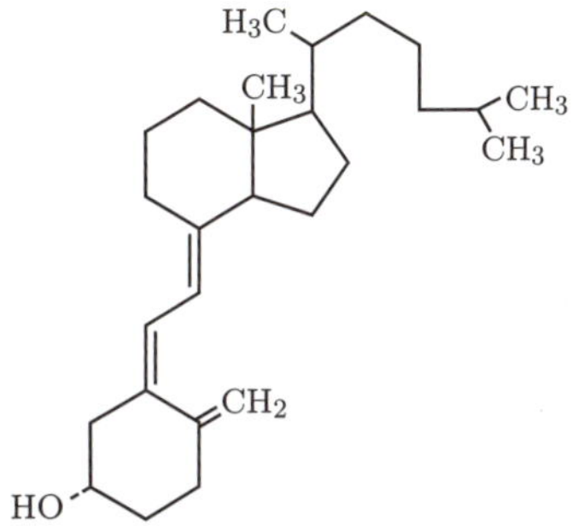

●図6.10● ビタミンD_3の構造

主なはたらきとして，歯や骨の維持，骨密度の増加などがあるが，欠乏すると，くる病，骨粗しょう症，骨軟化症などが引き起こされる[*13]．ビタミンDには酵素活性に影響を与える補因子のはたらきはないが，ホルモンのような生理活性を有しており，カルシウムと結合する特異的タンパク質の生合成を調節している．

[*11] パントテン酸は，大豆，緑色野菜，肉，無精製の穀類・糖蜜，小麦胚芽，ふすま，モツ，レバー，ビール酵母，ピーナッツ，鶏肉などに多く含まれている．
[*12] ビタミンAは，鶏や豚のレバー，アンコウの肝，ウナギなどに多く含まれている．
[*13] ビタミンDは，キクラゲ，アンコウ，タタミイワシなどに多く含まれている．

6.3.3 ビタミンE

ビタミンEはα-トコフェロールとよばれる分子であり，図6.11に示す構造をもつ．ビタミンE類は，植物油や動物脂肪に含まれている．

主なはたらきとして，発がんの抑制，脂肪肝の予防，酸化防止効果があり，老化を遅延させるといった効果もある．一方，欠乏すると，溶血性貧血，筋萎縮などを引き起こす．ビタミンEは，膜脂質に必ず含まれている不飽和脂肪酸の過酸化を防ぐ反応に関与している．

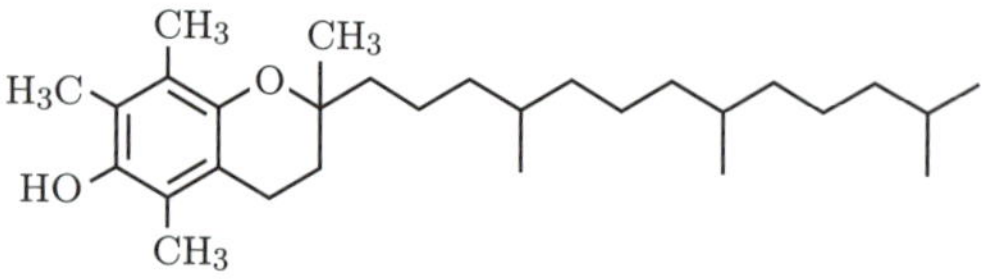

●図6.11● ビタミンEの構造

6.3.4 ビタミンK

ビタミンK類は，図6.12に示すようにキノン構造を骨格とした化学構造をもつ．ビタミンK_2類は細菌や魚肉から得られ，ビタミンK_1は植物

（a）ビタミンK_1

（b）ビタミンK_2

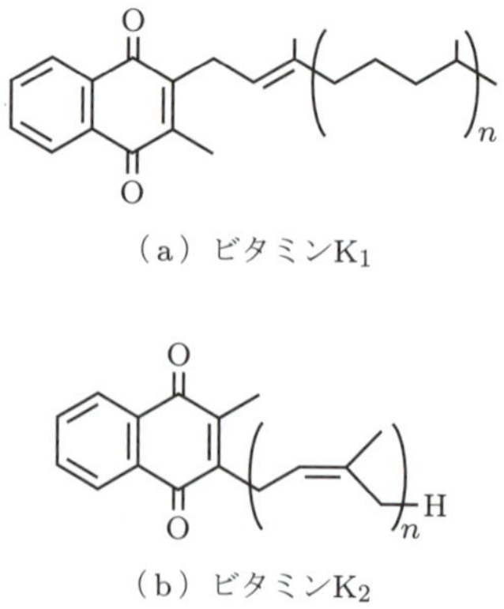

●図6.12● ビタミンKの構造

から得ることができる．

主なはたらきとしては，血液凝固因子の合成や骨の強度を強くすることなどがある．欠乏すると，頭蓋内出血や止血できないといった重大な疾病を引き起こす[*14]．ビタミンKは，とくに血液凝固に関する反応に深くかかわっており，プロトロンビンのグルタミン酸残基をカルボキシグルタミン酸に変化させ，カルシウムイオンを結合させることによって血液凝固反応を進行させる．

6.4 補酵素

金属タンパク質などの複合タンパク質型酵素の非タンパク質部分を補酵素という．補酵素を必要とする酵素において，補酵素は触媒作用で重要な役割を担う．

補酵素の多くは，ビタミンから生成されることが多い．ここでは補酵素の例として，ニコチン酸から誘導されるニコチンアミドアデニンジヌクレオチド（NAD^+）とニコチンアミドアデニンジヌクレオチドリン酸（$NADP^+$）の性質について述べる．表6.2にNAD^+と$NADP^+$を補酵素とする脱水素酵素の名称と反応例を示す．また，NAD^+と$NADP^+$の構造を図6.13に示す．これらの補酵素は，ヒドリドイオン（$H:^-$）の移動をともなう酸化還元反応に関与しており，実に多く

■表6.2■ NAD^+，$NADP^+$を補酵素とする脱水素酵素

酵素	基質	生成物
アルコールデヒドロゲナーゼ	エタノール	アセトアルデヒド
ラクテートデヒドロゲナーゼ	乳酸	ピルビン酸
グルコース-6-ホスフェートデヒドロゲナーゼ	グルコース-6-リン酸	6-ホスホグルコン酸
グルタメートデヒドロゲナーゼ	L-グルタミン酸	2-オキソグルタル酸＋NH_3
アセトアルデヒドデヒドロゲナーゼ	アセトアルデヒド	酢酸

*14 ビタミンKは，パセリ，ほしのり，シソなどに多く含まれている．

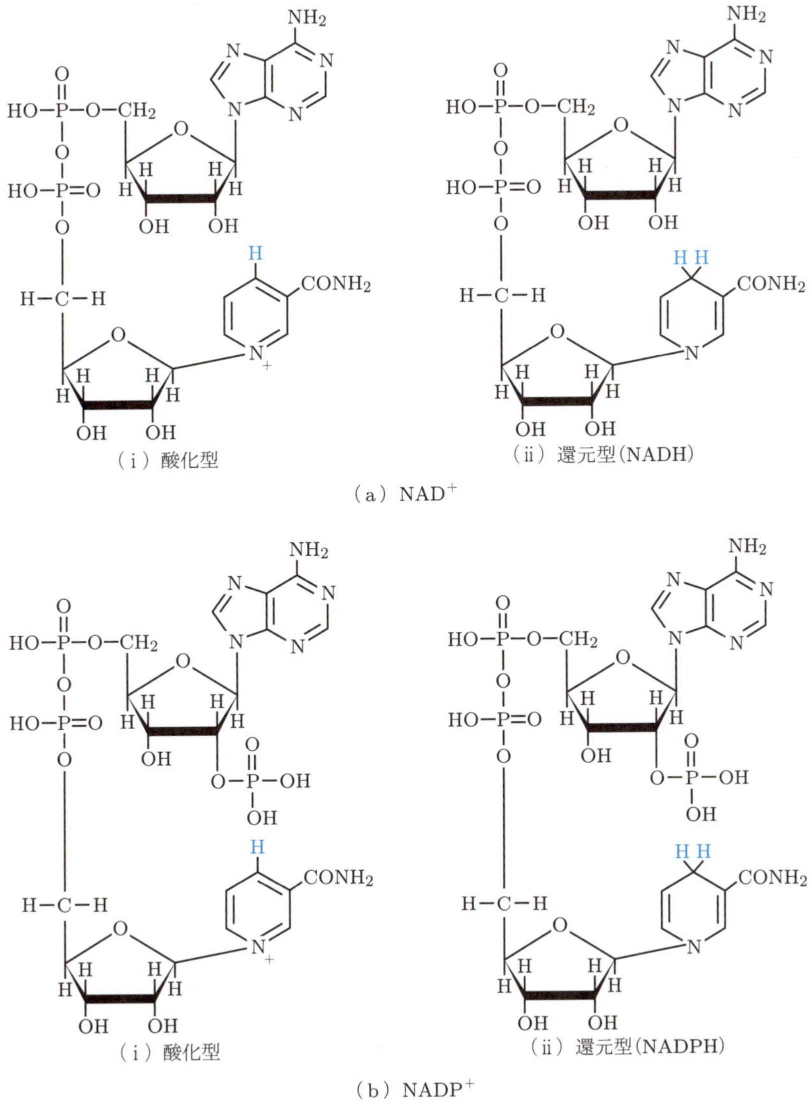

(i) 酸化型　　　　　　　　　　　　　(ii) 還元型 (NADH)

(a) NAD$^+$

(i) 酸化型　　　　　　　　　　　　　(ii) 還元型 (NADPH)

(b) NADP$^+$

●図 6.13 ● NAD$^+$ と NADP$^+$ の酸化型と還元型の構造

の脱水素酵素の補酵素として作用している．

また，ビタミン B_2 から誘導される 2 種類の補酵素フラビンモノヌクレオチド（FMN）とフラビンアデニンジヌクレオチド（FAD）も実に多くの酵素の補酵素である．表 6.3 に FMN と FAD を補酵素とする酵素の名称と反応例を示す．

■表 6.3 ■ FMN, FAD を補酵素とする酵素

酵素	電子供与体	生成物
L-アミノアシドオキシダーゼ	L-アミノ酸	2-オキソ酸 + NH$_3$
L(+)-ラクテートデヒドロゲナーゼ（酵母）	L-乳酸	ピルビン酸
グリコレートオキシダーゼ	グリコール酸	グリオキシル酸
NADH-シトクロム c レダクターゼ	NADH	NAD$^+$
アルデヒドオキシダーゼ（肝臓）	アルデヒド	カルボン酸

また，図 6.14 にその構造を示す．ニコチン酸系の補酵素と同様にヒドリドイオンの移動や 1 電子移動をともなう酸化還元反応に関与するため，同様に脱水素酵素やオキシダーゼの補酵素としてはたらくことが多い．

NAD^+，$NADP^+$，FMN および FAD 以外にも

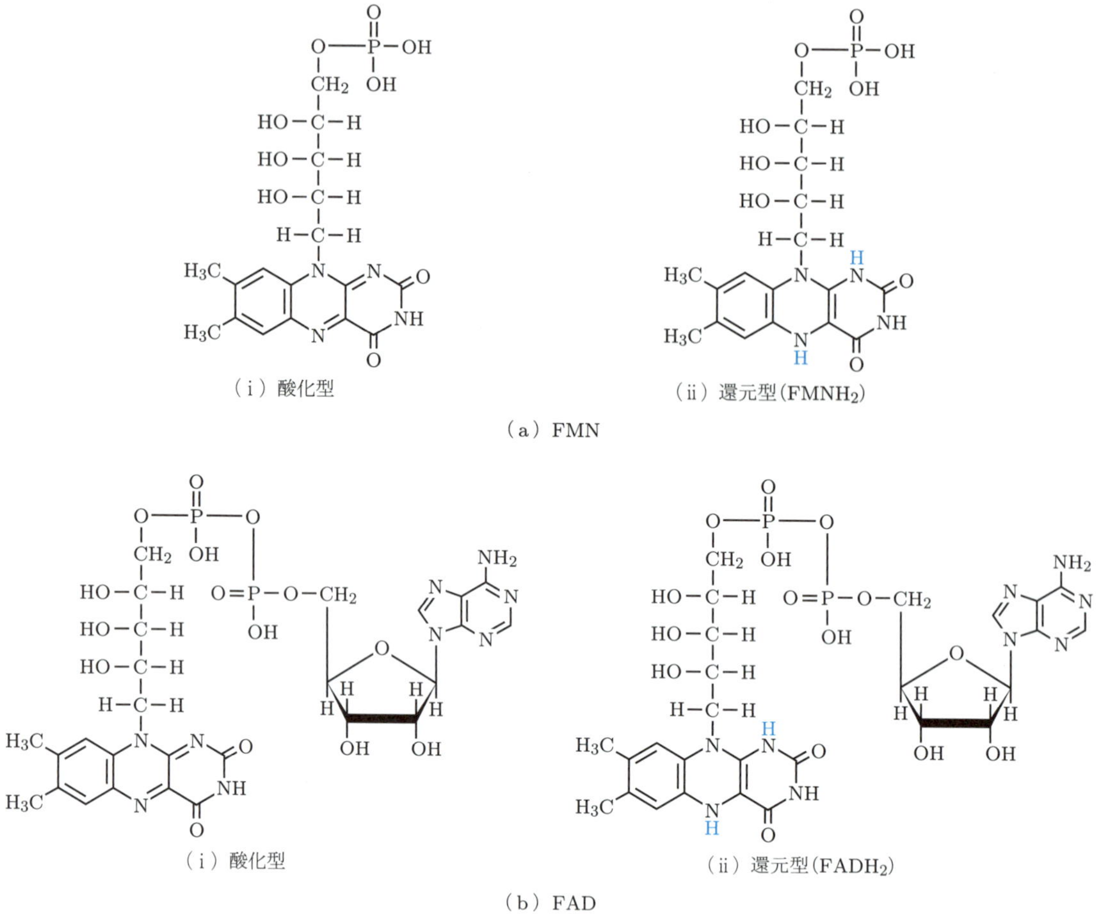

● 図 6.14 ●　FMN と FAD の酸化型と還元型の構造

さまざまな補酵素が存在する．補酵素の多くは水溶性ビタミンから合成される．

補酵素 A（CoA）は，脂肪酸の β 酸化など多くの代謝過程で生じ，クエン酸回路（10.2 節参照）の入口として重要な代謝中間体であるとともに，ケトンや脂肪酸の合成など多くの化合物の出発物質として利用されている．アセチル基を有するアセチル CoA の構造を図 6.15 に示す．

リポ酸は，ピルビン酸デヒドロゲナーゼ複合体や 2-オキソグルタル酸デヒドロゲナーゼ複合体

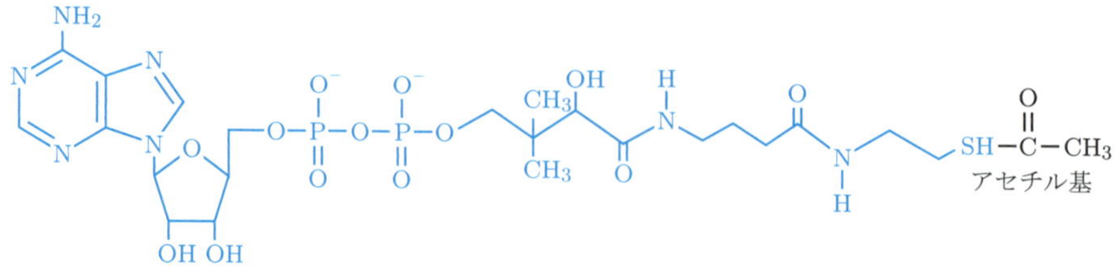

● 図 6.15 ●　アセチル CoA の構造

の補酵素の一つとしての役割がある．リポ酸は『α-リポ酸』が正式名称であり，図6.16に示すような構造をもつ．

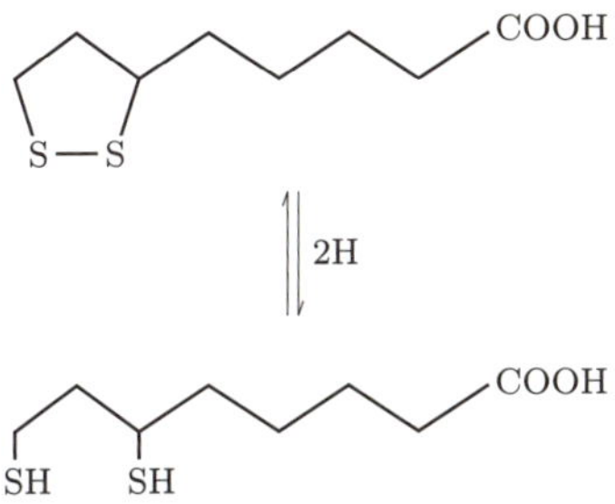

● 図6.16 ● リポ酸の構造

チアミンピロリン酸はα-ケト酸の酸化的脱炭酸体であり，ピルビン酸デヒドロゲナーゼ複合体のようなアシル基の転移に関与する補酵素である．図6.17にその構造を示す．

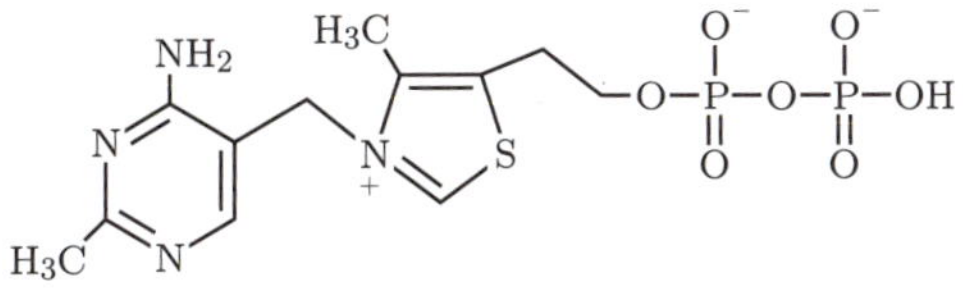

● 図6.17 ● チアミンピロリン酸の構造

ピリドキサルリン酸は，α-ケト酸のアミノ基転移やアミノ酸の脱炭酸に関与する補酵素である．図6.18にその構造を示す．

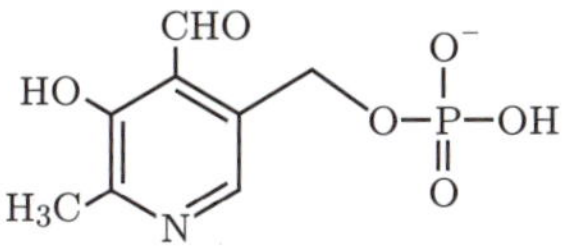

● 図6.18 ● ピリドキサルリン酸の構造

テトラヒドロ葉酸は，Cl基つまりホルミル基，メチレン基，メチル基などの転移に関与する補酵素である．図6.19にその構造を示す．

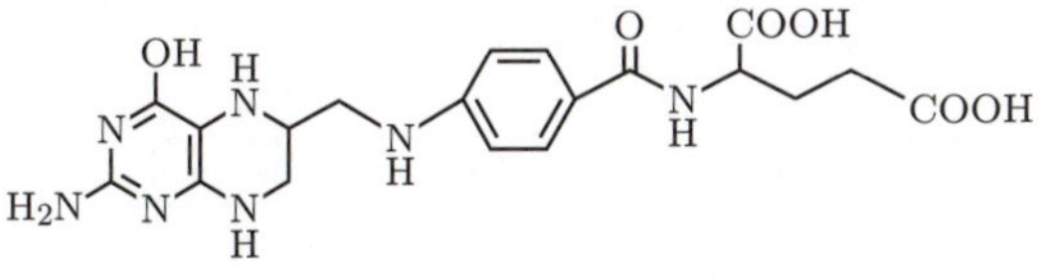

● 図6.19 ● テトラヒドロ葉酸の構造

UDP-グルコースは高エネルギー化合物であり，グリコーゲン合成で利用される補酵素である．糖やウロン酸の転移に関与しており，図6.20にその構造を示す．

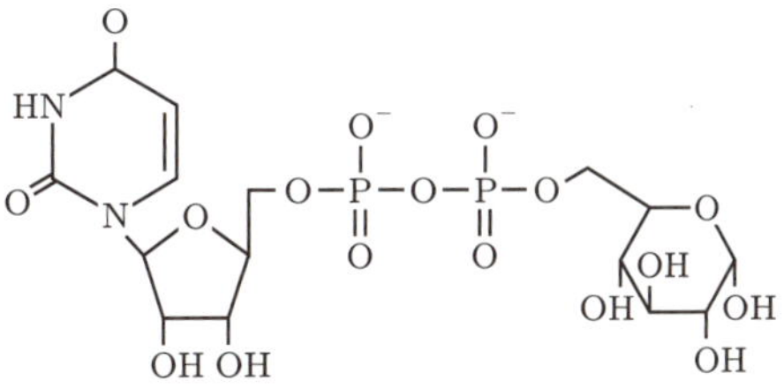

● 図6.20 ● UDPグルコースの構造

補酵素Qは電子伝達体として用いられ，水素二つの転移反応に関与している[*15]．図6.21にその構造を示す．

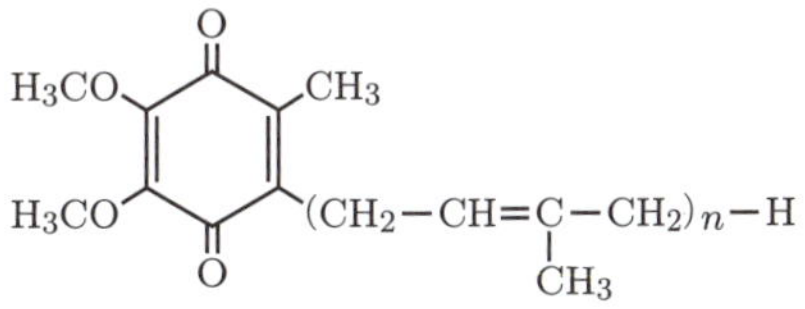

● 図6.21 ● 補酵素Qの構造

補酵素B_{12}は，5′-デオキシアデノシルコバラミンともよばれており，隣接炭素原子間での水素原子と他の原子団との交換や2分子間でのメチル基転移に関与する補酵素である．図6.22にその構造を示す．

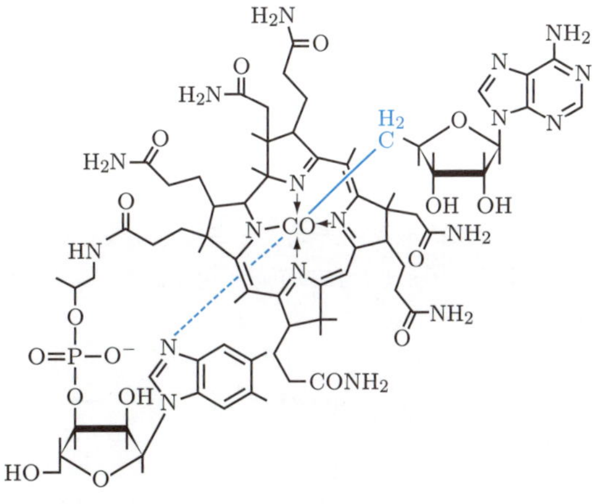

● 図6.22 ● 補酵素B_{12}の構造

[*15] CoQ_{10}は酵母発酵で製造され，日本企業が世界シェアを100％占有している．

S-アデノシルメチオニンはメチル基の転移に関与する補酵素である．図6.23にその構造を示す．

アデノシン三リン酸（ATP）は高エネルギー物質の代表的なものであり，吸エルゴン反応（9.2節参照）とともにエネルギーを供給する．図6.24にその構造を示す．

●図6.23● S-アデノシルメチオニンの構造

●図6.24● ATPの構造

例題 6.1

水溶性ビタミンの多くは補酵素の構造の一部をもち，体内で化学反応により補酵素に変換される．水溶性ビタミンであるニコチン酸，パントテン酸，ビオチン，葉酸から生成する補酵素をそれぞれ答えよ．

解答
ニコチン酸：　ニコチンアミドアデニンジヌクレオチド，ニコチンアミドアデニンジヌクレオチドリン酸
パントテン酸：補酵素A
ビオチン：　　ビオチンカルボキシルキャリヤータンパク質
葉酸：　　　　テトラヒドロ葉酸

Coffee Break

マルチビタミン

最近，マルチビタミンという言葉をよく耳にする．健康食品ブームにのって色々なビタミン接種用食品が登場している．いわゆるビタミンサプリメントである．一言でマルチビタミンといってもたくさんの種類があり，各種ビタミンが色々なバランスで配合されている．たとえば，花粉症用のマルチビタミンでは，ビタミンCなど花粉症に関与するIgE抗体が過剰に増えるのを防ぐ抗ヒスタミン作用のある成分が多く含まれている．さて，その効果はというと，あくまでも食事で補えなかったビタミンを補充するのが主な目的なので，劇的に健康状態が改善されるわけではないだろう．

演・習・問・題・6

6.1
ビタミンKの化学構造の基本骨格はキノン型である．ビタミンKの1電子還元体の構造を，ビタミンK_1を例にとって書け．

6.2
ビタミンB群の補酵素をそれぞれ答えよ．

6.3
リボフラビンの還元には2電子必要である．還元型リボフラビンはどのような化学構造になるかを答えよ．

第7章
脂質

脂質は，生体膜を構成する主要な分子であるとともに，エネルギー源としての利用や保護作用など，生物にとって重要なはたらきをもっている．本章では脂質の化学構造と性質を説明する．

KEY WORD

| 脂質 | 脂肪 | 油脂 | 生体膜 | リン脂質 |
| 糖脂質 | 環状脂質 |

7.1 脂肪・油脂

脂質は，けん化性と不けん化性に大別され，けん化性脂質は単純脂質と複合脂質に分類することができる*1．単純脂質には，脂肪酸とグリセリンとのエステルで形成される油脂やろうが該当し，複合脂質には，脂肪酸，アルコール，リン酸，糖，窒素化合物からなるリン脂質や糖脂質が該当する．脂質は生体膜を構成する主要な分子であり，生物の重要な構成成分である．

脂質の特徴として，生体分子であるにもかかわらず水に不溶であり，エーテルやクロロホルムのような有機溶媒で抽出される単体成分に可溶である点が挙げられる．つまり，有機溶媒を用いることによって脂質を細胞や生体組織から抽出できる．

脂質が有機溶媒に可溶である特徴は，ほかの生体物質である炭水化物，タンパク質，核酸が有機溶媒に不溶であることと比較すると重要な性質であるといえる．脂質の化学構造に焦点を当てると，実に多種多様な種類が存在し，エステル結合を含むものや炭化水素のみで構成されるものもある．また，環状や多環状構造をもつ脂質も存在する．

脂質には，われわれの食生活にも関係が深い脂肪や油脂がある．バターやラードは脂肪の代表的な例であり，肉の脂身が主原料で動物性油脂の一種である．一方，コーン油，オリーブ油，大豆油は植物性油脂とよばれる油脂の代表例であり，実に多くの種類がある*2．脂肪は常温では固体なの

---

*1 脂質 ─ けん化性脂質 ─ 単純脂質
　　　 ─ 不けん化性脂質 ─ 複合脂質

*2 油脂 ─ 動物性（脂肪）
　　　 ─ 植物性

に対し，油脂は液体であるという大きな違いがあるが，どちらも有機化合物としての基本的な構造に大きな違いはみられず，グリセリンと脂肪酸がエステル結合をしたグリセリド化合物である．エステルのけん化と同様に，脂肪や油脂をアルカリとともに煮沸すると加水分解され，グリセリンと脂肪酸塩（石けん）が得られる．加水分解によって得られる飽和脂肪酸および不飽和脂肪酸を表7.1に示す．一般に，脂肪酸は直鎖状で偶数の炭素原子から構成されており，二重結合のような不飽和結合がある場合，立体配置はシス（cis）型が主であり，π 電子共役[*3]をしない構造である．

■表7.1■ 油脂，脂肪を構成する脂肪酸

	名称	炭素数	化学式	融点 [℃]
飽和脂肪酸	ラウリン酸	12	$CH_3(CH_2)_{10}COOH$	44
	ミリスチン酸	14	$CH_3(CH_2)_{12}COOH$	54
	パルミチン酸	16	$CH_3(CH_2)_{14}COOH$	63
	ステアリン酸	18	$CH_3(CH_2)_{16}COOH$	70
	アラキジン酸	20	$CH_3(CH_2)_{18}COOH$	75
不飽和脂肪酸	パルミトレイン酸	16	$CH_3(CH_2)_5CH=CH(CH_2)_7COOH$ (cis)	32
	オレイン酸	18	$CH_3(CH_2)_7CH=CH(CH_2)_7COOH$ (cis)	13
	リノレン酸	18	$CH_3CH_2CH=CHCH_2CH=CHCH_2CH=CH(CH_2)_7COOH$ （全 cis）	−11
	リノール酸	18	$CH_3(CH_2)_4CH=CHCH_2CH=CH(CH_2)_7COOH$ （cis, cis）	−5
	アラキドン酸	20	$CH_3(CH_2)_4(CH=CHCH_2)_4CH_2CH_2COOH$ （全 cis）	−50

トリグリセリドは，図7.1に示すように単純トリグリセリドと混合トリグリセリドの2種類に分類される．前者は三つの脂肪酸がすべて同じもので構成されており，後者は2種類以上の異なる脂肪酸で構成されている．

一般に，脂肪や油脂が同一のトリグリセリドだけで構成されていることはほとんどなく，多種類のトリグリセリドの混合物である．脂肪や油脂の構成を示す方法は，加水分解して得られる脂肪酸の種類と組成を百分率で示すのが一般的である（表7.2参照）．脂肪や油脂中には一つないし二つの脂肪酸が主成分として含まれており，そのほかの脂肪酸はわずかしか含まれていない場合がある．たとえば，ヤシ油には約43％ずつのパルミチン酸とオレイン酸が主成分として含まれ，そのほかにステアリン酸とリノール酸が少量含まれている．しかし，バターのような脂肪を加水分解すると14種類以上の脂肪酸が生じ，炭素数9以下の脂

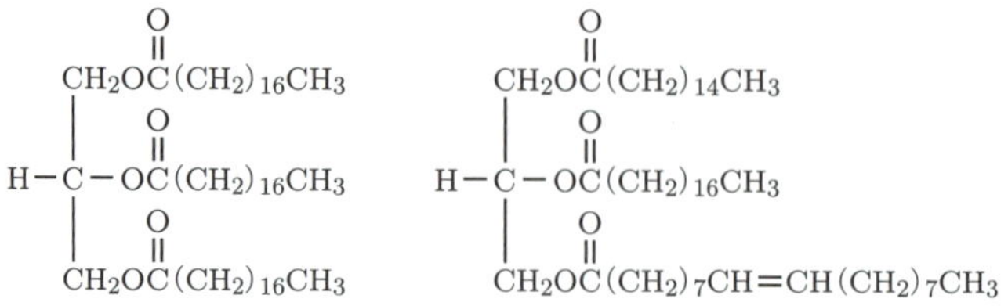

（a）単純トリグリセリド

$$CH_2OC(CH_2)_{16}CH_3$$
$$|$$
$$H-C-OC(CH_2)_{16}CH_3$$
$$|$$
$$CH_2OC(CH_2)_{16}CH_3$$

（b）混合トリグリセリド

$$CH_2OC(CH_2)_{14}CH_3$$
$$|$$
$$H-C-OC(CH_2)_{16}CH_3$$
$$|$$
$$CH_2OC(CH_2)_7CH=CH(CH_2)_7CH_3$$

●図7.1● 単純トリグリセリドと混合トリグリセリド

[*3] π 電子共役とは，ベンゼンのように炭素-炭素間の二重結合と単結合が交互に連なっているような場合，π 電子が隣り合った二重結合間に非局在することである．

肪酸が9％程度含まれることもある．

油脂を構成する脂肪酸の特徴は，脂肪と比較して不飽和脂肪酸含有量が高い点である．植物油を加水分解すると80％以上の不飽和脂肪酸が生成する．一方，脂肪では50％程度しか生成しない．表7.1で示したように，不飽和脂肪酸の融点は飽和脂肪酸と比較して低くなっている．二重結合数が一つだけ異なるステアリン酸とオレイン酸を比較すると，融点の違いが明瞭である．また，トリグリセリドでもエステル型脂肪酸中の二重結合数が増えるほど融点は低くなる傾向がある．

■表7.2■ 油脂中の脂肪酸組成

油脂の種類		飽和脂肪酸 [％]				不飽和脂肪酸 [％]	
		ラウリン酸 (C_{12})	ミリスチン酸 (C_{14})	パルミチン酸 (C_{16})	ステアリン酸 (C_{18})	オレイン酸 (C_{18})	リノール酸 (C_{18})
動物性油脂	ラード	—	1	25	15	50	6
	バター	2	10	25	10	25	5
植物性油脂	ヤシ油	50	18	8	2	6	1
	トウモロコシ油	—	1	10	4	35	45
	オリーブ油	—	1	5	5	80	7

例題 7.1 次の混合トリグリセリドを水酸化ナトリウムなどのアルカリで加水分解した際の化学反応式を示せ．

$$\begin{array}{l} CH_2O\text{-}CO(CH_2)_{14}CH_3 \\ |\\ H\text{-}C\text{-}OC(CH_2)_{16}CH_3 \\ |\\ CH_2OC(CH_2)_7CH=CH(CH_2)_7CH_3 \end{array}$$

解答 この混合トリグリセリドは，パルミチン酸，ステアリン酸，オレイン酸とグリセリンがエステル結合でつながったものである．そのため，加水分解することで図7.2のような反応が進行する．

グリセリン部位　脂肪酸部位

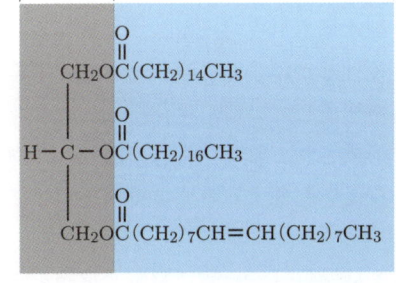

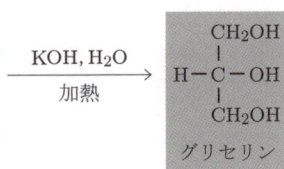

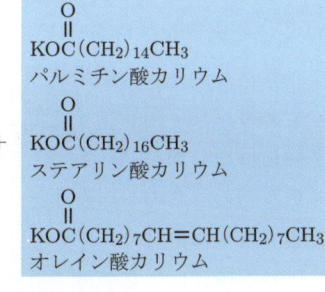

$$\begin{array}{l} CH_2OC(CH_2)_{14}CH_3 \\ H\text{-}C\text{-}OC(CH_2)_{16}CH_3 \\ CH_2OC(CH_2)_7CH=CH(CH_2)_7CH_3 \end{array} \xrightarrow[\text{加熱}]{KOH, H_2O} \begin{array}{l} CH_2OH \\ H\text{-}C\text{-}OH \\ CH_2OH \\ \text{グリセリン} \end{array} + \begin{array}{l} KOC(CH_2)_{14}CH_3 \text{ パルミチン酸カリウム}\\ KOC(CH_2)_{16}CH_3 \text{ ステアリン酸カリウム}\\ KOC(CH_2)_7CH=CH(CH_2)_7CH_3 \text{ オレイン酸カリウム} \end{array}$$

●図7.2● トリグリセリドのアルカリ加水分解反応（けん化）

食品分野において注目を集めているのが，α-リノレン酸[*4]，エイコサペンタエン酸（EPA）[*5]，ドコサヘキサエン酸（DHA）[*6]である．α-リノレン酸は，炭素数18，二重結合数3の多価不飽和脂肪酸であり，体内でエネルギーになりやすく，必要に応じて炭素数20，二重結合数5の脂肪酸EPAや，炭素数22，二重結合数6の脂肪酸DHAに変換される．

脂肪酸の中でも特殊なものがある．たとえば，三つの二重結合を分子内にもち，π電子共役した形のα-エレオステアリン酸，三重結合を有するタリル酸やイサン酸，三員環を有するラクトバシル酸，エポキシを有するベルノル酸などである．これらの構造を図7.3に示す．

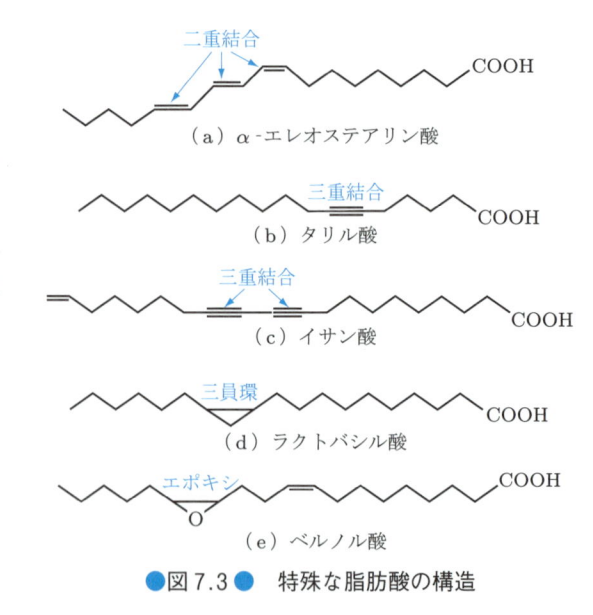

●図7.3● 特殊な脂肪酸の構造

7.2 ろう

ろうは脂肪や油脂とは異なり，構造は図7.4に示すようにモノエステル体である．モノエステルのカルボン酸とアルコール部分は，両者とも長鎖飽和炭化水素鎖で構成されている．とくに植物性ろうの中には，炭化水素のみで構成されたものが含まれていることもある．

$$CH_3(CH_2)_{13}CH_2CO(CH_2)_{15}CH_3$$

●図7.4● ろう（パルミチン酸セチル）の構造

ろうは脂肪と比較して機械的強度が弱く，なおかつ潤滑性も低い．ろう類の生態的効果の例として，乾燥地帯に生息する植物が，葉や幹をろうで被覆することによって水分の蒸発を防ぎ，生命活動を維持していることや，昆虫類が天然の保護ろうによって体表面を覆い，体内の恒常性を維持していることが挙げられる[*7]．

7.3 リン脂質

リン脂質は，細胞膜を構成する成分の40％を占めている重要な生体分子である．残り60％は親水・疎水部をもつ両親媒性の膜タンパク質が主成分である．リン脂質はリン酸を含む脂質であり，化学構造は脂肪や油脂に類似しているが，三つのエステル基のうちの一つがホスファチジルアミンで置換された構造になっている．図7.5に示すように，リン脂質は生体膜や細胞膜中では2分子膜構造を形成しており，2本の炭化水素鎖は互いに内側を向き疎水場を形成し，ホスファチジルアミンに基づく極性基が膜表面の親水場を形成するように二重層を形成している．生体膜はこのリン脂質二重層で形成されており，細胞の内外への物質拡散や電子授受を制御する重要な役割を担っている．

リン脂質や糖脂質は，一般に脂質二重層をつく

[*4] α-リノレン酸はエゴマ油などの植物油などに含まれ，コレステロールを下げるはたらきをもつ．
[*5] EPAは細胞膜のリン酸脂質に取り込まれ，血栓症予防や制がん効果がある．
[*6] DHAは脳神経系の発育や機能維持に不可欠である．
[*7] ろうは長鎖飽和脂肪酸と長鎖アルコールのエステルである．多くの生物で，ろうは保護皮膜や水の防壁に利用されており，羽根，皮膚，毛皮，葉の表面に存在する．マッコウクジラは，頭部に蓄えたろうを浮力と衝撃波音の発生に使うといわれている．

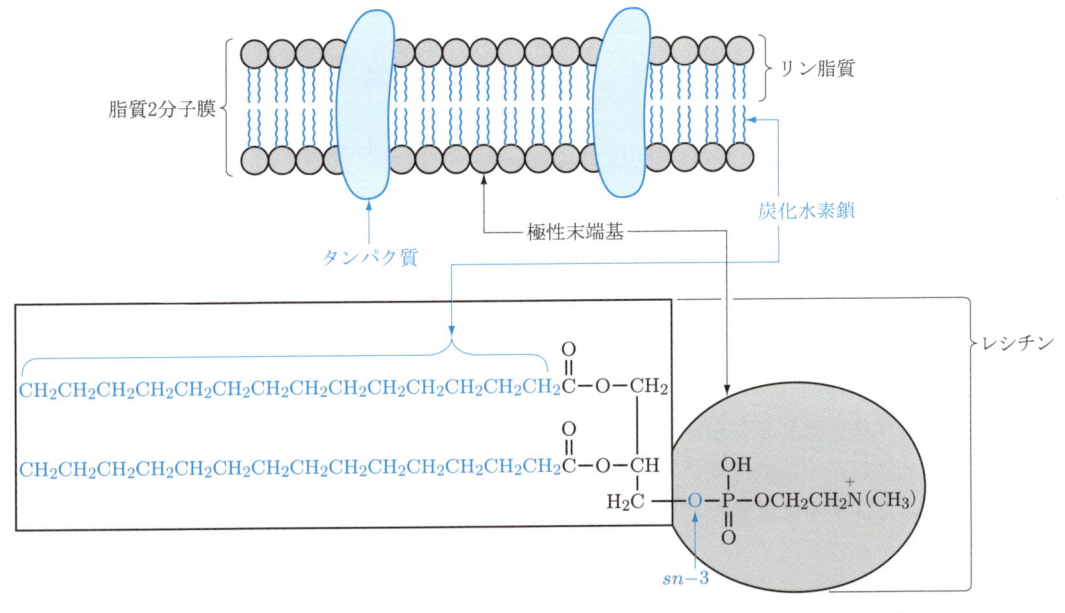

●図7.5● 脂質2分子膜（生体膜）（上）と代表的なレシチンの構造（下）

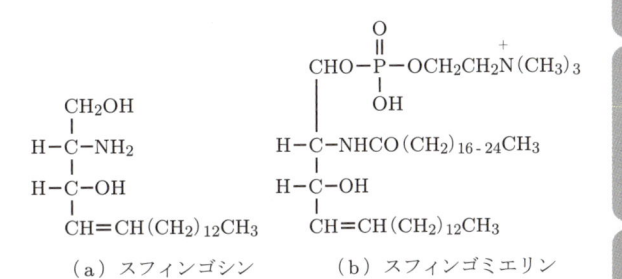

●図7.6● スフィンゴ脂質の構造
（a）スフィンゴシン　（b）スフィンゴミエリン

り、細胞膜を構成する．リン脂質のうち，グリセリンを含むものをグリセロリン脂質，スフィンゴシンを含むものをスフィンゴ脂質という．

グリセロリン脂質は，グリセロールの $sn-1$ か $sn-3$ 位にリン酸が結合し，残る二つのヒドロキシ基に長鎖脂肪酸や炭化水素などが結合した構造をもつ．最もシンプルな構造をもつグリセロリン脂質としては，グリセロールにリノレン酸およびステアリン酸の結合したホスファチジン酸などがある．リン脂質の脂肪酸部分として，パルミチル基，ステアリル基，オレイル基などが結合している．ホスファチジルコリン（レシチン）は，最も天然の存在量が多いグリセロリン脂質であり，窒素 N 上に三つのメチル基（$-CH_3$）がある．ホスファチジルコリンは生物の生体膜に広く分布し，とくに脳や神経細胞に多いことが知られている．

一方，スフィンゴ脂質は，図7.6に示すようにグリセロールの代わりにスフィンゴシンが骨格となって炭化水素およびリン酸が結合している．脳や神経組織に多く分布しており，一部の真正細菌の細胞膜もこの脂質を含有している．スフィンゴシンおよびスフィンゴミエリンなどのスフィンゴ脂質は，リン脂質の第二の主要な成分である．

通常のリン脂質分子は，親水性部位一つに対して疎水性部位が二つ結合した形になっているが，カルジオリピンという脂質は，図7.7に示すように親水性部位二つに対して疎水性部位が四つ結合した形になっている．カルジオリピンは，心臓の筋肉に存在する一連の脂質であり，ミトコンドリア内膜にも多く含まれている．電子伝達タンパク質であるシトクロム c などと強く相互作用することが知られている．

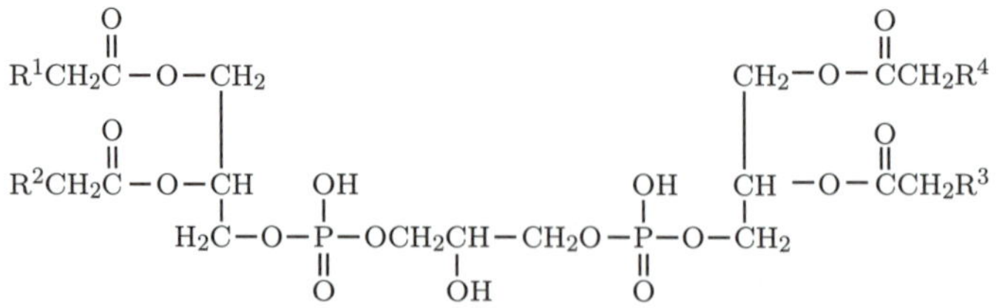

●図 7.7 ● カルジオリピンの構造

7.4 糖脂質

図 7.8 に示すような糖脂質も存在する．糖脂質は脳の外層や神経節に多く含まれている．糖脂質を大きく分類すると，グルコ脂質とガングリオシドの 2 種類に大別される．

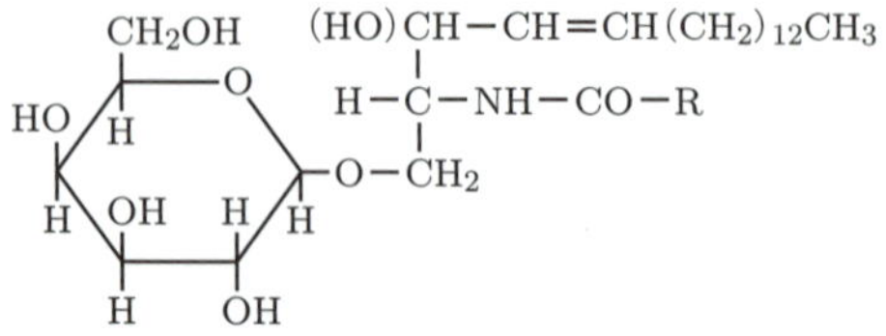

●図 7.8 ● 糖脂質の構造

7.5 リポタンパク質

脂質とタンパク質が結合した形のものをリポタンパク質という．リポタンパク質には，コレステロールおよびそのエステルやトリアシルグリセロールなども結合している．近年，血漿中のリポタンパク質について広く研究が行われている．リポタンパク質の中には，外因性トリグリセライドおよびコレステロールの運搬に関与しているカイロミクロン，内因性トリグリセライドの運搬に関与する超低比重（低密度）リポタンパク質（VLDL），コレステロールエステルの運搬や抹梢組織でのコレステロール合成調節に関与する低比重（低密度）リポタンパク質（LDL），コレステロールエステルの形成に関与する高比重（高密度）リポタンパク質（HDL），およびトリグリセライド運搬の促進，円滑化に関与する超高比重（高密度）リポタンパク質（VHDL）などが存在する．リポタンパク質は，ミトコンドリア，小胞体，細胞核などに存在している．

7.6 環状構造を有する脂質

環状構造を有する脂質は人体組織中に広く分布し，微量でも生理活性を示す．脂肪代謝や血圧など多様な生理効果を及ぼすプロスタグランジン類が代表的な例である．プロスタグランジン類は炭素原子数 20 で構成され，図 7.9 に示すように，炭素原子数 20 の不飽和脂肪酸であるアラキドン酸の酸化と環化反応によって人体内において合成されている．この反応では，アラキドン酸の C-8 位から C-12 位までが環化してシクロペンタン環を形成し，カルボニル基あるいはヒドロキシ基が C-9 位に官能基として結合する．また，分子構造中にいくつかの二重結合やヒドロキシ基が存在している．プロスタグランジンの生理活性効果としては，喘息，リューマチ性関節炎，消化性潰瘍の治療，高血圧症の抑制，代謝系の調節などがある．

●図7.9● アラキドン酸からプロスタグランジンE_2への変換

7.7 テルペン・ステロイド系脂質

テルペンは植物に含まれ，揮発性の芳香物質を含む精油類であり，レモンやローズ油など特有の香りがある．テルペンは，一般に5の倍数の炭素原子数をもつ脂質である．テルペンは植物細胞内で酢酸エステルを出発物質として，中間体であるピロリン酸イソペンテニルを経由して合成されている．テルペンは，二重結合，ヒドロキシ基やカルボニル基などさまざまな官能基を分子にもち，分子形状も環状構造や非環状など多様な構造をとっている．

テルペンは，前述のように炭素原子数が5の倍数なので，炭素原子5個の場合をイソプレン単位[*8]1とする．したがって，炭素原子10の場合はイソプレン単位2ということになり，これをモノテルペンとよぶ．イソプレン単位3，4，5，6，8をそれぞれ，セスキテルペン，ジテルペン，セスタテルペン，トリテルペン，テトラテルペンとよぶ．

単一のイソプレンからなる化合物は天然物中にはほとんど存在しないが，二つのイソプレン単位からなるモノテルペンは広く存在している．図7.10に示した非環状構造のシトロネラールやミルセン，環状構造のメントールや$β$-ピネンなどが代表的な例として挙げられる[*9]．

ステロイドは脂質膜の重要な構成成分である．ステロイドはテルペンと同様の生合成経路中で合成される．非環状のトリテルペンであるスクアレ

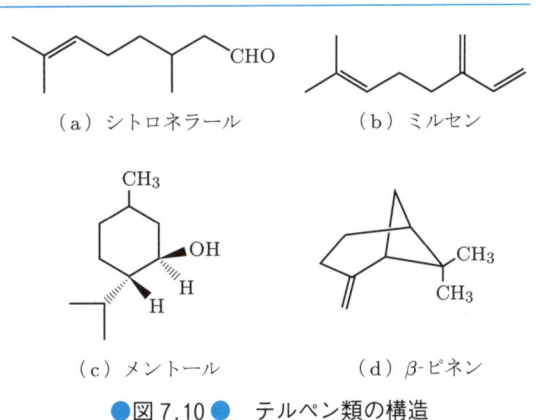

(a) シトロネラール　(b) ミルセン
(c) メントール　(d) $β$-ピネン

●図7.10● テルペン類の構造

ン[*10]は，立体特異的に図7.11のような四つの環状構造のステロイドのラノステロールに変換され，さらに，ほかのステロイド類に変換される．

ステロイド類の構造の特徴は，図7.11，7.12に示すように四つの環状構造が縮合している点である．三つの六員環と一つの五員環からなり，これらの環はそれぞれトランス（$trans$）配位の結合によって縮合した形になっている．ステロイド

●図7.11● ラノステロールの構造

[*8] イソプレン単位とは，四つの炭素鎖のC-2位に一つの炭素枝を加えた五つの炭素からなる鎖のことである．
[*9] シトロネラールはバラ，ミルセンはライム，メントールはハッカ，ピネンは松に含まれている香成分である．
[*10] スクアレンはコレステロール合成の前駆体であり，サメ類の肝臓に多量に含まれている．深海では酸素濃度が低いためコレステロールにはならず，そのままで存在している．スクアレンは肝臓内で病原菌に対する抵抗力を高めている．

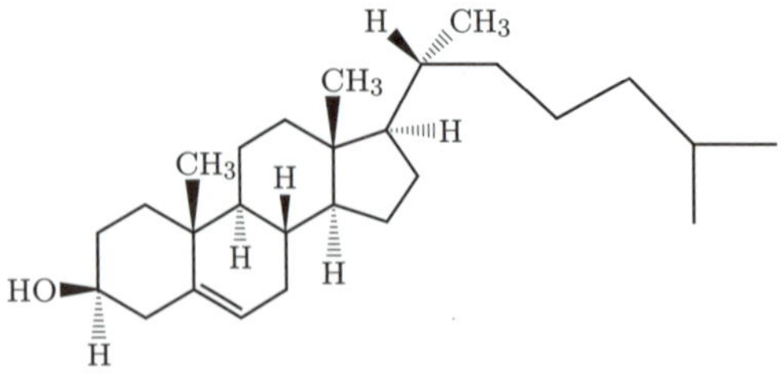

●図 7.12● コレステロールの構造

の六員環は，一般に芳香族としての性質は示さない．また，C-10 位および C-13 位にはメチル基，C-17 位にはアルキルなどの側鎖が結合している場合が多い．コレステロールは最もよく知られているステロイドの例であり，27 個の炭素から構成され，ラノステロールから炭素三つを脱離させるような生化学反応によって生合成される．コレステロールはすべての動物細胞膜中に存在しているが，そのほとんどは脳や脊髄に濃縮されている[*11]．

そのほかのステロイド類も，コレステロールと同様に動物の生体組織中に広く存在し，重要な生化学的役割を果たしている．図 7.13 に示すコール酸は，脊椎動物の肝臓の分泌物である胆汁を十二指腸へ送る輸胆管中で合成され，アミドとの間で形成される塩（アミド塩）として存在している．コール酸のアミド塩は，極性部分（親水性）と大きな炭化水素部分（親油性）からなり，乳化剤としてはたらき，腸管による脂肪の吸収を補助している．すなわち，生化学的な石けんとしてはたらいていることになる．

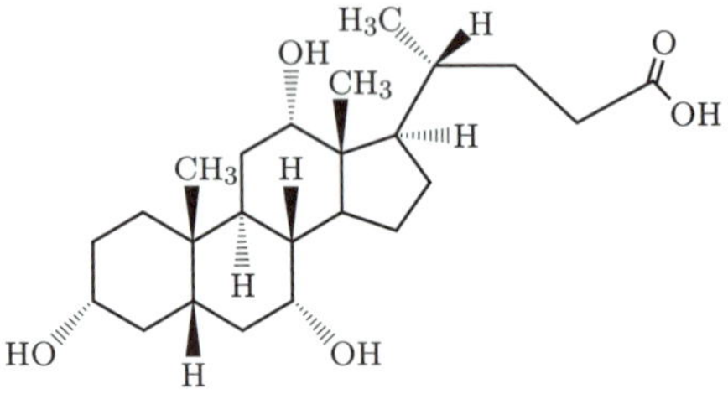

●図 7.13● コール酸の構造

例題 7.2 前述のラノステロールはテルペンとしてみることができるが，イソプレン単位はいくつで，テルペンのどの分類に属するか．

解答 ラノステロールの炭素数は 30 個である．これを 5 の倍数で考えると 6 になるので，イソプレン単位は 6 となる．したがって，分類はトリテルペンに属することになる．

Coffee Break

コレステロールは本当に悪者か？

血中のコレステロールが増加しすぎると，高コレステロール血症，高脂血症，動脈硬化や重度の脳卒中，狭心症，心筋梗塞などに進む危険もある．

さて，コレステロールについてよく耳にする言葉が，善玉コレステロールと悪玉コレステロールである．肝臓と小腸で生産されたコレステロールと食事から摂取したコレステロールはリポタンパク質という水溶性の形になって血液の中を移動する．ここでコレステロールを体内に運ぶ役割をするリポタンパク質が悪玉コレステロール（LDL），逆に体内で余ったコレステロールを回収して肝臓に運び，胆汁やホルモンとして再生できるようにするのが善玉コレステロール（HDL）である．生命活動を維持するために必要なコレステロールもあるので，すべてのコレステロールが悪者というわけではない．

[*11] コレステロールは，脂質の一種である遊離脂肪酸で，細胞膜の成分や副腎皮質ホルモンを合成し，胆汁酸の原料となって小腸で脂肪の消化や吸収を助けるはたらきをする．また，細胞膜構造を強化するはたらきもある．

演・習・問・題・7

7.1 リノール酸にある二重結合（シス・トランス）の立体化学を明示した形の化学構造をそれぞれ書け．

7.2 ラノステロールからコレステロールに変換される際に，どのような化学反応が進行しているか考察せよ．

7.3 シトロネラール，ミルセン，メントール，β-ピネンの構造をイソプレン単位に区切って示せ．

第8章
ヌクレオチドと核酸，遺伝情報の伝達と発現

本章では，核酸とその構成成分であるヌクレオチドについて説明するとともに，生命現象の根幹ともいえる遺伝情報の伝達と発現，これに関連する染色体，遺伝子，RNA（リボ核酸）などについても触れる．

KEY WORD

ヌクレオチド	塩基	リボース	ATP	核酸
DNA	RNA	塩基対	二重らせん構造	遺伝情報
遺伝子	ゲノム	染色体	セントラルドグマ	転写
翻訳	複製			

8.1 ヌクレオチド

近年，ゲノム解読が急速な勢いで進んでおり，ヒトのみならず多くの生物のゲノム，つまり『生命現象の設計図』が解読されている．ゲノムはDNA（デオキシリボ核酸）からなり，その構成単位はヌクレオチド（nucleotide）である．ヌクレオチドは核酸の材料としてだけではなく，生体内エネルギー物質や代謝制御物質などとしても機能している．

図8.1において，β-D-リボフラノース（D-リボース）あるいはβ-D-デオキシリボフラノース（D-デオキシリボース）という糖に塩基（base）が結合した物質をヌクレオシド（nucleoside），さらに糖のヒドロキシ基にリン酸が結合した物質をヌクレオチドとよぶ．

D-リボースを構成糖としたヌクレオシドとヌクレオチドを，おのおのリボヌクレオシド（ribo-

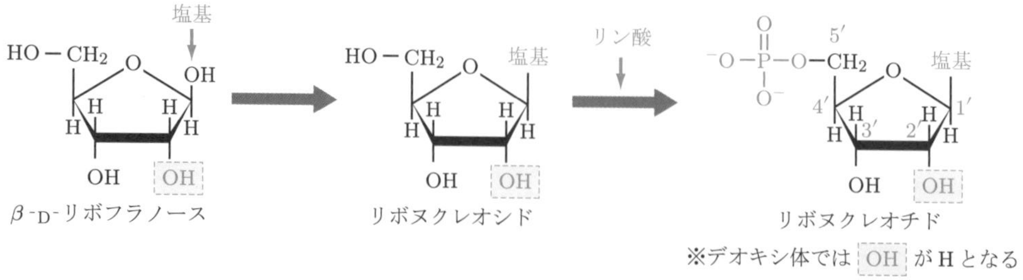

●図8.1● ヌクレオシド，ヌクレオチドの構造

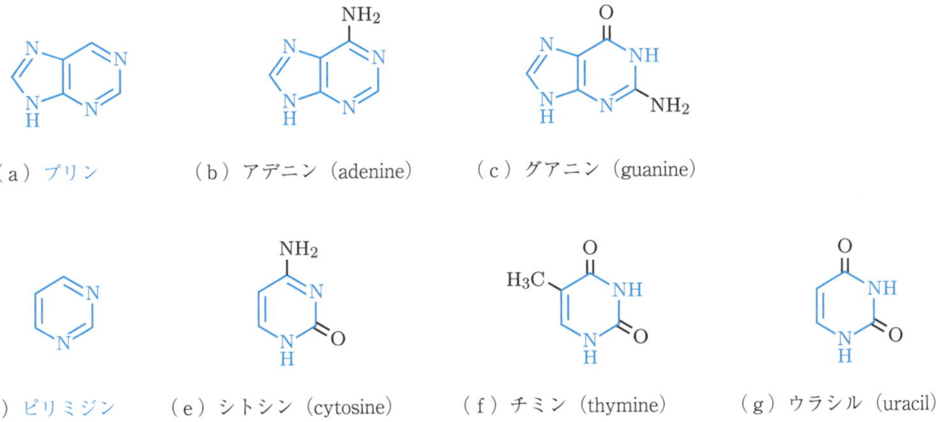

（a）プリン　　（b）アデニン（adenine）　　（c）グアニン（guanine）

（d）ピリミジン　　（e）シトシン（cytosine）　　（f）チミン（thymine）　　（g）ウラシル（uracil）

●図8.2● 塩基の構造

nucleoside），リボヌクレオチド（ribonucleotide）とよび，D-デオキシリボースを構成糖としたヌクレオシドとヌクレオチドを，それぞれデオキシリボヌクレオシド（deoxyribonucleoside）とデオキシリボヌクレオチド（deoxyribonucleotide）とよぶ．リボヌクレオシドとリボヌクレオチドでは，リン酸基が結合する位置（5′，3′，2′位）の違いにより3種類の異性体が存在し，デオキシリボヌクレオシド，デオキシリボヌクレオチドでは2種類の異性体が存在する．

ヌクレオシドとヌクレオチドを構成する代表的な塩基は，図8.2に示すように，プリン誘導体のプリン塩基（purine base）であるアデニン，グアニンの2種類とピリミジン誘導体のピリミジン塩基（pyrimidine base）であるシトシン，チミン，ウラシルの3種類である．リボヌクレオシドおよびリボヌクレオチドに利用される塩基はアデニン，グアニン，シトシン，ウラシルで，デオキシリボヌクレオシドおよびデオキシリボヌクレオチドではアデニン，グアニン，シトシン，チミンが利用される．

ヌクレオシドおよびヌクレオチドの名称を表8.1, 8.2に示す．たとえば，アデニンを塩基にもつリボヌクレオシドはアデノシンであり，そのヌクレオチドはアデニル酸あるいはアデノシン―リン酸（AMP）である．リン酸がエステル結合している炭素原子の位置を表す場合には，5′-アデニル酸あるいはアデノシン 5′―リン酸とよぶ．

同様に，シトシンを塩基とするデオキシリボヌクレオシドはデオキシシチジンであり，そのヌクレオチドはデオキシシチジル酸あるいはデオキシシチジン―リン酸（dCMP）とよぶ．

ヌクレオチド分子は塩基とリン酸をもっており，塩基は弱い塩基であるのに対してリン酸はやや強い酸であるため，全体としては酸性となる．

■表8.1■ リボースを構成糖とするヌクレオシド，ヌクレオチド

塩基	ヌクレオシド	ヌクレオチド
アデニン（adenine）	アデノシン（A, adenosine）	アデノシン―リン酸（AMP, adenosine monophosphate）
グアニン（guanine）	グアノシン（G, guanosine）	グアノシン―リン酸（GMP, guanosine monophosphate）
シトシン（cytosine）	シチジン（C, cytidine）	シチジン―リン酸（CMP, cytidine monophosphate）
ウラシル（uracil）	ウリジン（U, uridine）	ウリジン―リン酸（UMP, uridine monophosphate）

■表8.2■ デオキシリボースを構成糖とするヌクレオシド，ヌクレオチド

塩基	ヌクレオシド	ヌクレオチド
アデニン (adenine)	デオキシアデノシン (dA, deoxyadenosine)	デオキシアデノシン―リン酸 (dAMP, deoxyadenosine monophosphate)
グアニン (guanine)	デオキシグアノシン (dG, deoxyguanosine)	デオキシグアノシン―リン酸 (dGMP, deoxyguanosine monophosphate)
シトシン (cytosine)	デオキシシチジン (dC, deoxycytidine)	デオキシシチジン―リン酸 (dCMP, deoxycytidine monophosphate)
チミン* (thymine)	チミジン (dT, thymidine)	チミジン―リン酸 (dTMP, thymidine monophosphate)

*チミンは一般にデオキシリボースに結合するため，「デオキシ」を付けないでよばれる．ただし，略号にはdを付ける．

8.2 核酸の構成成分

核酸（DNA，RNA）は，5′位にリン酸基をもつヌクレオチド分子が多数重合した生体高分子である．リボ核酸（RNA, ribonucleic acid）はリボヌクレオチドからなり，デオキシリボ核酸（DNA, deoxyribonucleic acid）はデオキシリボヌクレオチドからなる．したがって，RNA に利用される塩基はアデニン（A），グアニン（G），シトシン（C），ウラシル（U）で，DNA に利用される塩基はアデニン，グアニン，シトシン，チミン（T）である．両ヌクレオチドの構造式を図8.3に示す．

（a）リボヌクレオチド（ウリジン―リン酸：UMP）

（b）デオキシリボヌクレオチド（デオキシアデノシン―リン酸：dAMP）

●図8.3● リボヌクレオチドとデオキシリボヌクレオチドの構造

8.3 その他のヌクレオチド

核酸の構成成分として利用されるヌクレオチド以外にも，生命活動において重要な機能をもつヌクレオチドが存在する．図8.4に示すサイクリック AMP（cyclic AMP, cAMP）は，ホルモンやプロスタグランジンの生理活性を増加させたり，遺伝子の転写活性を高めて細胞内の代謝や細胞の増殖を制御するなどの機能をもち，生物にとって極めて重要な物質である．

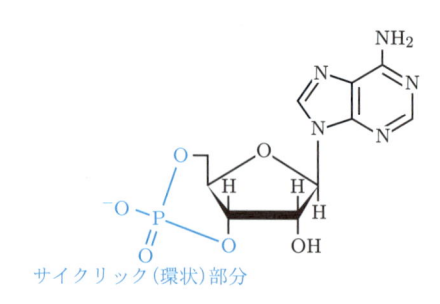

サイクリック（環状）部分

●図8.4● サイクリック AMP の構造

AMPのリン酸基にリン酸がさらに1分子結合したアデノシン二リン酸（ADP, adenosine diphosphate）と2分子結合したアデノシン三リン酸（ATP, adenosine triphosphate）は，生体内におけるさまざまな反応で必要なエネルギー源として利用される極めて重要な物質である（詳細は9.3節参照）．そのほか，補酵素として機能するヌクレオチド誘導体などもあり，ヌクレオチドおよびその誘導体は生物（細胞）にとって極めて重要な役割を果たしている物質といえる．

Coffee Break

イノシン酸

1913年，小玉新太郎により，鰹節のうま味成分がイノシン酸であることが報告された．肉のうま味もイノシン酸である．また，椎茸のうま味成分は，グアニル酸である．

8.4 RNAの構造

RNAは，図8.5に示すようにリボヌクレオチドの3′OHと5′リン酸の間のホスホジエステル結合により重合した化合物である．RNAに利用されている塩基は，アデニン（A），グアニン（G），シトシン（C），ウラシル（U）である．5′位がほかのヌクレオチドと結合していない末端を5′末端といい，リン酸が結合していることが多い．また，3′の末端を3′末端といい，OHの状態となっていることが多い．RNAの一次構造は，塩基の配列によって5′-AUGCAAGCCUCUUCA…ACC-3′のように記述する．RNAは一部のウイルスを除き，一般には1本鎖の状態で機能している．

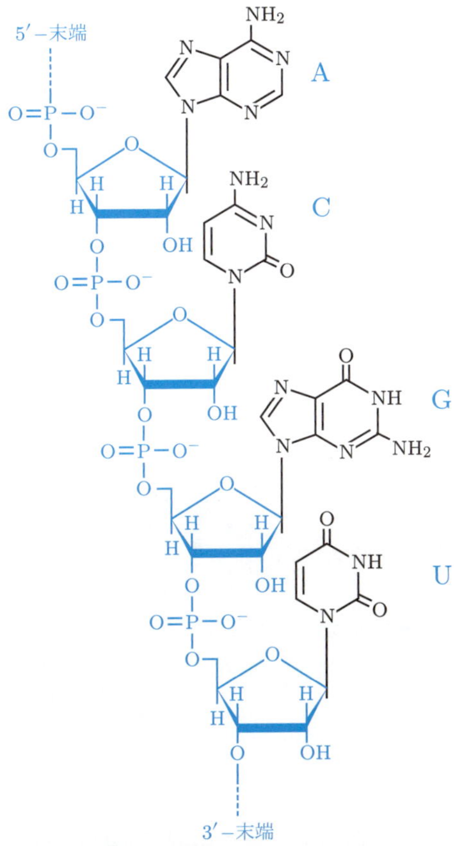

あとで詳しく触れるが，細胞内ではメッセンジャーRNA（mRNA, messanger RNA, 伝令RNA），トランスファーRNA（tRNA, transfer RNA, 運搬RNA），リボソームRNA（rRNA, ribosomal RNA）として機能している．rRNAやtRNAは，図8.6のように分子内の塩基どうしで水素結合（塩基対，base pair）を形成することにより立体構造をとっている．この立体構造が，rRNAやtRNAの機能に大きく関与している．

核酸分子の塩基対はピリミジン塩基とプリン塩基間で形成され，RNA分子では，図8.6のようにA-U対とG-C対が形成される．この各組の塩基どうしを相補的（complementary）であるという．A-U（DNAではA-T）間の水素結合は2本であるのに対し，G-C間では3本であることから，G-C間の塩基対のほうがより安定である．一方，DNA分子では，図8.7のようにA-T間とG-C間で相補的塩基対が形成され，一般に逆平行

●図8.5● RNAの構造

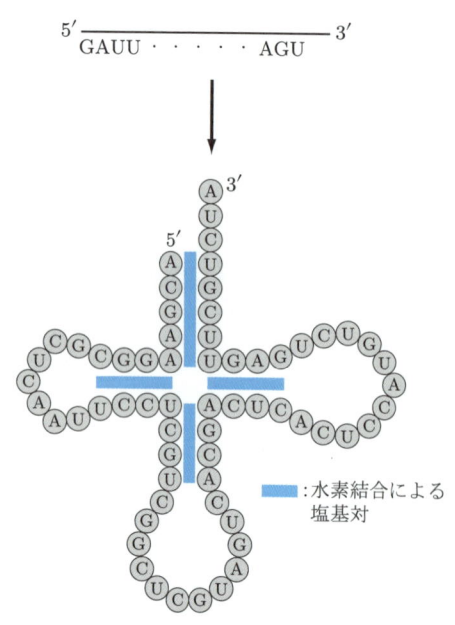

●図 8.6● RNA 分子の分子内塩基対形成

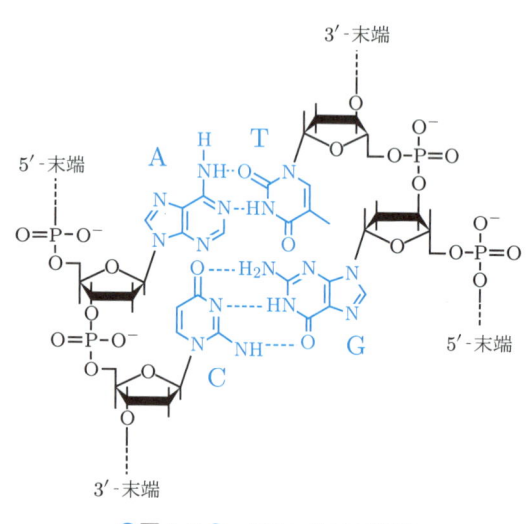

●図 8.7● DNA 分子の構造

の 2 本鎖を形成しており，これを図 8.8 のように表す．

●図 8.8● DNA 分子の表し方

DNA 分子は，図 8.9 に示した**二重らせん構造**（double helix structure）をとっている[*1]．塩基対を形成している塩基は同一平面上にあり，その面はらせん軸に対して直交している．隣接する各塩基対は 36° ずつ回転した位置関係にあり，らせん 1 巻き当たりの塩基対数は 10 である．二重らせんの直径は 2.0 nm であり，二重らせんはらせん軸のどちら側からみても各鎖が時計回り（右巻き）に遠ざかっていくようになっている．天然の DNA 分子は一般に右巻きらせんであり，らせんの外周には深くて幅が広い大溝と浅くて幅が狭い小溝ができる．

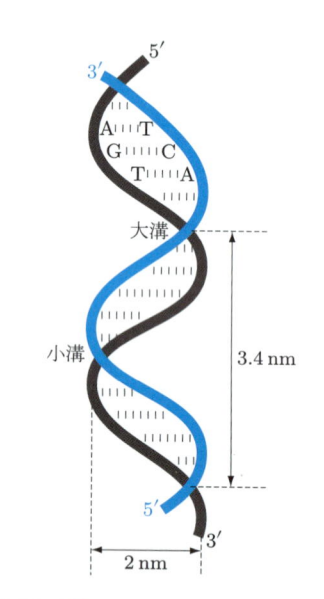

●図 8.9● DNA の二重らせん構造

[*1] 1953 年 4 月，イギリスの科学雑誌ネイチャーにワトソン（J. D. Watson, 1928-）とクリック（F. H. Crick, 1916-2004）が DNA 二重らせん構造を発表した．

8.5 遺伝情報

遺伝情報は，DNAという媒体に収められている．DNAは，ちょうどCDやDVDなどの記録媒体にあたり，遺伝情報がその中にある音楽や画像などの情報部分といえる．DNAでは，A, G, C, Tの4種類の塩基配列によって，その情報を暗号化して記憶している．情報にあたる部分は遺伝子（gene）とよばれ，細胞が必要とするタンパク質（酵素）や細胞内で機能するRNAを合成するための情報となっている．この遺伝子は，図8.10のようにDNA中にとびとびに存在しており，ちょうど音楽CDと同じ構造，つまり音楽と音楽の間に無音域ブランクが存在するような配置となっている．

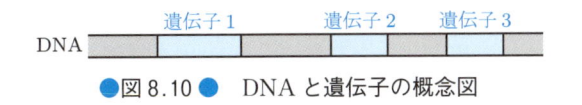

●図8.10● DNAと遺伝子の概念図

原核生物のDNAは環状2本鎖構造であり，図8.11のように骨格タンパク質に巻き付けて細胞膜の内側に付着するように収納されている．真核生物のDNAは，図8.12のように線状2本鎖DNAでヒストンとよばれるタンパク質に巻き付けられ，さらに折りたたまれた状態で核内に収納されている．DNAは色素でよく染まって観察されたことから，染色体（chromosome）あるいは

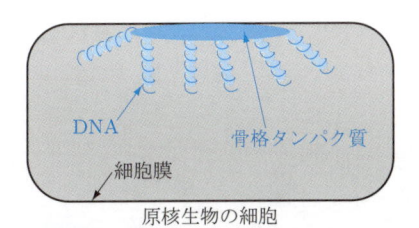

●図8.11● 原核生物における染色体DNAの構造

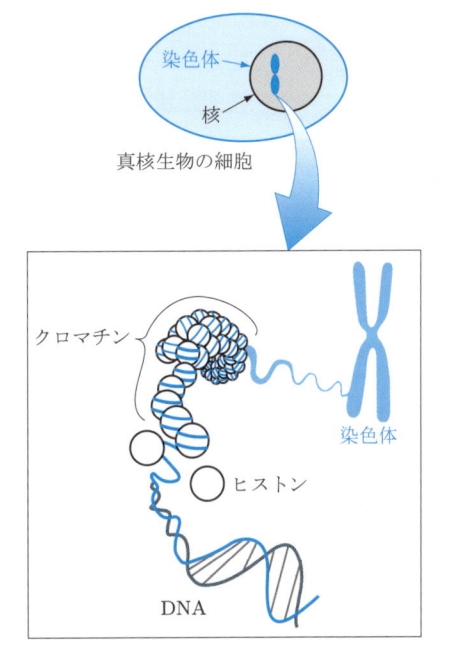

●図8.12● 真核生物における染色体DNAの構造

染色体DNA（chromosomal DNA）とよばれている．とくに真核生物では，細胞周期のある時期には棒状の染色体が観察される．原核生物は，細胞中に染色体DNAを一つもつだけである．一方，真核生物は複数の染色体からなり，その数は生物種により異なる．ちなみに，ヒトの体細胞では常染色体が22組44本と性染色体（XY）が1組2本の計46本である．

ゲノム（genome）とは，生物が機能的に完全な生活をするために必要な1セットの染色体（あるいは，その生物種がもつDNAを重複なく並べたときの染色体1セット）のことである．ヒトでは，常染色体1セット（22本）と性染色体1セット（XYの2本）の計24本がヒトゲノムである（ミトコンドリアも独自のDNAをもつため，このDNAも含める場合もある）．

Step up　GC含量

全塩基対に対するGC塩基対の百分率である．生物のDNA分子の塩基組成を表すために用いられ，生物種の同定にも利用される．GC含量が高いほど熱変性を受けにくい．

8.6 遺伝情報の伝達

地球上の生物は，親から受け継いだ遺伝情報をもとに個体（細胞）を維持し，生命活動を営んでいる．また，この遺伝情報は極めて正確に子孫に伝達される．いわゆる遺伝（heredity）である．驚くべきことに，地球上の生物はすべて共通してこの遺伝情報伝達の方法をとっている．図8.13に示したこの遺伝情報伝達の方法（流れ）は，遺伝情報伝達のセントラルドグマ（中心命題）といい，クリックによって提唱された．

遺伝情報はDNAに収められており，複製して親（母細胞）から子（娘細胞）へその情報が伝達される．また，細胞ではDNA中にある情報をもとにRNAを合成し（この過程を転写（transcription）という），この情報をもとに細胞に必要なタンパク質やRNAを合成する（この過程を翻訳（translation）という）．これによって細胞（個体）を維持している（詳細は，8.9，8.10節を参照）．

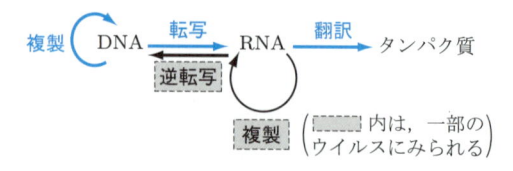

●図8.13● 遺伝情報伝達のセントラルドグマの概念図

8.7 DNAの複製

DNAの複製は，図8.14のように2本鎖の親鎖がおのおの鋳型となり，新しい娘鎖が1本ずつ合成される．これを半保存的複製という．

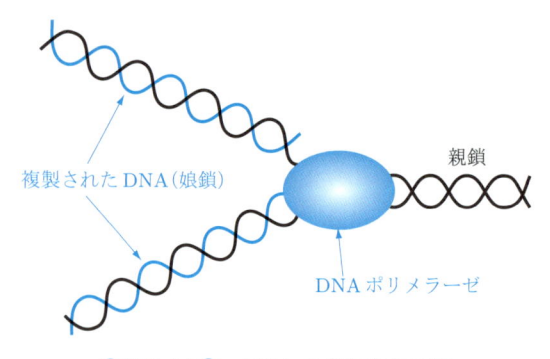

●図8.14● DNAの半保存的複製

複製は，DNAポリメラーゼ（DNA polymerase）という酵素により行われる．DNAポリメラーゼには次のような特徴がある．

- 反応開始位置の目印となるプライマー（primer），鋳型鎖と塩基対を形成する短い核酸（オリゴヌクレオチド）が必要となる．
- 鋳型鎖の塩基と相補的な塩基をもつデオキシリボヌクレオチド5′-三リン酸（略号dNTP．dATP, dGTP, dCTP, dTTPの4種類がある）を取り込み重合する．
- 合成方向は5′から3′方向のみである．

DNA分子は，2本鎖が逆方向となっている．一方，DNAポリメラーゼの重合は一方向のみである．そこで，2本鎖のDNA分子を同時に複製するための工夫がなされている（詳細は参考文献5，7，8を参照のこと）．図8.15に示すように，一方の鎖は連続的に，もう一方は不連続的に合成される．連続的に合成される鎖は，先行することからリーディング（先行）鎖（leading strand），不連続的に合成される鎖は，少し遅れて合成されることからラギング（遅行）鎖（lagging strand）

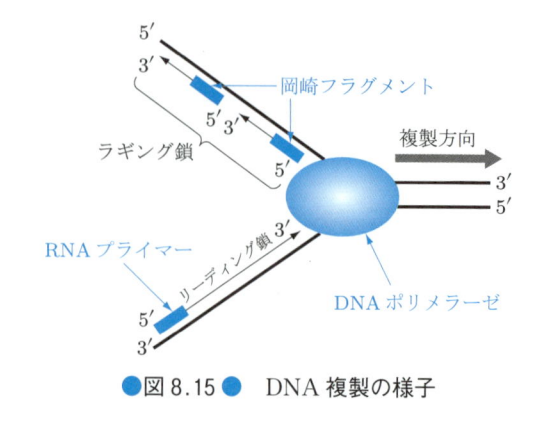

●図8.15● DNA複製の様子

とよばれている．ラギング鎖は，短い断片（岡崎フラグメント*2）として不連続的に合成され，のちに連結酵素（DNA リガーゼ）により連結されて鎖が完成する．

DNA の複製は，複製起点（origin，略号 *ori*）とよばれる部分から始まる．DNA ポリメラーゼやそのほか複製に関与するタンパク質や酵素が，この *ori* を認識して結合し複製を開始するのである．生物種によって異なるが，*ori* は DNA 中に1箇所とは限らず，複数箇所存在することもある．また，図 8.16 のように複製が複数個所で同時進行する場合や，さらに *ori* から両方向に複製が行われる場合もある．これらは膨大な塩基対からなるゲノムの複製時間を短縮するための工夫である．

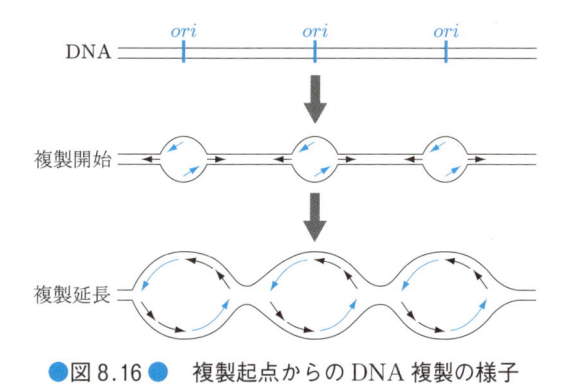

●図 8.16● 複製起点からの DNA 複製の様子

8.8 RNA の種類と機能

生物が利用している RNA は，主にメッセンジャー RNA（mRNA），トランスファー RNA（tRNA），リボソーム RNA（rRNA）の3種類である．一部のウイルスは，RNA をゲノムとして利用している．

8.8.1 メッセンジャー RNA（mRNA）

細胞の生命活動に必要なタンパク質や RNA（rRNA，tRNA）を合成する場合，DNA 中にある情報，すなわち遺伝子 DNA の塩基配列を，図 8.17 に示すように一度 RNA として転写する．この RNA の塩基配列の情報をリボソームが解読し，ペプチド鎖を合成していく．この RNA をメッセンジャー RNA（mRNA）という．

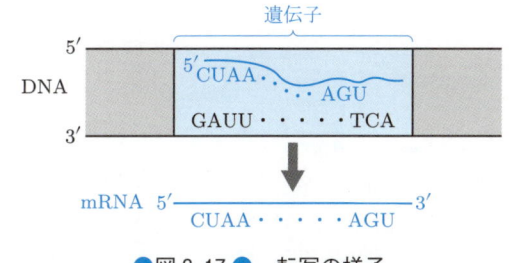

●図 8.17● 転写の様子

原核生物の mRNA は，転写後，そのまま mRNA として機能する．一方，真核生物の mRNA は，図 8.18 に示すように，転写後，核内で切断や修飾などの加工（プロセッシング）を受け，成熟型 mRNA として細胞質へ移送され，翻訳を受けることになる．真核生物の DNA 上の遺伝子の多くは，翻訳されない DNA 配列（イントロン，intron）によって分断されている．分断された遺伝子をエキソン（exon）とよぶ．つまり，必要な配列部分を見繕って mRNA を合成し，タンパク質を合成するという戦略をとっている．これには，エキソンの組み合わせにより極めて多様なタンパク質を合成することが可能になるという大きなメリットがある*3．rRNA や tRNA もまた，mRNA から切断や修飾を受けて合成される．

8.8.2 リボソーム RNA（rRNA）

翻訳におけるペプチド鎖合成は，リボソーム（ribosome）によって行われる．リボソームは，図 8.19 に示すように数 10 種類のタンパク質と数種類の RNA からなる複合体である．この RNA をリボソーム RNA（rRNA）という．

---

*2 1966 年，分子生物学者の岡崎令治（1930-1975）らにより発見された．
*3 生物学者の利根川 進（1939-）は，エキソンを組み合わせることにより，多様な抗体タンパク質ができる仕組みを解明し，1987年にノーベル生理学・医学賞を受賞した．

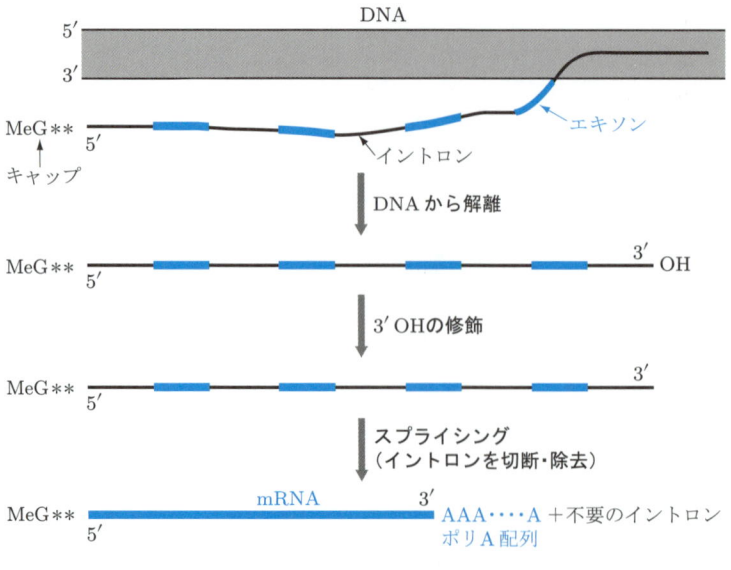

●図 8.18● 真核生物における転写の流れ

8.8.3 トランスファー RNA（tRNA）

翻訳において，アミノ酸自身はリボソームとの相互作用や mRNA の塩基の認識はできない．これらの機能を備えた運搬体分子が**トランスファー RNA（tRNA，運搬 RNA）**である．tRNA は，簡単にいえばリボソームにアミノ酸を運搬するための RNA である．tRNA は図 8.20 に示すように，クローバー葉型モデルとして模式的に示されるが，

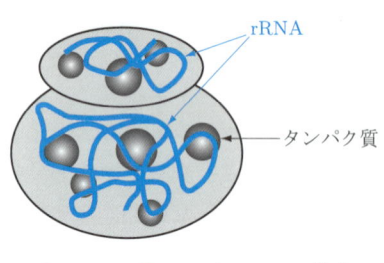

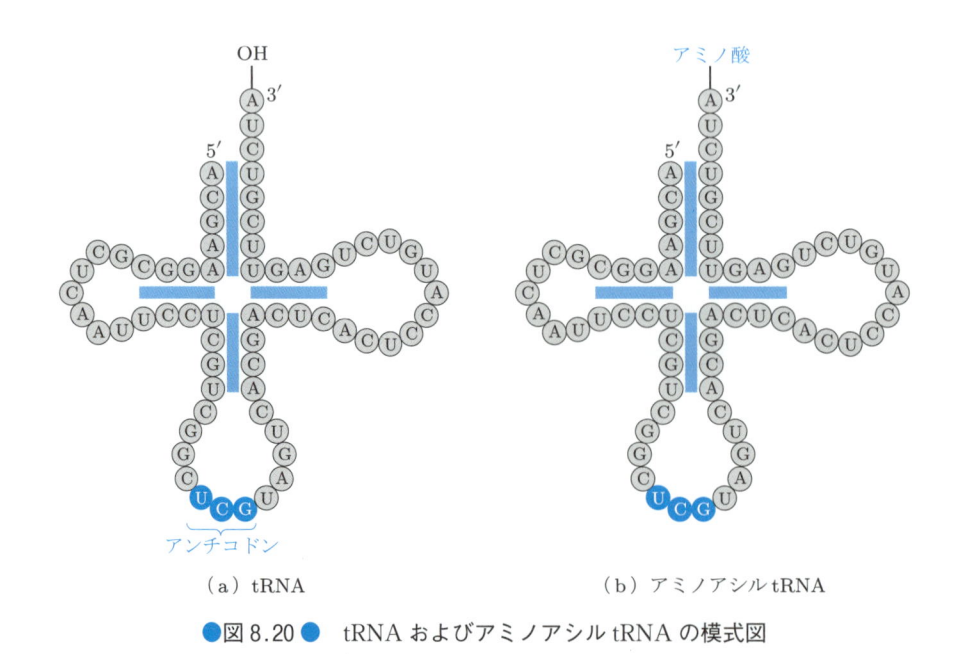

●図 8.19● リボソームの構造

（a）tRNA　　　　（b）アミノアシル tRNA

●図 8.20● tRNA およびアミノアシル tRNA の模式図

実際にはねじれた立体構造をとっている．tRNA には，アミノ酸を結合させる部位（3′末端）と mRNA の 3 塩基配列（コドン．8.10 節参照）を認識して塩基対を形成するための塩基配列である**アンチコドン**とよばれる部分がある．アミノ酸が結合した tRNA を**アミノアシル tRNA** という．

8.9 転写

DNA 上の遺伝子からタンパク質を合成する場合，まず，その情報は mRNA に転写される．このとき，mRNA の合成は **RNA ポリメラーゼ**（RNA polymerase）が行う．図 8.21 に示すように，RNA ポリメラーゼは DNA 上の**プロモーター**（promoter）とよばれる特定配列を目印に結合し，その下流から転写を開始する．転写は，終結のサインとなる特定配列が現れた部位で RNA ポリメラーゼが DNA 分子から解離することにより終結する．つまり，徒競走と同じように，転写にもスタートとゴール地点があるのである．プライマー（primer）は必要なく，重合方向は 5′ から 3′ 方向である．鋳型鎖の塩基に相補的なリボヌクレオシド 5′-三リン酸（ATP，GTP，CTP，UTP）を取り込み重合していき，5′ 末端には三リン酸が残る．

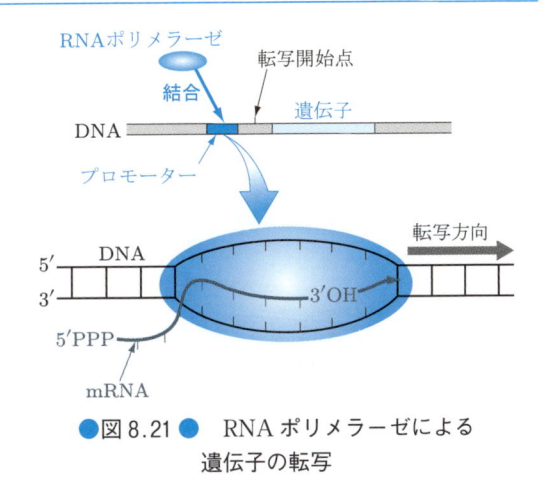

●図 8.21 ● RNA ポリメラーゼによる遺伝子の転写

8.10 翻訳

mRNA 上の 3 塩基分が各アミノ酸の指定および翻訳上の信号に対応している．この 3 塩基分の配列を**遺伝暗号**（genetic code）あるいは**コドン**（codon）という．表 8.3 に示す遺伝暗号は，地球上のすべての生物で共通している．翻訳はメチオニンをコードする AUG から始まり（ただし例外もある），以降 3 塩基分ずつ読みとられ，対応するアミノ酸が選ばれペプチド結合がつくられていく．原核生物では，mRNA 上にある特定配列（**Shine-Dalgarno 配列**，SD sequence．**リボソーム結合部位**（ribosome binding site）ともいう）がリボソームに結合し，結合部分から最も近い AUG コドンまで mRNA がスライドしていき，翻訳が開始される．真核生物の場合は特定配列がなく，少し異なる機構で翻訳が開始される．

図 8.22 に示すように，翻訳は AUG コドンから始まり，AUG コドンに対応するアンチコドンをもつメチオニル tRNA と次のコドンに対応するアミノアシル tRNA がリボソームに結合し，ペプチド結合が形成される．次に，mRNA が 1 コドン分スライドし，次のコドンに対応するアミノアシル tRNA がリボソームに結合し，ペプチド結合が形成される．これを繰り返すことにより，ペプチド鎖（タンパク質）の合成が行われる．翻訳は，**終止コドン**（UAG，UGA，UAA）が現れるまで続き，終止コドンが現れアミノ酸が指定されなくなったところで終結する．翻訳においても，転写と同様にスタートとゴールが明確に規定されているのである．

■表8.3■　コドン表[*4]

1番目 (5′末端側)	2番目				3番目 (3′末端側)
	U	C	A	G	
U	Phe	Ser	Tyr	Cys	U
	Phe	Ser	Tyr	Cys	C
	Leu	Ser	終止	終止	A
	Leu	Ser	終止	Trp	G
C	Leu	Pro	His	Arg	U
	Leu	Pro	His	Arg	C
	Leu	Pro	Gln	Arg	A
	Leu	Pro	Gln	Arg	G
A	Ile	Thr	Asn	Ser	U
	Ile	Thr	Asn	Ser	C
	Ile	Thr	Lys	Arg	A
	Met	Thr	Lys	Arg	G
G	Val	Ala	Asp	Gly	U
	Val	Ala	Asp	Gly	C
	Val	Ala	Glu	Gly	A
	Val	Ala	Glu	Gly	G

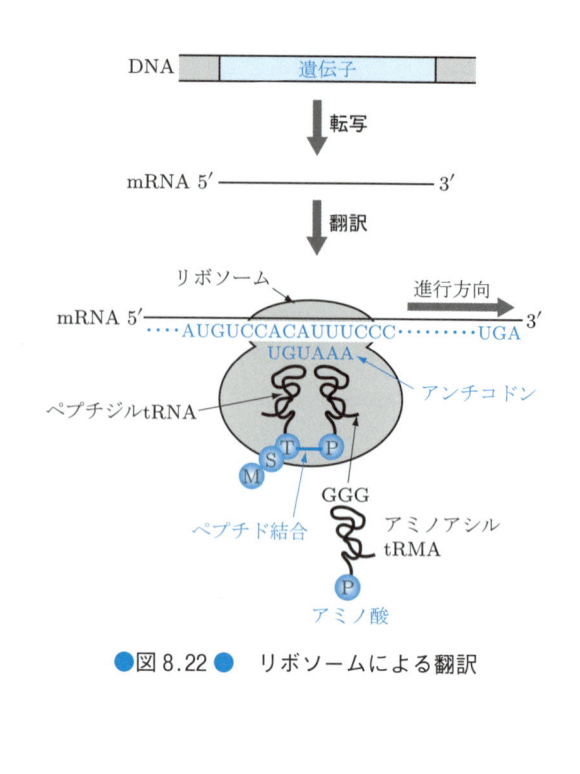

●図8.22●　リボソームによる翻訳

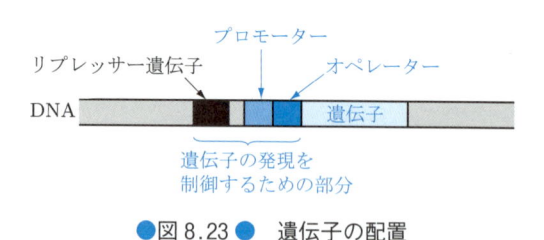

●図8.23●　遺伝子の配置

8.11　遺伝子発現制御のしくみ

　細胞内で合成されるタンパク質は，必要なときに必要なだけつくり出されている．その生産は，主に遺伝子の転写によって制御されている．そのため，遺伝子の近傍には，図8.23に示すように転写を制御する部分がある．制御方法には，大きく分けて負の制御と正の制御の二つがある．

8.11.1　負の制御

　通常，とくに必要のない酵素などの合成が行われないように，図8.24 (a) に示すように制御されている．リプレッサー遺伝子からリプレッサータンパク質 (repressor protein) が合成され，オペレーター (operator) とよばれる特定部位に結合する．これにより，RNAポリメラーゼによる転写が妨害され，酵素の合成は行われない．この制御を抑制 (repression) という．

　次に，酵素が必要になった（たとえば，分解代謝しなければならない基質が存在する）場合には，抑制が図8.24 (b) に示すように解除される．リプレッサータンパク質に基質（あるいは，基質類似物質）が結合すると，リプレッサータンパク質

[*4]　表中の略号については，第4章の表4.1を参照のこと．

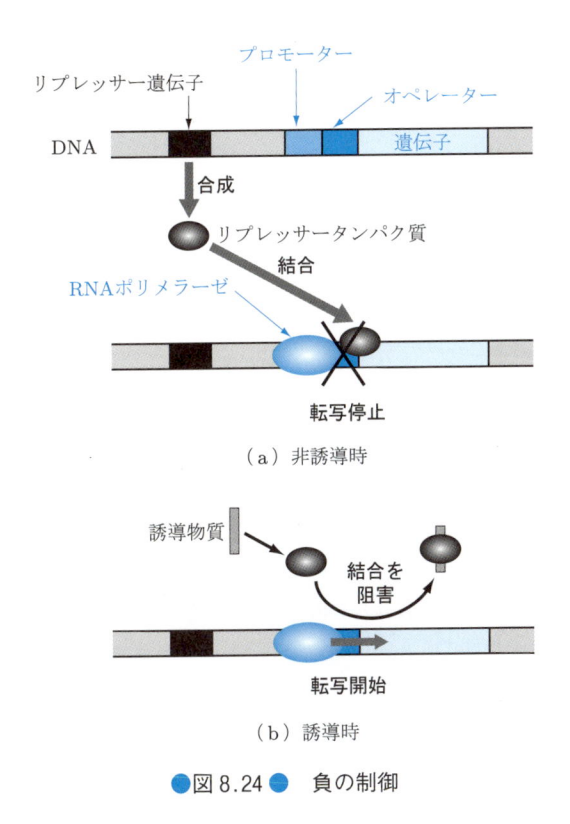

に翻訳され，酵素が合成される．リプレッサーの抑制作用を打ち消す作用をもつ分子を**誘導物質**（inducer）とよぶ．

8.11.2 正の制御

図 8.25 に示すように，プロモーター部位の近傍にある活性化部位に**活性化因子**（activator）とよばれるタンパク質が結合することにより，RNA ポリメラーゼのプロモーターへの結合が促進され，転写頻度が増加する．その結果，mRNA の合成量が増加するため，タンパク質合成量も増える．このような制御を正の制御という．遺伝子の発現制御は，必要なときにスイッチを入れて使う電気製品とよく似ている．

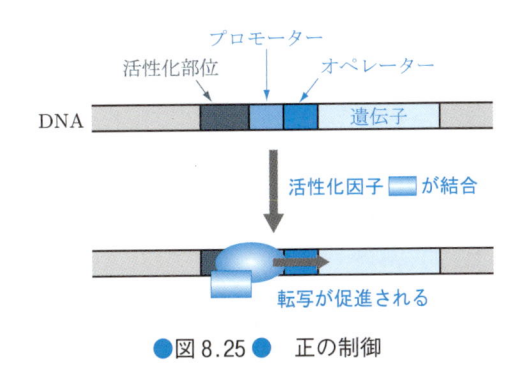

●図 8.24● 負の制御

は構造変化を起こすなどしてオペレーター部位に結合できなくなる．すると，RNA ポリメラーゼはオペレーターから先の遺伝子を転写し，mRNA が合成される．この mRNA がリボソーム

●図 8.25● 正の制御

Coffee Break

ゲノム解読

ワトソンとクリックが DNA 二重らせん構造を発見してからちょうど 50 年にあたる 2003 年 4 月，ヒトゲノムの塩基配列（約 30 億塩基対）が完全解読された．解読には 6 ヶ国 24 機関が参加し，日本では理化学研究所，慶応大学，東海大学などがあたり，全体の 6 % の解読を担った．特定または予想された遺伝子の数は約 3 万 2 千個で，ヒトの DNA のうち約 2.6 % が遺伝子であることがわかった．現在，微生物から動植物に至るさまざまな生物種のゲノム解読が次々に行われている．

演・習・問・題・8

8.1
次の語句を説明せよ．
(1) ヌクレオシド
(2) ヌクレオチド
(3) ATP
(4) DNA
(5) RNA
(6) 染色体
(7) 遺伝子
(8) ゲノム
(9) 遺伝情報伝達のセントラルドグマ
(10) mRNA
(11) tRNA
(12) rRNA
(13) イントロン
(14) エキソン
(15) プロモーター
(16) コドン
(17) リボソーム
(18) 負の制御
(19) 正の制御

8.2
次の物質の構造式を書け．
(1) ウリジン
(2) シチジル酸
(3) デオキシグアノシン一リン酸

8.3
原核生物と真核生物の染色体DNAについての違い（存在場所，DNAの構造）を挙げよ．

8.4
原核生物と真核生物では，mRNA合成方法が異なる．どのように異なるか説明せよ．

8.5
次に示す二本鎖DNAから転写，翻訳が生じ，ペプチド鎖ができた．

5′-TTTTGCATGCTCGAACGGGGTAA-3′
3′-AAAACGTACGAGCTTGCCCCATT-5′

次の問いに答えよ．なお，下鎖を鋳型鎖としてすべて転写されるものとする．翻訳は，開始コドンで始まり，終止コドンで終わるものとする．
(1) 転写されたmRNAの塩基配列を示せ．なお，鎖の向きがわかるように示すこと．
(2) 合成されるペプチド鎖のアミノ酸配列を答えよ．

第9章

代　謝

本章では，代謝の基本事項および生体内でのエネルギーの捕捉と利用について述べ，代謝の概要について説明する．また，本章から13章にかけて，さまざまな代謝経路について，生体内における物質変化とそれにともなうエネルギーの流れについて説明する．生体内における物質変化とそれにともなうエネルギーの流れは，生物が生命を維持していくうえで必要不可欠である．

KEY WORD

代　謝	異化反応	同化反応	ATP	アセチル CoA
クエン酸回路	発エルゴン反応	電子伝達系	呼　吸	発　酵
光合成				

9.1 代謝とは

生物が生命を維持するためには，環境から物質を取り入れ，生物に必要な形に変える必要がある．生命現象とは，これらの物質変換反応が秩序よく起こっている状態である．これら生体内での物質変換のことを代謝という．代謝は，図9.1に示すように分子量が大きな化合物から小さな化合物へ分解が行われる異化反応と，分子量が小さな化合物から大きな化合物へと合成が行われる同化反応に大別され，大部分が酵素によって触媒されている．また，生物の代謝は種々の代謝経路が複雑に絡み合って進行しており，巧妙な調節機構を用いて生命の維持を行っている．

たとえば，ヒトは摂取した食物中の栄養素を小腸で吸収できる状態にまで分解しており，これらは栄養素の種類によって異なる消化器官で行われている．図9.1中の①に示すように，摂取した食物は，主に酵素による消化，機械的消化，細菌学的消化を受け，糖質は単糖に，タンパク質はアミノ酸に，脂質は脂肪酸とグリセリンに分解されたあとで吸収される．

9.1.1 異化反応

異化反応（異化代謝）は，図9.1中の②に示すように，生物が環境から取り入れた糖質，脂質，

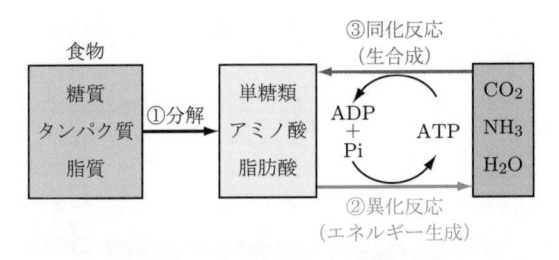

●図9.1● 異化反応と同化反応

タンパク質などを単糖，脂肪酸，アミノ酸を経て，二酸化炭素 CO_2，アンモニア NH_3，水 H_2O に分解する反応であり，結合エネルギーの放出をともなう．このエネルギーが自由エネルギーとして捕捉され，生命現象の維持のために用いられている．

多くの生物のエネルギー源となっているグルコース $C_6H_{12}O_6$ を例にとると，同化反応により $-2870\,kJ\,mol^{-1}$ のエネルギーの放出を ATP を介して行い，グルコース1分子が6分子の二酸化炭素と水に分解される．

さまざまな種類の糖，脂質，タンパク質などは，すべてアセチル補酵素A（アセチルCoA[*1]）とよばれる物質を経由し，クエン酸回路[*2]を通じてさらに代謝される．このように，細胞の代謝の制御においてクエン酸回路は非常に重要な役割を負っている．異化反応により蓄えられたアデノシン三リン酸（ATP）は，同化反応を行う際に用いられる．

9.1.2 同化反応

同化反応（同化代謝）は，図9.1中の③に示すように，生物が環境から取り入れた低分子化合物を原料として生体成分などを合成する反応のことであり，異化反応により得られた ATP のエネルギーを用いて行っている．また，同化反応のことを一般に生合成ともよび，生体反応の中でもとくに重要な反応である[*3]．

9.2 物質代謝とエネルギー

物質代謝や化学反応について説明する際に，仕事に変わりうるエネルギーとしてギブズエネルギー（自由エネルギー）G が用いられる．ギブズエネルギーの変化 ΔG は，定温定圧下での反応物と生成物のエネルギー含量の変化として表され，1 atm，25℃ の状態でのギブズエネルギーの変化を標準ギブズエネルギー変化とよび，ΔG^0 で表す．とくに生物化学では，pH 7 における ΔG を $\Delta G^{0\prime}$ として定義する．

たとえば，エネルギーが外に放出される反応（自由エネルギーの減少をともない，ΔG が負の場合）を発エルゴン反応とよぶ．発エルゴン反応は，自由エネルギーを放出し進行するため自然に起こりうる反応であり，反応物は生成物へ容易に変換される．

一方，反応においてエネルギーの投入が必要な反応（自由エネルギーの増加をともない，ΔG が正の場合）を吸エルゴン反応とよぶ．吸エルゴン反応は自然に起こりえず，自由エネルギーの投入なしには反応物は生成物へ変換されない．

同化反応を始めとして，代謝過程には吸エルゴン反応も多いが，このような場合は，より大きな自由エネルギー変化をもつ発エルゴン反応が同時に起こり（共役），反応に必要なエネルギーが供給される必要がある．

9.3 アデノシン三リン酸（ATP）

ヒトの生命活動，すなわち筋肉の運動，体温の維持，物質の能動輸送などを行うためにはエネルギーが必要なため，摂取した食物を化学エネルギーへと変換して用いている．すなわち，エネルギーの転換，利用効率を高めるために，異化反応により生じたエネルギーをアデノシン三リン酸（ATP）という高い化学エネルギーに変換している．

[*1] CoA は「coenzyme A」の略である．
[*2] クエン酸回路の詳細については，第10章を参照のこと．
[*3] 植物は二酸化炭素 CO_2 から必要な有機化合物を合成できるために「独立栄養生物」といい，動物は外部から摂取する必要があるため「従属栄養生物」という．

ATPはエネルギーの貯蔵体として重要な役割を果たしており，代謝における通貨としての役割を果たしている．図9.2に示すように，異化反応で生じるエネルギーや光のエネルギーによってATP（化学エネルギー）を生産して貯蔵する．エネルギーが必要な生合成や能動輸送などを行う場合に，ATPのアデノシン二リン酸（ADP）への加水分解と組み合わせて行う（共役）ことでエネルギーが供給され，反応が行われる．このように，物質代謝と連動して起こるエネルギーの変換と利用を総称してエネルギー代謝とよんでいる．

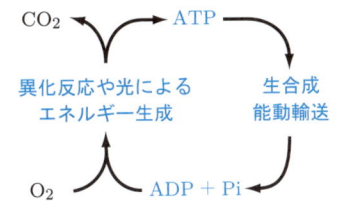

●図9.2● ATPのエネルギー代謝

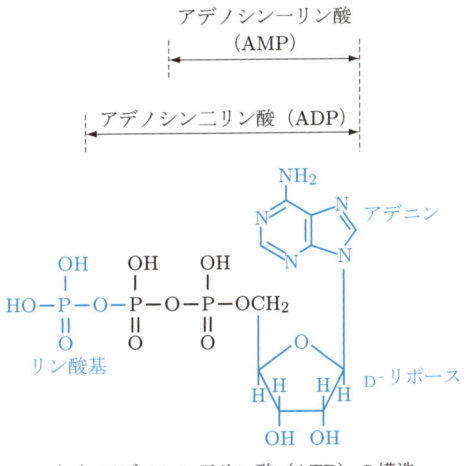

（a）アデノシン三リン酸（ATP）の構造

$$ATP + H_2O \longrightarrow ADP + Pi$$
$$ADP + H_2O \longrightarrow AMP + Pi$$
$$\Delta G^{0\prime} = -30.5\, \mathrm{kJ\,mol^{-1}}$$

（b）ATPの加水分解によるADP，AMPの生成

●図9.3● ATPの構造とATPの加水分解[*4]

図9.3に示すように，ATPはアデニンおよびD-リボース部位を含む化合物で三つのリン酸基が結合しており，加水分解されるとADPとリン酸（Pi）を生成する．このADP生成反応の$\Delta G^{0\prime}$は$-30.5\,\mathrm{kJ\,mol^{-1}}$であり，ATPがADPに加水分解される際にこれだけのエネルギーが供給できることになる．また，ADPからアデノシン一リン酸（AMP）への生成反応の$\Delta G^{0\prime}$は，同様に$-30.5\,\mathrm{kJ\,mol^{-1}}$であり，同様にリン酸を生成する．このように，供給された化学エネルギーを用いて生合成エネルギーや能動輸送エネルギーなどに用いている．このATPの特別な性質は，末端の二つの無水リン酸結合部位がもつ高エネルギー性に由来している．

9.3.1 高エネルギー結合

ATPの無水リン酸結合は高エネルギー結合であり，ATPからADP，ADPからAMPに加水分解される際に大きな自由エネルギーの減少をともなう（発エルゴン反応）．それぞれ高エネルギー結合はATPをAMP〜P〜Pと表すように，しばしば『〜』で表される．

また，代謝過程にはATP以外にもいくつかの高エネルギー化合物が存在する．これらもATPと同様に加水分解によって大きな自由エネルギーを放出する．高エネルギー結合を含む構造の例を図9.4に示す．ATPの高エネルギー結合はピロリン酸結合にあたる．

代謝経路中で重要な役割を果たすアセチルCoAも高エネルギー化合物の一つであり，チオエステル結合が高エネルギー結合にあたる．そして，ATPと同様に結合の開裂によりエネルギーの受け渡しを行う．

[*4] 中性近辺ではリン酸基部分は解離しており，次の構造をとっている．

ほかには，アシルリン酸結合（1,3-ジホスホグリセリン酸）[*5]やエノールリン酸結合（ホスホエノールピルビン酸）などがこれにあたる．

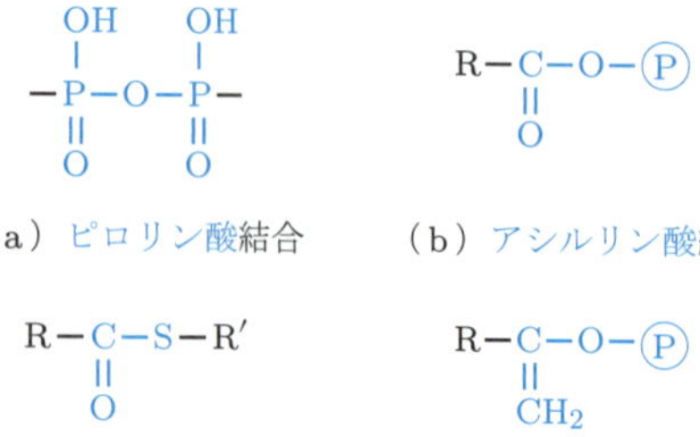

(a) ピロリン酸結合
(b) アシルリン酸結合
(c) チオエステル結合
(d) エノールリン酸結合

●図9.4● 高エネルギー結合の構造

9.3.2 異化代謝によるATPの生成様式

多くの生物は必要なエネルギー（ATP）を栄養素の異化過程により獲得しており，また植物は光エネルギーを直接化学エネルギー（ATPやNADH[*6]）に変換している．これらのATP生成様式は，以下の3種類に大別される．

(a) 発酵にともなう生成

発酵とは，グルコース（$C_6H_{12}O_6$，炭素数6）が嫌気的条件下で分解される過程であり，乳酸（$C_3H_6O_3$，炭素数3）やエタノール（C_2H_6O，炭素数2）に分解される．酸素を必要とせず，生成物の分解の程度が小さいため獲得されるエネルギーの量も少なく，グルコース1分子から乳酸発酵によりATPが2分子生成する．また，アルコール発酵では解糖[*7]により生じたピルビン酸がエタノールと二酸化炭素 CO_2 に分解される[*8]．

(b) 呼吸にともなう生成

高等生物などは酸素存在下で有機物を完全に酸化し，最終的に二酸化炭素と水を生成する．また，一部の微生物では酸素の代わりに NO_3^- や SO_4^{2-} を用いている．

呼吸では有機物を完全に分解するため，大きなエネルギーを得ることができ，グルコース1分子から呼吸による酸化分解によりATPが36分子生成する．

(c) 光合成にともなう生成

太陽からの光エネルギーにより電子が捕獲され，電子伝達系[*9]によりADPとPiからATPが生成される．この過程は光リン酸化とよばれる．電子伝達系を通過する一対の電子当たり2分子のATPが生成される．これを用いて二酸化炭素や水素イオン H^+ を還元して有機化合物の合成を行っている[*10]．

例題 9.1 発酵と呼吸におけるグルコース $C_6H_{12}O_6$ の分解反応を化学式で示せ．

解答 発酵 $C_6H_{12}O_6 \longrightarrow 2CH_3CH(OH)COOH$ または $2C_2H_5OH + 2CO_2$

呼吸 $C_6H_{12}O_6 + 6O_2 \longrightarrow 6CO_2 + 6H_2O$

9.4 呼吸とエネルギー

多くの生物は，図9.5に示すように，糖質，脂質，タンパク質をエネルギー源として，ATPを始め，ピルビン酸，アセチルCoA など数多くの化合物を生成している．

[*5] たとえば，アシルリン酸結合は加水分解により $49.4\ kJ\ mol^{-1}$，エノールリン酸結合は $61.9\ kJ\ mol^{-1}$ の自由エネルギーの減少が起こる．
[*6] 還元型ニコチンアミドアデニンジヌクレオチド (nicotinamide adenine dinucleotide) の略である．
[*7] 詳細は，10.1節を参照のこと．
[*8] 発酵は主に微生物が行うが，ヒトの筋肉中でも乳酸発酵が行われている．
[*9] 詳細は，第14章を参照のこと．
[*10] 光合成の詳細は，第15章を参照のこと．

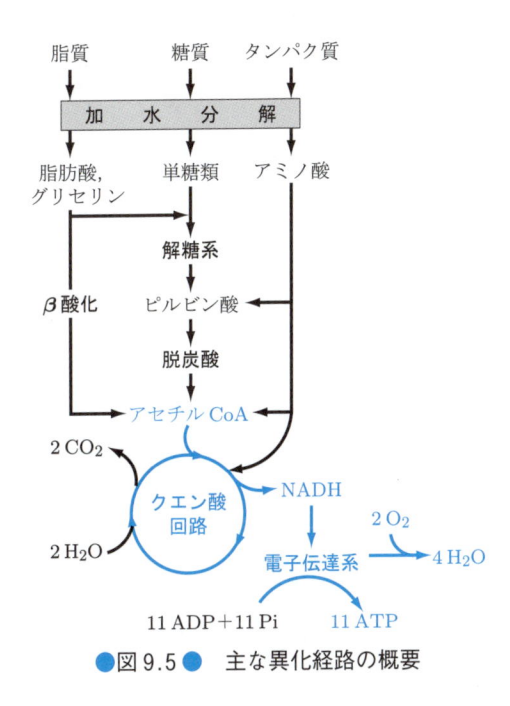

糖類は単糖類にまで加水分解されたあと，解糖系とよばれる代謝経路を通じてピルビン酸となり，さらに脱炭酸されてアセチル CoA に変換される．

一方，脂質が加水分解して生成した脂肪酸は β 酸化により，また，タンパク質が加水分解して生成するアミノ酸は，アミノ基が脱離して生じたケト酸がさらに分解され，それぞれアセチル CoA に変換される．

続いてアセチル CoA はクエン酸回路とよばれる反応経路を通してさらに分解され，結果として酢酸が脱水素（8H の放出）されるとともに二分子の CO_2 が放出される．

この反応経路で放出された 2H は水素転移補酵素（NAD^+ など）によって捕捉（$NADH+H^+$）され，続いて電子伝達系により酸素と結合して水となる．ATP はこの反応過程で放出されるエネルギーと共役して生成されている．

●図 9.5● 主な異化経路の概要

Step up グルコースのエネルギー変換効率

好気的条件下では，グルコース代謝により 38 分子の ATP が生成され，エネルギー変換効率は約 40％であるが，嫌気的条件下の場合はどうなるのだろうか．

嫌気的条件下では，ピルビン酸がクエン酸回路に入ることができないためにアルコールや乳酸へと分解され，解糖による 2 分子の ATP のみが生成される．すなわち，嫌気的条件下でのエネルギー転換は非常に効率が悪い．

演・習・問・題・9

9.1
次の語句についてわかりやすく説明せよ．
(1) 代謝
(2) 異化反応
(3) 同化反応
(4) 吸エルゴン反応

9.2
次の語句についてわかりやすく説明せよ．
(1) 能動輸送
(2) 高エネルギー結合
(3) 呼吸鎖

9.3
pH 7 近辺におけるリン酸部分の解離状態を考慮して ATP の構造式を記せ．

9.4
ATP の生体内での生成様式について説明せよ．

第10章 糖の代謝

本章では，生物の最も基本的なエネルギー源であり，炭素源でもあるグルコース $C_6H_{12}O_6$ のエネルギー代謝について説明する．

酸素 O_2 を使わず（嫌気的）にグルコースを代謝することで，細胞のエネルギーとなる ATP を得る過程を解糖という．この代謝過程では，1分子のグルコースから，たった2分子の ATP しか得られない．そのため，呼吸をする生物は，クエン酸回路という酸素を使った好気的な代謝過程で，解糖によって得られたピルビン酸 $C_3H_4O_3$ からさらに大量の ATP を得ている．本章では，とくに解糖およびクエン酸回路による代謝エネルギーの産生を中心に取り上げ，最後にグリコーゲンの合成，分解，糖新生について説明する．

KEY WORD

| 解　糖 | クエン酸回路 | グリコーゲン | 糖新生 |

10.1 解糖

図10.1に示すように，1分子のグルコース（あるいはグリコーゲン）$C_6H_{12}O_6$ を11段階の酵素反応で嫌気的に2分子の乳酸 $C_3H_6O_3$ に分解する代謝過程を解糖（glycolysis）という．この解糖は嫌気的条件下における生体のエネルギー獲得反応の主要なものである．一部の嫌気的条件下での発酵や好気的な糖分解反応については，10段階目の酵素反応生成物であるピルビン酸までの変換過程を解糖という．解糖系の酵素はすべて細胞質液部分に存在して反応が進む．

グルコースからピルビン酸 $C_3H_4O_3$ への変換の反応は，全体として次の化学反応式で表すことができる．

グルコース＋2Pi＋2ADP＋2NAD$^+$
　　→ 2ピルビン酸＋2ATP＋2NADH
　　　＋2H$^+$＋2H$_2$O

グルコース1分子の分解によってピルビン酸2分子を生成し，これにともなって2分子のアデノシン二リン酸（ADP）と2分子の高エネルギーリン酸基（オルトリン酸 Pi）から2分子のアデノシン三リン酸（ATP）を生成する[*1]．また，ピルビン酸2分子の生成過程において，2分子の酸化型ニコチンアミドアデニンジヌクレオチド（NAD$^+$）が還元型ニコチンアミドアデニンジヌクレオチド（NADH）に還元される．この NADH は，呼吸の電子伝達（第14章参照）に利用され

---

*1　グルコースから2分子の乳酸までの全過程における標準ギブズエネルギー変化 $\Delta G^{0'}$ は -197 kJ である．1分子の ATP を生成するエネルギーが 31 kJ なので，解糖のエネルギー収率は 31％となる．

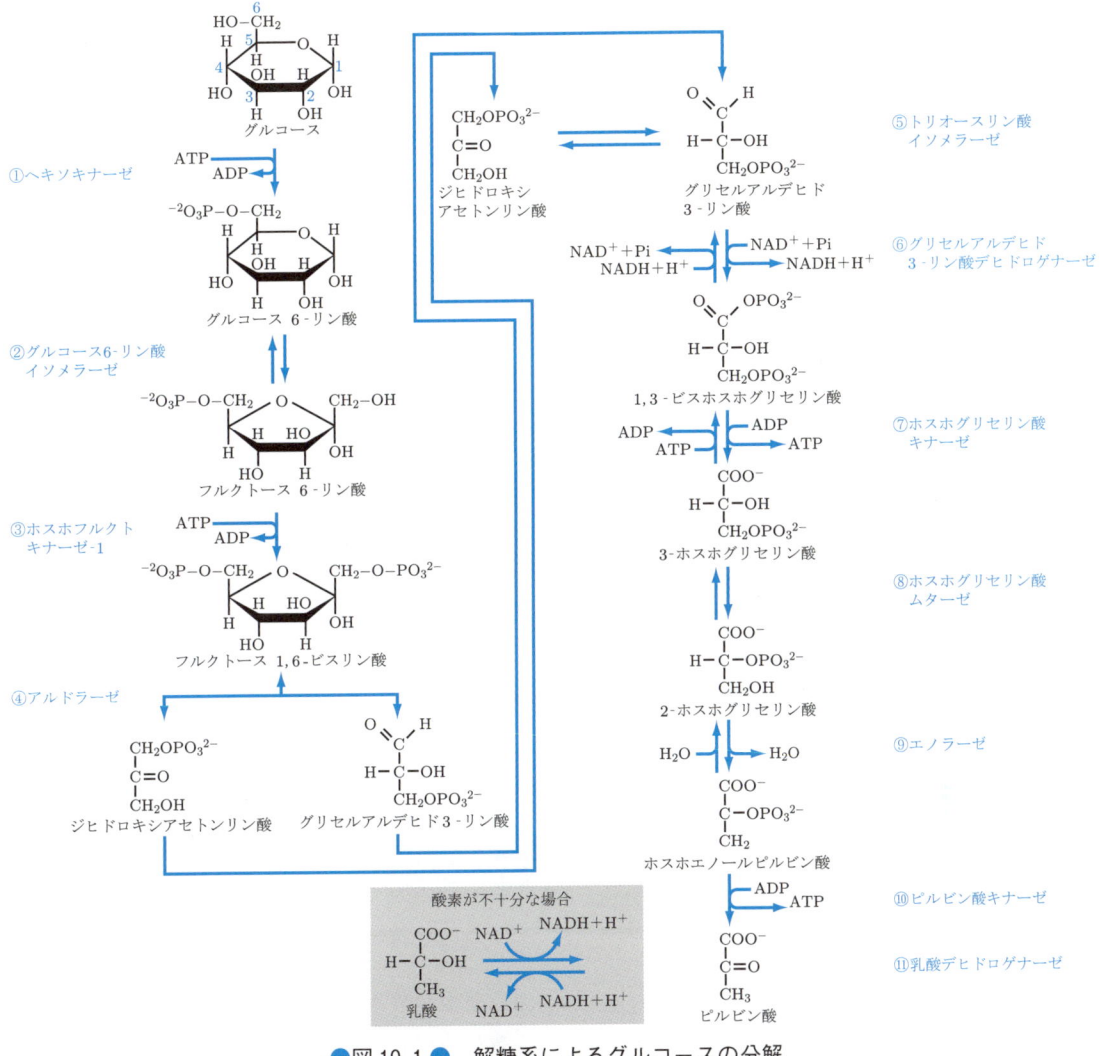

●図10.1● 解糖系によるグルコースの分解

る．図10.1で示した解糖による代謝過程のうち，第1段階のグルコースからグルコース6-リン酸に進む反応，第3段階のフルクトース6-リン酸からフルクトース1,6-ビスリン酸に進む反応，第10段階のホスホエノールピルビン酸からピルビン酸を生成する反応の三つの反応過程が不可逆的で，糖新生（10.4節参照）には利用できない．不可逆な反応を触媒する酵素は解糖を制御する因子となっており，とくに第3段階のフルクトース6-リン酸からフルクトース1,6-ビスリン酸に進む反応は，ほ乳類の解糖系において最も重要な制御因子である．

好気性生物において，解糖はクエン酸回路（10.2節参照）と電子伝達系（第14章参照）の前段階の反応である．好気的な条件では，ピルビン酸は細胞内小器官の一つであるミトコンドリアで完全に酸化され，二酸化炭素CO_2と水になる．活発に収縮する筋肉などでの反応のように，酸素供給が不足するとピルビン酸は乳酸に変わる[*2]．解糖は，発見者の名前をとってエムデン-マイヤーホフ経路（Embden-Meyerhof pathway）[*3] ともよばれる．本節では個々の解糖反応について述べる．

[*2] 酵母は嫌気的条件でピルビン酸をエタノールC_2H_6Oに変える．グルコースから乳酸やエタノールを生成するなど，微生物の作用で嫌気的に糖質を分解する反応を発酵という．

10.1.1 ヘキソキナーゼ

解糖の最初の反応（図 10.1 反応①）では，ATP の γ-リン酸基がグルコースの C-6 位の酸素原子に転移し，グルコース 6-リン酸と ADP が生成する．このグルコース 6-リン酸を生成する触媒反応は不可逆な反応であり，解糖系の調節点の一つとなる．グルコース 6-リン酸へのリン酸基転移反応は，ヘキソキナーゼが触媒する*4．解糖系では，図 10.1 に示すように，1，3，7，10 段階目の反応をキナーゼによるリン酸基転移反応が触媒している．ヘキソキナーゼは活性化にマグネシウムイオン Mg^{2+} を必要とし*5，ATP とマグネシウムイオンが複合体をつくることで反応が進む．

10.1.2 グルコース 6-リン酸イソメラーゼ

解糖の第 2 段階目（図 10.1 反応②）では，グルコース 6-リン酸をグルコース 6-リン酸イソメラーゼの作用により，フルクトース 6-リン酸に変換する．グルコース 6-リン酸の α-アノマー（α-D-グルコピラノース）が優先的に酵素に結合する．そして，酵素の活性部位の中でグルコース 6-リン酸のピラノース環が開き，アルドースからケトースに変換する．図 10.2 に示すように，アルドースとはアルデヒド基をもつ単糖のことであり，ケトースとはケトン基をもつ単糖のことである．ケトースは再び環化し，α-D-フルクトフラノース 6-リン酸になる．

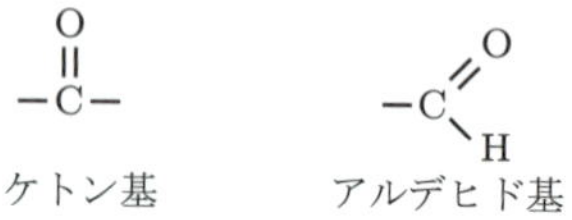

●図 10.2● ケトン基とアルデヒド基

Step up　グルコースの構造

図 10.1 に示したグルコースの構造を α-D-グルコピラノースという．ピラノースとは，5 個の炭素原子と 1 個の酸素原子とからなる環をいう．そして，原子団間の相対的な空間関係の異なった異性体*6 が二つあるものを互いにアノマーという．たとえば，α-グルコース（図 10.1 のグルコース）と β-グルコースは互いにアノマーで，1-C の OH のピラノース環に対する方向が逆である．

10.1.3 ホスホフルクトキナーゼ

グルコース 6-リン酸からフルクトース 6-リン酸への異性化反応のあとには，ATP を利用した第二のリン酸化反応が続く．フルクトース 6-リン酸はホスホフルクトキナーゼによってリン酸化され，フルクトース 1,6-ビスリン酸となる（図 10.1 反応③）．このホスホフルクトキナーゼによる酵素反応は不可逆反応で，解糖系を制御する重要な因子である．ホスホフルクトキナーゼは高濃度の ATP で阻害され，ATP/AMP 比が低下すると酵素活性は上昇する．この酵素はまた，クエン酸でも阻害される．クエン酸は好気的条件下で ATP 合成を行うクエン酸回路の初期中間体である．つまり，細胞内のエネルギーが減少すると解糖は促進され，その逆は抑制される．ホスホフルクトキナーゼは ATP などのさまざまな代謝産物にアロステリック*7 に調節されている*8．解糖の速度は，この酵素の活性レベルに厳密に依存している．

---

*3　解糖系は，エムデン（G. Embden, 1874-1933）とマイヤーホフ（O. Meyerhof, 1884-1951）が中心となって解明された．2 人ともドイツの生化学者である．
*4　キナーゼは，ATP から物質へのリン酸基の転移を触媒する酵素である．
*5　ほかのキナーゼも，活性化にマグネシウムイオン Mg^{2+} やマンガンイオン Mn^{2+} などの二価イオンを必要とする．
*6　同一の分子式で表されるが，性質の異なる化合物が存在することを異性といい，異性の関係にある化合物を異性体という．
*7　酵素の基質結合部位とは異なる部位に低分子物質が結合し，酵素活性が変化する現象をアロステリック効果という．この酵素活性を変化させる低分子物質をアロステリックエフェクターという．
*8　ホスホフルクトキナーゼによる解糖制御のもう一つの特徴として，体液の pH 低下による酵素活性の阻害が挙げられる．酵素活性が阻害されることによって，乳酸の過度の生成による血液 pH の低下が妨げられる結果となる．

10.1.4 アルドラーゼ

フルクトース 1,6-ビスリン酸は，アルドラーゼによってグリセルアルデヒド 3-リン酸とジヒドロキシアセトンリン酸となる（図 10.1 反応④）．このあとの解糖系による酵素反応は，6 炭素単位から 3 炭素単位構造となる．この酵素による触媒反応は可逆的であり，酵素名は逆反応のアルドール縮合に由来する．アルドール縮合とは，アルデヒドとケトンなど 2 種類のカルボニル化合物を組み合わせて，アルドール（β-ヒドロキシカルボニル化合物）を形成する反応のことである．

10.1.5 トリオースリン酸イソメラーゼ

図 10.1 の反応④で生成されたグリセルアルデヒド 3-リン酸は解糖系の次の酵素反応に利用されるが，ジヒドロキシアセトンリン酸はそのままでは解糖の経路に入れない．この二つの化合物は異性体であり，ジヒドロキシアセトンリン酸はケトース，グリセルアルデヒド 3-リン酸はアルドースである．これらの異性化はトリオースリン酸イソメラーゼで触媒され（図 10.1 反応⑤），急速で可逆的である．しかし，グリセルアルデヒド 3-リン酸は次の解糖系の反応で使用されるため，結果的には 1 分子のフルクトース 1,6-ビスリン酸から 2 分子のグリセルアルデヒド 3-リン酸が生成される．

10.1.6 グリセルアルデヒド 3-リン酸デヒドロゲナーゼ

グリセルアルデヒド 3-リン酸は，酸化およびリン酸化を受け，1,3-ビスホスホグリセリン酸となる（図 10.1 反応⑥）．グリセルアルデヒド 3-リン酸のアルデヒド基が酸化されると，標準ギブズエネルギーが大きく減少し，解放されたエネルギーの一部は 1,3-ビスホスホグリセリン酸の酸無水物結合に保存される．

この過程で，1 分子の NAD^+（ニコチンアミドアデニンジヌクレオチド）が NADH に還元される．この反応でつくられた NADH は，呼吸の電子伝達鎖（第 14 章参照），アセトアルデヒドのエタノールへの還元，ピルビン酸の乳酸への還元などにおいて，還元剤として利用される．

Step up　NAD の酸化還元

NAD^+ および NADH は，NAD の酸化型および還元型をそれぞれ示している．本来は純物質が酸素と結合することを酸化というが，一般には広く電子を奪われる変化，またはそれに伴う化学反応を指す．また，非金属元素の化合物から水素が奪われる反応も酸化という．また，還元は酸化の反対の過程を指す．

10.1.7 ホスホグリセリン酸キナーゼ

ホスホグリセリン酸キナーゼの触媒によって，高エネルギーの混合酸無水物である 1,3-ビスホスホグリセリン酸から ADP にリン酸基を転移させ，ATP と 3-ホスホグリセリン酸を生成する（図 10.1 反応⑦）．解糖では，この反応で初めて ATP が生成するが，この反応は細胞内で平衡状態であり，反応①のヘキソキナーゼや反応③のホスホフルクトキナーゼのように一方向の反応にはならない．

10.1.8 ホスホグリセリン酸ムターゼ

ホスホグリセリン酸ムターゼは，3-ホスホグリセリン酸を 2-ホスホグリセリン酸に変換する（図 10.1 反応⑧）．ムターゼは，基質分子のある部位から別の部位にリン酸基を転移させる反応を触媒するイソメラーゼ（異性化酵素）である．

10.1.9 エノラーゼ

2-ホスホグリセリン酸は，エノラーゼによって脱水されてホスホエノールピルビン酸になる（図 10.1 反応⑨）．ホスホエノールピルビン酸のリン酸基転移ポテンシャルは極めて高い．この理由は，

リン酸基がピルビン酸を不安定なエノール型[*9]に固定しているためである．そして，このホスホエノールピルビン酸のもつ高エネルギーリン酸基は，次のステップでADPに与えられATPを生成する．

10.1.10 ピルビン酸キナーゼ

ホスホエノールピルビン酸はピルビン酸キナーゼに触媒され，ADPに高エネルギーリン酸基を付与してATPを生成する（図10.1 反応⑩）．このピルビン酸を生成する触媒反応は不可逆な反応であり，解糖系の調節点の一つとなる．

10.1.11 ピルビン酸から乳酸への代謝

ピルビン酸は，乳酸デヒドロゲナーゼが触媒する可逆反応によって乳酸に還元される（図10.1 反応⑪）．ピルビン酸から乳酸が生成する反応にともなって，NADHをNAD$^+$に酸化する．酸化されたNAD$^+$は，10.1.6項で説明したグリセルアルデヒド3-リン酸デヒドロゲナーゼの反応に利用される．

乳酸は一度生成されてしまうと，再びピルビン酸になるしか代謝的な経路が存在しない．ほ乳類では，運動したときに骨格筋でつくられた乳酸は筋細胞から運び出され，肝臓の乳酸デヒドロゲナーゼの作用でピルビン酸に変換される．組織へ酸素が十分に供給されないと，ミトコンドリアがピルビン酸を代謝できず，すべての組織が嫌気的解糖により乳酸を生産してしまう．その結果，血中の乳酸濃度上昇にともなう血液pHの低下が生じ，乳酸アシドーシス[*10]とよばれる障害が起こる．

10.1.12 ピルビン酸からエタノールへの代謝

嫌気的条件下で，酵母細胞はピルビン酸をエタノールC_2H_5OHと二酸化炭素に変換し，この反応でNADHをNAD$^+$に酸化する．酸化されたNAD$^+$は，10.1.6項で説明したグリセルアルデヒド3-リン酸デヒドロゲナーゼの反応でNADHに還元され，解糖系の反応を進める．ピルビン酸をエタノールと二酸化炭素に変換する反応には，図10.3に示すように二つの酵素が必要となる．まず，ピルビン酸はピルビン酸デカルボキシラーゼによって脱炭酸され，アセトアルデヒドになる．次に，アセトアルデヒドは，アルコールデヒドロゲナーゼがNADHを使ってエタノールに還元される．このアルコール発酵は，ビールやパンの製造などに利用される．

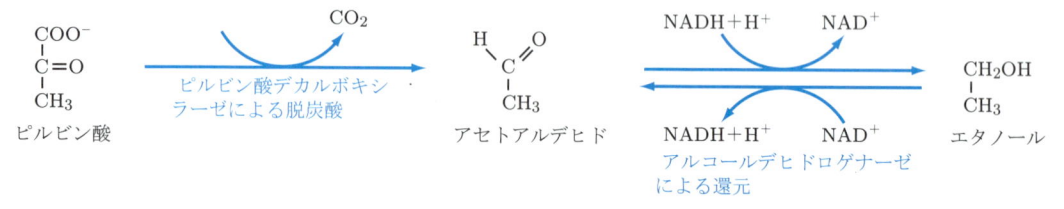

●図10.3● ピルビン酸からエタノールへの代謝反応

[*9] ある化合物が2種類の異性体として存在し，お互いに容易に変化しあう場合を互変異性といい，おのおのの異性体を互変体という．エノール型とケト型は互変異性であり，下図のような構造をとる．

[*10] 肝臓での乳酸の利用が減り，血液中の乳酸が異常に増える病気である．血液が酸性となり，筋肉のけいれん，腰や胸の痛み，吐き気などの症状が出る．

10.2 クエン酸回路

前節では，解糖においてグルコース $C_6H_{12}O_6$ がピルビン酸 $C_3H_4O_3$ まで変換されるプロセスを述べた．好気的な生物において，解糖でつくられたピルビン酸は，一連の酵素段階で二酸化炭素 CO_2 と水 H_2O に酸化される．この過程の最初の反応は，補酵素 A（CoA）を利用したピルビン酸の酸化的脱炭酸反応であり，反応産物としてアセチル CoA が生成される．図 10.4 に示すクエン酸回路（citric acid cycle）は，このアセチル CoA を完全に水と二酸化炭素に分解する酸化的過程である[*11]．クエン酸回路の酸化反応で放出されるエネルギーの大半は，補酵素 NAD^+ とユビキノン（Q）の還元産物である NADH とユビキノール（QH_2）に還元力の形で保存される．

クエン酸回路はトリカルボン酸回路，TCA 回路（tricarboxylic acid cycle），または，この回路を発見したクレブス[*12]にちなんでクレブス回路（Krebs cycle）ともよばれる．クエン酸回路の酵素は，原核生物ではサイトゾル，真核生物ではミトコンドリアのマトリックス中に存在する．

本節ではクエン酸回路の反応について学ぶ．

10.2.1 ピルビン酸のミトコンドリアへの移行

ピルビン酸は，図 10.5 に示すようにミトコンドリアの内外二つの膜を横断し，クエン酸回路の酵素群が存在するマトリックス内に入らなければならない．

ミトコンドリアの外膜にはタンパク質ポーリンでつくられた孔があり，分子量 10000 以下の分子は自由に拡散できる．ポーリンを通過したピルビン酸は，内膜にあるピルビン酸トランスロカーゼによって，ミトコンドリアマトリックス内に水素イオン H^+ と共輸送される．このピルビン酸取り込み時に，ミトコンドリアの膜間腔とマトリックス間の H^+ 濃度勾配（第14章参照）エネルギーを利用して能動的に取り込んでいる点に注意する．つまり，細胞質内よりもミトコンドリア内部のほうが，ピルビン酸の濃度が高くなるようにはたらいている．

10.2.2 ピルビン酸のアセチル CoA への変換

ミトコンドリアマトリックス内に能動的に取り込まれたピルビン酸は，ピルビン酸デヒドロゲナーゼ複合体によってアセチル CoA と二酸化炭素に代謝されるとともに，NAD^+ が還元され NADH を生じる．NADH は還元力の移動担体としてミトコンドリアマトリックス内ではたらく．

ピルビン酸デヒドロゲナーゼ複合体は，ピルビン酸デヒドロゲナーゼ（E_1），ジヒドロリポアミドアセチルトランスフェラーゼ（E_2），ジヒドロリポアミドデヒドロゲナーゼ（E_3）の3種類の酵素による多酵素複合体であり，それぞれ複数の分子を含んでいる．

10.2.3 クエン酸シンターゼ

クエン酸回路の最初の反応（図 10.4 反応①）は，クエン酸シンターゼの触媒によって，オキサロ酢酸とアセチル CoA および水と反応し，クエン酸と CoA を生じるところから始まる．オキサロ酢酸は，はじめにアセチル CoA と縮合し，シトリル CoA を生じ，次にこれがクエン酸と CoA に加水分解される．

クエン酸シンターゼはオキサロ酢酸の結合時と，中間体のシトリル CoA を生成するときにコンホメーション変化を起こす．まず，オキサロ酢酸がクエン酸シンターゼと結合するとアセチル CoA の結合部位をつくる．アセチル CoA が結合部位に結合した際と，中間体のシトリル CoA が生成する際に酵素のコンホメーション変化が起こり，この酵素とアセチル CoA の結合部位は完全に閉

[*11] 電子伝達系（第14章参照）と共役し，アセチル CoA がこの回路で完全酸化を受ける（標準ギブズエネルギー変化 $\Delta G^0 = -887$ kJ）と12分子の ATP が生じる（$\Delta G^0 = +367$ kJ）．エネルギー回収率は約40%である．
[*12] クレブス（H. A. Krebs, 1900-1981）はドイツの化学者・医者．1937年にクエン酸回路を発見し，その功績により，1953年にノーベル生理学・医学賞を受賞した．

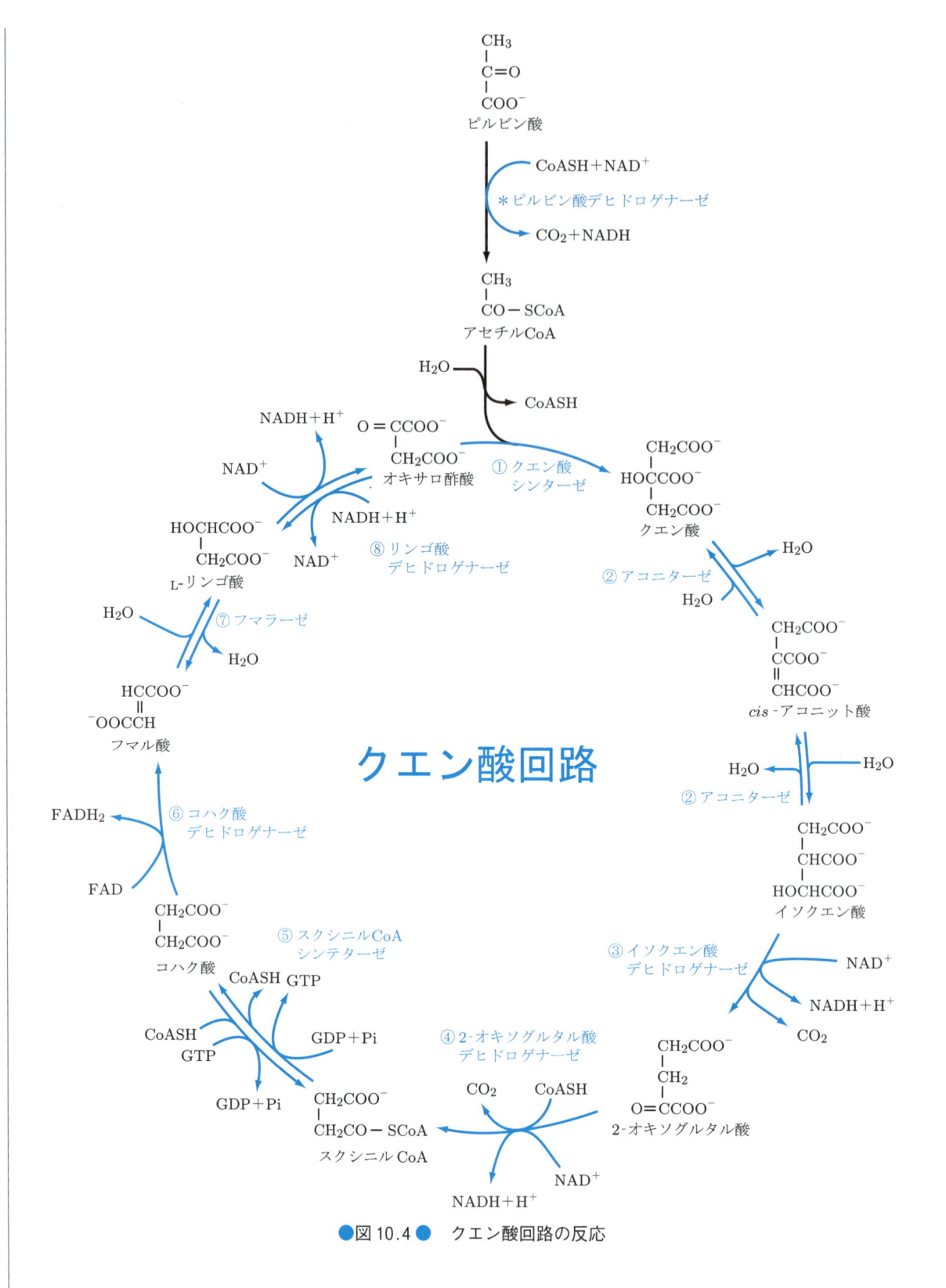

●図10.4● クエン酸回路の反応

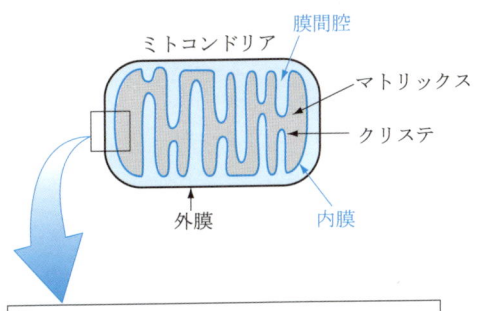

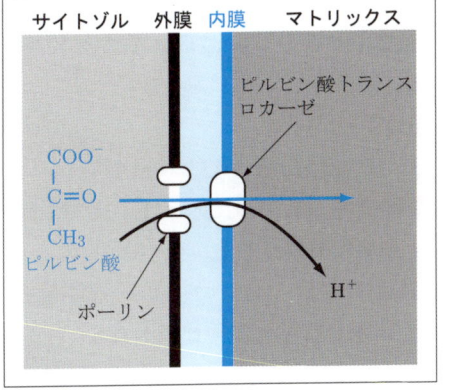

●図10.5● ピルビン酸のミトコンドリア
マトリックス内への移行プロセス

酸の酸化的脱炭酸によって，2-オキソグルタル酸を生成する（図10.4反応③）．この反応にともなって二酸化炭素とNADHが生成する．この反応は2段階からなり，まずC-2上の水素が水酸化物イオンとしてNAD$^+$に移る．この反応で生成されたオキサロコハク酸はβ脱炭酸反応によって2-オキソグルタル酸となる．イソクエン酸デヒドロゲナーゼによるこの反応は代謝的に不可逆反応で，大腸菌ではリン酸化による調節を受ける．

10.2.6 2-オキソグルタル酸デヒドロゲナーゼ複合体

2-オキソグルタル酸デヒドロゲナーゼ複合体は2-オキソグルタル酸の酸化的脱炭酸を触媒し，クエン酸回路第二の二酸化炭素とNADHを生成する（図10.4反応④）．この反応は，ピルビン酸デヒドロゲナーゼ複合体による反応（図10.4反応＊）と似ており，生成物である**スクシニルCoA**もまた高エネルギーチオエステルである．しかし，共有結合修飾は受けない．この多酵素複合体も2-オキソグルタル酸デヒドロゲナーゼ（E_1），ジヒドロリポアミドS-スクシニルトランスフェラーゼ（E_2），ジヒドロリポアミドデヒドロゲナーゼ（E_3）の3酵素で構成される．E_3はピルビン酸デヒドロゲナーゼ複合体のE_3と同一である．

じる．この閉じたコンホメーションの段階のみが，水分子を使ってシトリルCoAの加水分解を触媒できる．シトリルCoAの加水分解が，クエン酸合成の向きに反応全体を推し進める．

10.2.4 アコニターゼ

アコニターゼはcis-アコニット酸を中間体としてクエン酸とイソクエン酸の可逆異性化を触媒する（図10.4反応②）．アコニターゼはヘムと結合しない鉄Feをもつ．このアコニターゼがもつ四つの鉄原子は，四つの無機硫化物と4個のシステインの硫黄原子と複合体を形成している．この[4Fe-4S]型鉄硫黄クラスターがクエン酸と結合することで脱水と加水の反応に関与する．

10.2.5 NAD$^+$依存イソクエン酸デヒドロゲナーゼ

イソクエン酸デヒドロゲナーゼは，イソクエン

10.2.7 スクシニルCoAシンテターゼ

スクシニルCoAシンテターゼ（コハク酸チオキナーゼ）[*13]は，高エネルギー化合物スクシニルCoAの加水分解と高エネルギー化合物ヌクレオシド三リン酸の合成を共役して行う（図10.4反応⑤）．ほ乳類はGDPをリン酸化しGTPを合成するが，植物やある種の細菌はADPをリン酸化してATPを合成する．ATPとGTPはヌクレオシド二リン酸キナーゼですみやかに相互作用するので（GTP+ADP ⇌ GDP+ATP），結合エネルギー的に同格である．

---

*13 この酵素は可逆的な反応も可能なため，進む反応の方向によって，スクシニルCoAシンテターゼやコハク酸チオキナーゼとよばれることもある．ここでは，スクシニルCoAからコハク酸を生成するときにGDPからGTPを合成するため，スクシニルCoAシンテターゼとよぶ．

10.2.8 コハク酸デヒドロゲナーゼ

コハク酸デヒドロゲナーゼは，コハク酸を立体特異的に脱水素し，フマル酸を生成する（図10.4反応⑥）．この反応では，NAD^+ ではなくフラビンアデニンジヌクレオチド（FAD）が，水素原子2個をコハク酸から取り去る形で酸化する．このコハク酸からフマル酸への反応では，標準ギブズエネルギー変化が NAD^+ の還元に不十分なため，FADが水素受容体として用いられている．コハク酸脱水素酵素は鉄-硫黄タンパク質であり，アコニターゼと同様に鉄-硫黄クラスターをもつ．この鉄-硫黄クラスターは，$FADH_2$ がもつ2個の電子を受けとり，ミトコンドリア内膜中のユビキノン（Q）に電子を移している．そのため，コハク酸デヒドロゲナーゼは，クエン酸回路の構成要素の中で唯一ミトコンドリア内膜に埋め込まれている．コハク酸デヒドロゲナーゼの $FADH_2$ は，Qによって再酸化されFADに戻る．

10.2.9 フマラーゼ

フマラーゼは，フマル酸の二重結合に立体特異的にHとHOをトランスの位置に付加し，フマル酸をリンゴ酸にする（図10.4反応⑦）．この反応は平衡に近い反応を触媒する．OH基は，フマル酸二重結合の一方の側のみに付加されるため，反応生成物であるリンゴ酸はL-異性体のみがつくられる．

10.2.10 リンゴ酸デヒドロゲナーゼ

クエン酸回路の最後の反応では，リンゴ酸が酸化されオキサロ酢酸になる（図10.4反応⑧）．この反応はリンゴ酸デヒドロゲナーゼが触媒し，NAD^+ が水素受容体として使用される．

10.3 グリコーゲン代謝

グルコース $C_6H_{12}O_6$ は，動物およびある種の微生物ではグリコーゲン[*14]として，植物ではデンプンとして蓄えられる．グリコーゲンとデンプン（3.12節参照）は細胞内で分解され，グルコースの単量体に変わり，解糖（10.1節参照），クエン酸回路（10.2節参照），酸化的リン酸化（14.2節参照）などでエネルギー生産の燃料となる．本節ではグリコーゲンの代謝について説明する．

10.3.1 グリコーゲン分解

グリコーゲンは主に肝臓と筋肉に蓄えられる．筋肉では，ATPが必要になるとグリコーゲンを分解してグルコース 6-リン酸を生成し，解糖（10.1節参照）が始まる．肝臓には，血糖値が下がるとグリコーゲンからグルコース 6-リン酸をつくり出し，これをグルコースに分解して血糖値を正常値に戻すはたらきがある．

グリコーゲンの分解には三つの酵素が関与する．第一にグリコーゲンホスホリラーゼ，第二にグリコーゲン脱分枝酵素，第三にホスホグルコムターゼである．

1番目のグリコーゲンホスホリラーゼは，図10.6に示すようにグリコーゲンを加リン酸分解してグルコース 1-リン酸を生成する．この酵素は，枝分かれからグルコース単位4残基以内では，このタンパク質のグリコーゲンと結合する構造の問題から作用しない．

2番目のグリコーゲン脱分枝酵素は，図10.7に示すようにグリコーゲンの枝を取り除くことでグリコーゲンホスホリラーゼがはたらけるようにする．まず，ホスホリラーゼが分解できなかった枝分かれから，4残基のうち3基分をほかの枝の非還元末端に移す．分岐点に残った α（1→6）結合のグルコース残基は，同じ酵素のアミロ-1,6-グルコシダーゼ活性で加水分解され枝がなくなる．この酵素は，転移反応活性とアミロ-1,6-グルコ

[*14] 動物の貯蔵多糖で，α-グルカンの一種である．動物では，あらゆる細胞に顆粒状態として存在するが，とくに肝臓（5～10%）および筋肉（1～2%）に多い．酸によって分解されD-グルコースだけを生じるが，アルカリには安定である．

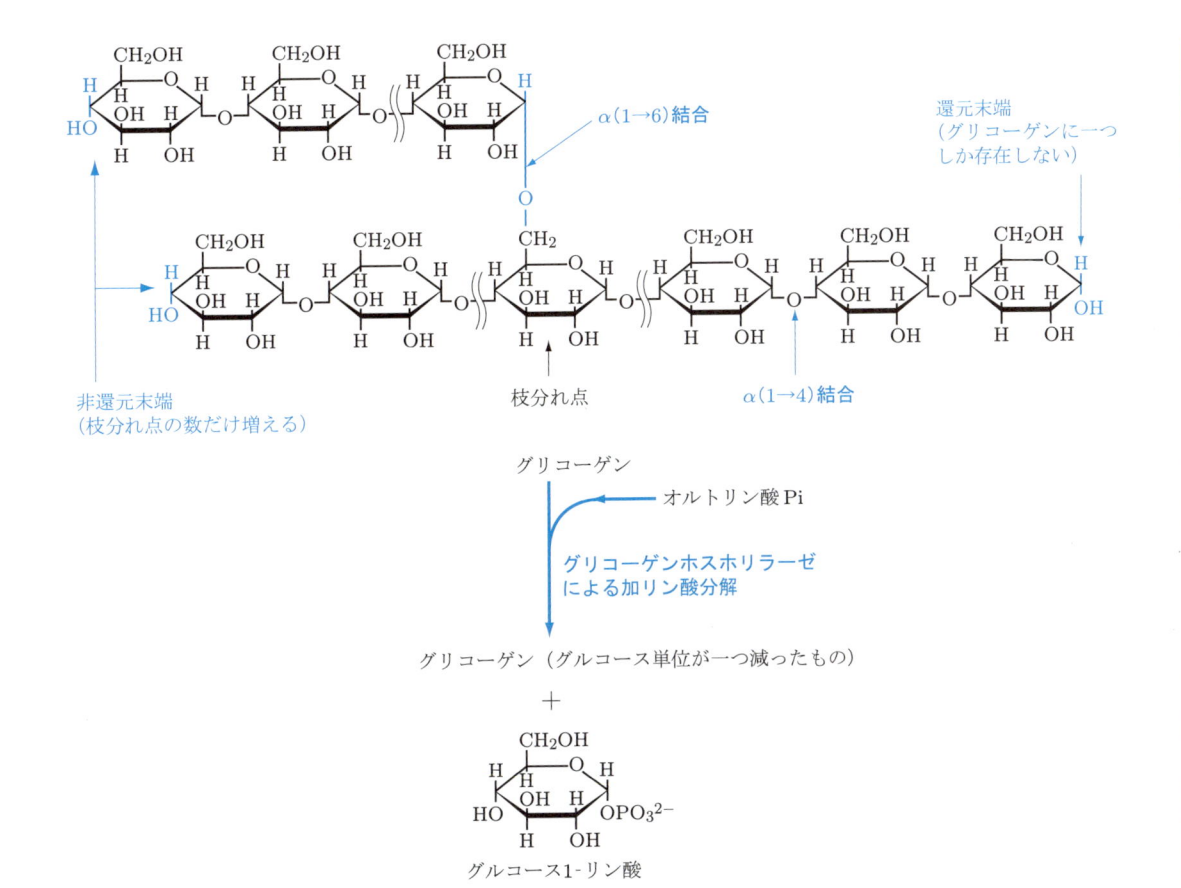

●図 10.6● グリコーゲンホスホリラーゼの反応

シダーゼ活性の二つの活性部位を有する．

3番目のホスホグルコムターゼは，前述の二つの酵素で生成されたグルコース 1-リン酸を図 10.8 に示すように**グルコース 6-リン酸**に変換する．このグルコース 6-リン酸までの代謝プロセスによって，グリコーゲンはクエン酸回路（図 10.4 参照）の代謝経路に入ることが可能となる．

肝臓では，グルコース 6-リン酸をグルコース 6-ホスファターゼの作用で変換し，最終的にグルコースを生成する．生成したグルコースは血流に乗る形をとり，ほかの組織へと運ばれる．脊椎動物では肝臓，腎臓，膵臓，小腸にグルコース 6-ホスファターゼ活性がみられる．

10.3.2 グリコーゲン合成

脊椎動物では，食物として取り入れたグルコースの約 2/3 はグリコーゲンに変わる．グルコースは小腸で吸収され，血流によって運ばれて他の細胞に入る．次にヘキソキナーゼの作用でグルコース 6-リン酸となる．このグルコース 6-リン酸分子は，図 10.9 に示す四つの酵素反応によってグリコーゲンとなる．第一の反応（図 10.9 反応①）では，**ホスホグルコムターゼ**がグルコース 6-リン酸をグルコース 1-リン酸に変換する．第二の反応（図 10.9 反応②）では，グルコース 1-リン酸は **UDP-グルコースピロホスホリラーゼ**の触媒によりウリジン三リン酸（UTP）と反応し，ウリジン二リン酸（UDP）グルコースとピロリン酸（PPi）を生成する．第三の反応（図 10.9 反応③）では，**グリコーゲンシンターゼ**が UDP グルコースからグルコース残基をグリコーゲンの非還元末端へ付加する．グリコーゲンシンターゼの反応はグリコーゲン合成の主要な調節点であり，グリコーゲン合成を制御するホルモンはグリコーゲンシ

●図10.7● グリコーゲン脱分枝酵素の反応

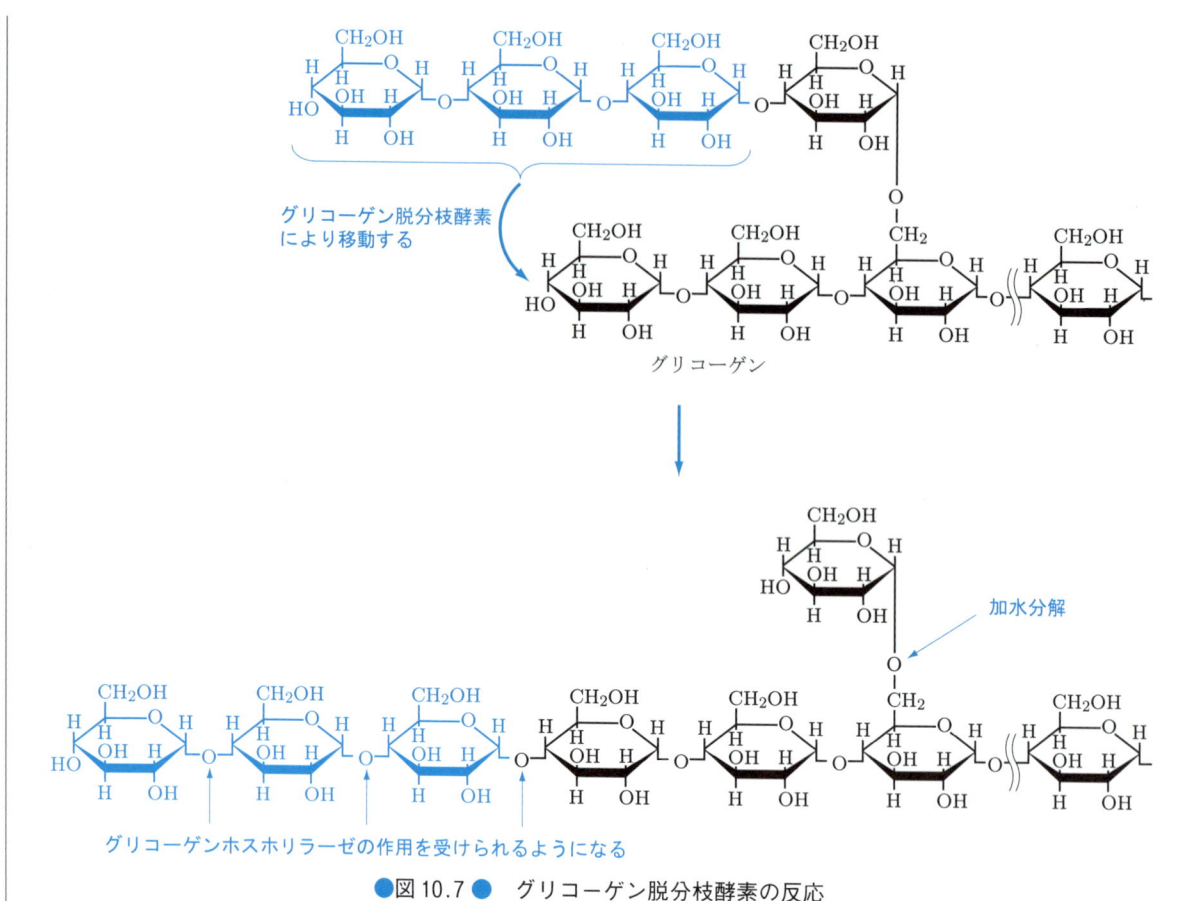

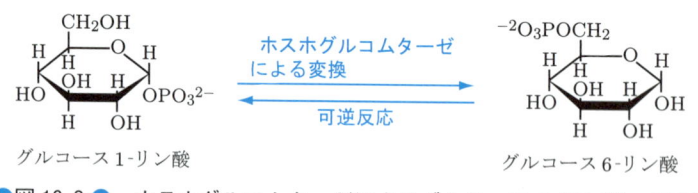

●図10.8● ホスホグルコムターゼによるグルコース 6-リン酸への変換

ンターゼの活性を変化させている.
　グリコーゲンシンターゼは α (1→4) 結合だけを生成し，アミロースをつくる．このアミロースを枝分れ構造のグリコーゲンに変えるのが，第四の反応における 1,4-α-グルカン分枝酵素である．図10.10 に示すように，グルカン鎖が 11 残基以上になると非還元末端から約 7 残基の断片を切り出し，同じ鎖または他の鎖の C_6-OH に移す．新しい枝は，直前の枝から 4 残基以上離れた場所に結合する．

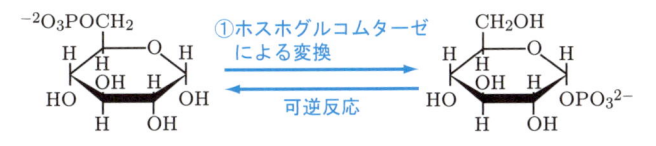

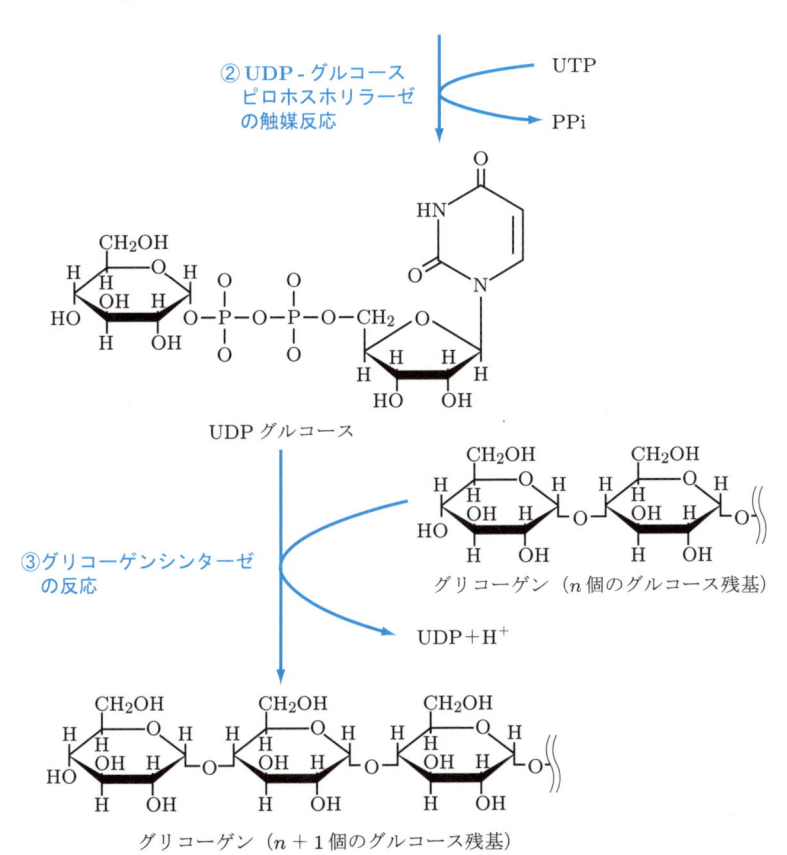

●図 10.9● ホスホグルコムターゼ，UDP-グルコースピロホスホリラーゼとグリコーゲンシンターゼによるグリコーゲン合成

> **例題 10.1** グリコーゲンは主に肝臓と筋肉に蓄えられる．なぜ肝臓と筋肉にグリコーゲンが蓄えられるのか説明せよ．
>
> **解答** 肝臓は血糖調節のためグリコーゲンを蓄える．
> 　肝臓には血糖を供給する重要なはたらきがあるため，空腹時には血糖供給のためグリコーゲンを分解し，血糖値が高い場合は血糖を取り込むことでグリコーゲンを合成する．
> 　筋肉（とくに骨格筋）はエネルギー獲得のため，酸素を多く必要とする脂肪代謝よりもグルコースのほうが都合がよい．そのため，グリコーゲンを蓄えている．
> 　骨格筋は，運動時に酸素の供給が十分に行われない状態になる場合がある．脂肪酸のβ酸化による栄養供給は大量の酸素を必要とするため，骨格筋が代謝してエネルギーを獲得するには不向きである．そのため，グリコーゲンを多量に貯蔵して，必要に応じて解糖でエネルギーを得るのである．

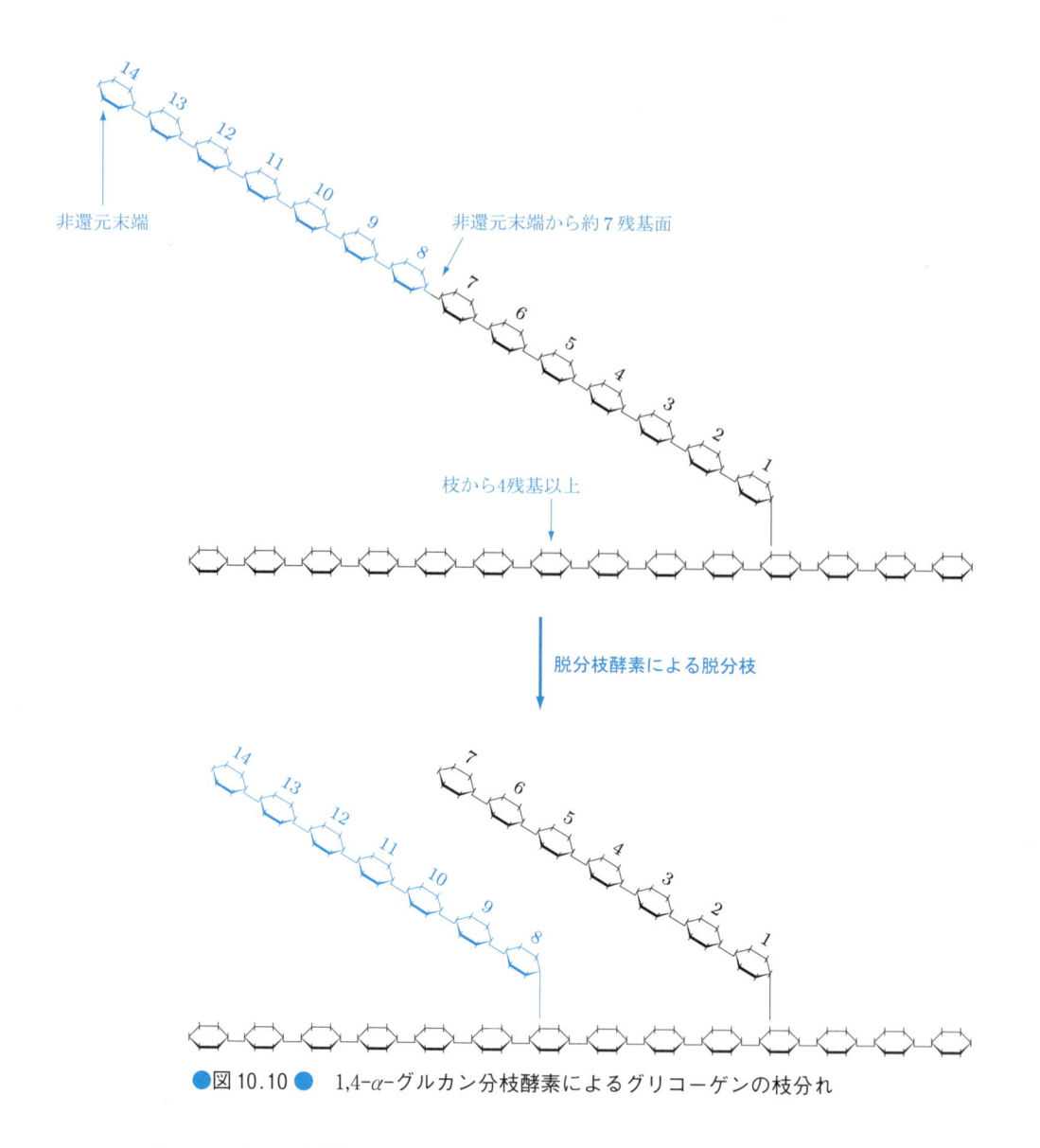

●図 10.10 ● 1,4-α-グルカン分枝酵素によるグリコーゲンの枝分れ

非還元末端
非還元末端から約7残基面
枝から4残基以上
脱分枝酵素による脱分枝

10.4 糖新生

オキサロ酢酸 $C_4H_4O_5$ からグルコース $C_6H_{12}O_6$ を生成する細胞内の代謝を**糖新生**（gluconeogenesis）という．解糖の逆戻り経路である．解糖の最終産物であるピルビン酸 $C_3H_4O_3$ や乳酸 $C_3H_6O_3$ は，糖新生の主要な基質である．動物において，とくに脳はエネルギー源としてグルコースしか利用しない．しかも，エネルギー不足の状態に陥ると脳細胞は不可逆的な機能障害を起こす．このため，高等動物では，糖新生により血糖濃度が一定値以下になることを防いでいる．

グルコースを食物や細胞内の蓄えから得ることができないときもある．何も食べない状態が続くと，肝臓のグリコーゲン貯蔵量では脳が必要とする半日分のグルコースしか供給できない．そのため，空腹時は糖以外の物質からグルコースを糖新生してまかなう．同位体実験の結果では，絶食22時間の血中グルコースの64%，46時間の断食では，ほとんどすべてのグルコースが糖新生でまかなわれていることがわかっている．糖新生は主として肝臓で行われ，一部が腎臓，膵臓，小腸で行

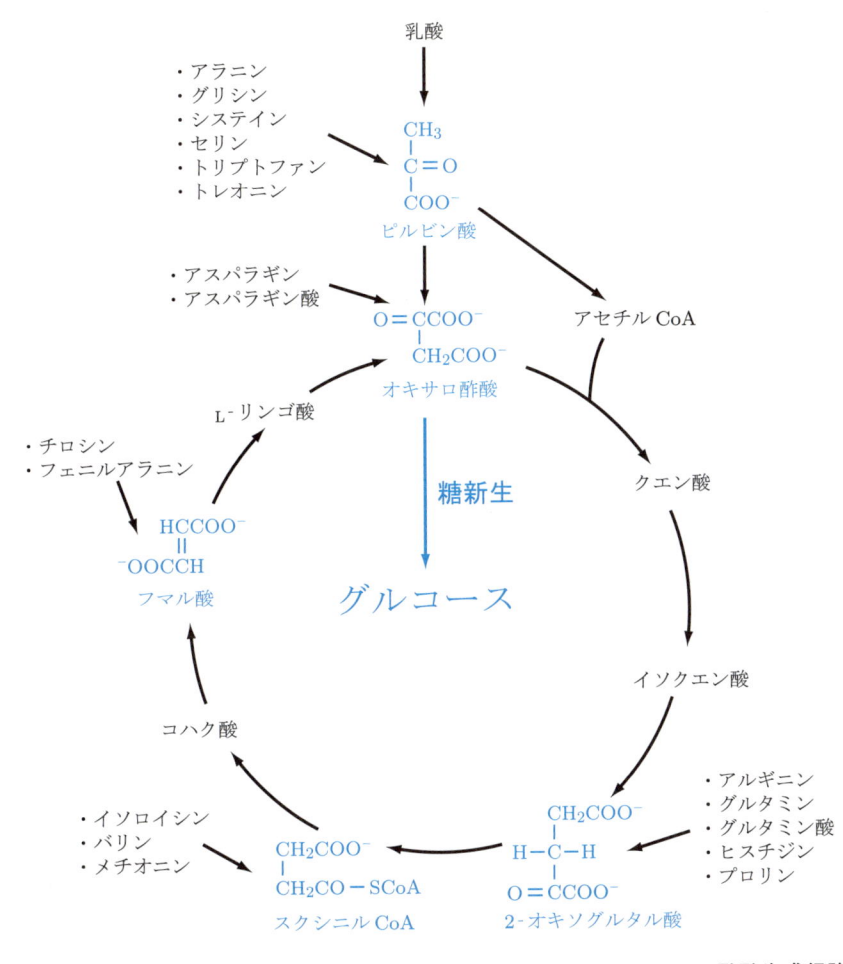

●図10.11● 乳酸，ピルビン酸，クエン酸回路中間体からのオキサロ酢酸生成経路

われている．

図10.11に示すように，糖新生の原料は解糖で生じた乳酸やピルビン酸，クエン酸回路の中間体，そしてロイシンとリシンを除くアミノ酸である．これらの炭素骨格は，まずオキサロ酢酸に変えられて糖新生の原料となる．

ロイシンとリシンはアセチルCoAしかつくれないため，動物ではオキサロ酢酸に変えることができない．また，脂肪酸の分解でもアセチルCoAしかできず，オキサロ酢酸はつくれない．しかし，植物ではグリオキシル酸回路（glyoxylate cycle）でアセチルCoAからオキサロ酢酸をつくれるため，脂肪を唯一の炭素源として成長することができる．

ピルビン酸からグルコースに至るまでの糖新生の経路を図10.12に示す．青色で示した反応が糖新生特有の経路である．ピルビン酸からの糖新生の経路は解糖系と関連が深い．図10.12からわかるように，糖新生の経路の中間体と酵素の多くが解糖系と同じである．解糖系の不可逆な三つの酵素反応，ピルビン酸キナーゼ，ホスホフルクトキナーゼ-1，ヘキソキナーゼの触媒反応は，糖新生特有の四つの酵素で迂回する．

ピルビン酸2分子からグルコース1分子を合成するためには，次に示すようにATPが4分子，GTPが2分子，NADHが2分子必要である．

2ピルビン酸$+2\,\mathrm{NADH}+4\,\mathrm{ATP}+2\,\mathrm{GTP}$
$+6\,\mathrm{H_2O}+2\,\mathrm{H^+}$
$\longrightarrow$ グルコース$+2\,\mathrm{NAD^+}+4\,\mathrm{ADP}$
$+2\,\mathrm{GDP}+6\,\mathrm{Pi}$

●図10.12● 解糖と糖新生

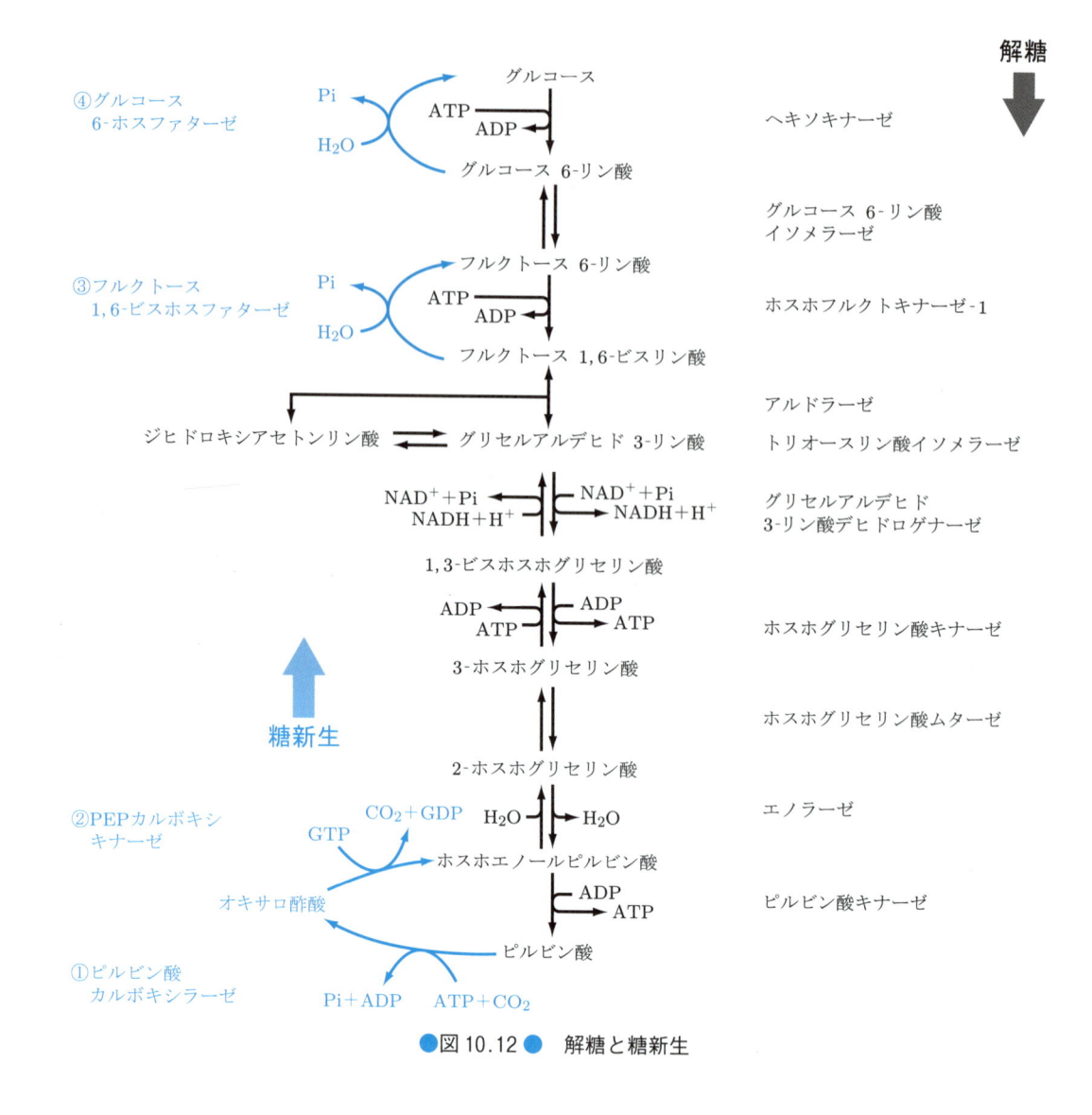

　解糖ではATP 2分子を消費して4分子を生成するため，正味ATP 2 molが得られる（10.1節参照）．一方，糖新生によるグルコース1分子の生産には，全体でATP 6 molが消費される．ピルビン酸をグルコースに変える反応のうち，解糖の反応を迂回する不可逆な酵素反応について次項に述べる．

10.4.1 ピルビン酸カルボキシラーゼ
　ピルビン酸カルボキシラーゼは分子量520000であり，四つの同一サブユニットで構成される酵素である．このサブユニットには，それぞれ補欠分子族のビオチンがリシン残基に共有結合しており，ピルビン酸に炭酸水素イオンを付ける反応に必要となる．このピルビン酸カルボキシラーゼは，図10.12の反応①に示すように，ATP 1分子の加水分解に共役し，ピルビン酸に炭酸水素イオンを付けることで，オキサロ酢酸を生成する．

10.4.2 ホスホエノールピルビン酸カルボキシキナーゼ
　ホスホエノールピルビン酸（PEP）カルボキシキナーゼは分子量70000の単量体であり，図10.12の反応②に示すようにオキサロ酢酸のホスホエノールピルビン酸への変換を触媒する．この

PEP カルボキシキナーゼは試験管内では可逆反応となるが，生体内では不可逆反応である．

10.4.3 フルクトース 1,6-ビスホスファターゼ

ホスホエノールピルビン酸からフルクトース 1,6-ビスリン酸までの糖新生のプロセスは，単純に解糖系で利用した酵素を使って反応を逆にたどっているだけである．しかし，図 10.12 の反応③に示すように，フルクトース 1,6-ビスリン酸からフルクトース 6-リン酸への反応は，フルクトース 1,6-ビスホスファターゼによって進められる．フルクトース 1,6-ビスホスファターゼは分子量 150000 の四量体であり，この酵素による加水分解反応は不可逆である．

10.4.4 グルコース 6-ホスファターゼ

フルクトース 6-リン酸からグルコース 6-リン酸への平衡に近い反応の次に，グルコース 6-ホスファターゼによる糖新生の最後の酵素反応が触媒される（図 10.12 反応④）．この加水分解反応は代謝的に不可逆である．グルコース 6-ホスファターゼは小胞体内腔側にあり，小胞体中で生成されたグルコースは細胞外に放出される形で血流に乗って体中に運ばれる．糖新生に必要な四つの酵素のうち，グルコース 6-ホスファターゼのみ，肝臓，腎臓，膵臓，小腸の細胞にしか存在しないため，糖新生はこれらの組織でしか行われない．

10.5 ペントースリン酸回路

ペントースリン酸回路を図 10.13 に示す．

ペントースリン酸回路で NADPH 生産に寄与する反応は，図 10.13 に示した八つの反応のうち，不可逆な最初の 3 反応（①〜③）のみである．NADPH は電子や水素 H を与える還元剤として作用するため，代謝物質の還元に適している．NADPH は脂肪酸合成（第 11 章参照），コレステロール合成（第 11 章参照）や，光合成（第 15 章参照）に利用される．グルコース 6-リン酸 1 分子で 2 分子の NADPH を生産し，リブロース 5-リン酸ができる．そのあと，第 4 番目の反応（図 10.13 反応④）および第 5 番目の反応（図 10.13 反応⑤）で生成されたリボース 5-リン酸とキシルロース 5-リン酸は，トランスケトラーゼの反応（図 10.13 反応⑥）によって，グリセルアルデヒド 3-リン酸とセドヘプツロース 7-リン酸に変換される．生成されたこの二つの化合物は，さらにトランスアルドラーゼによって，エリトロース 4-リン酸とフルクトース 6-リン酸に変換される（図 10.13 反応⑦）．そして，第 8 番目のトランスケトラーゼによる反応（図 10.13 反応⑧）で，エリトロース 4-リン酸とキシルロース 5-リン酸は，グリセルアルデヒド 3-リン酸とフルクトース 6-リン酸になる．つまり，1 分子のリボース 5-リン酸と 2 分子のキシルロース 5-リン酸から，図 10.13 の第 6〜8 番目の酵素反応によって，1 分子のグリセルアルデヒド 3-リン酸と 2 分子のフルクトース 6-リン酸が生成される．この反応は，次式のようになる．

$$1 \times リボース5\text{-}リン酸 + 2 \times キシルロース5\text{-}リン酸 \rightleftharpoons 1 \times グリセルアルデヒド3\text{-}リン酸 + 2 \times フルクトース6\text{-}リン酸$$

グルコース 6-リン酸と，これをもとにペントースリン酸回路によって生成されたグリセルアルデヒド 3-リン酸およびフルクトース 6-リン酸の 3 分子は，それぞれ解糖系の中間体である（図 10.1 参照）．このことから，ペントースリン酸回路は，解糖系のバイパス回路になっていることがわかる．

ペントースリン酸回路の主な生成物はリボース 5-リン酸と NADPH である．核酸合成に必要なリボース 5-リン酸（13.1.1 項参照）より，NADPH の需要が大きければ，リボース 5-リン酸をトランスケトラーゼとトランスアルドラーゼ

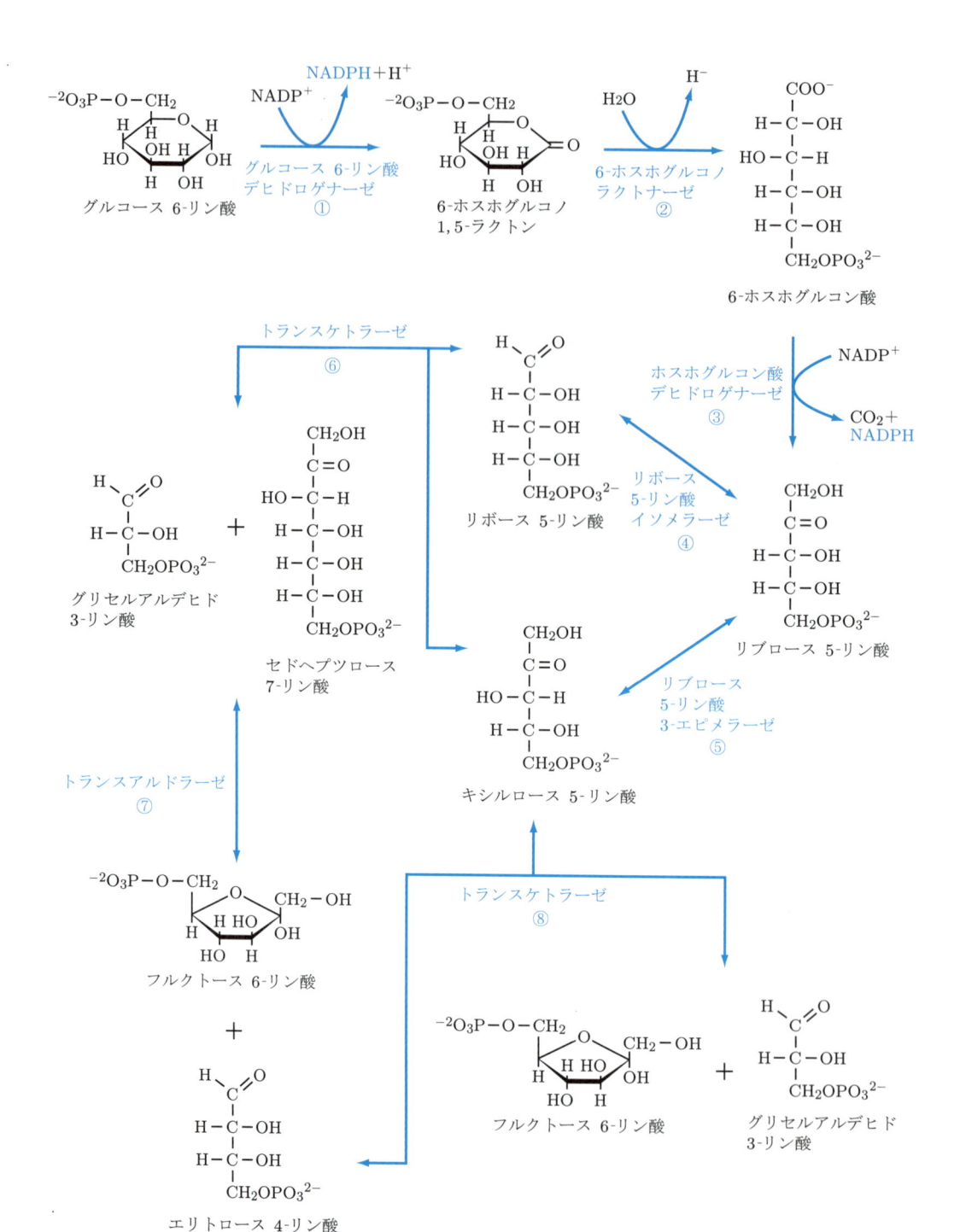

●図 10.13● ペントースリン酸回路

グルコース 6-リン酸，6-ホスホグルコノ-1,5-ラクトン，フルクトース 6-リン酸以外の化合物は，開環型構造式で示した．

によって，解糖中間体であるグリセルアルデヒド 3-リン酸とフルクトース 6-リン酸に変換後（図 10.13 反応⑧），糖新生の経路によってグルコース 6-リン酸を再生させる．その結果，ペントースリン酸回路と糖新生を 6 回繰り返すことによって，グルコース 6-リン酸 1 分子は 6 分子の二酸化炭素 CO_2 に分解され，12 分子の NADPH を生成する．

一方，核酸合成に必要なリボース 5-リン酸の需要が多い場合，トランスケトラーゼとトランスアルドラーゼの逆行反応によってリボース 5-リン酸が生成される（図 10.13 反応⑥，⑦）．

演・習・問・題・10

10.1
　解糖と糖新生のプロセスで同じ酵素が使われない反応ステップはどこか示せ．

10.2
　ペントースリン酸回路の説明として，最もあてはまるものを下からすべて選べ．
① 還元的生合成に必要な NADPH の生成
② ヌクレオチド，核酸生合成の素材としてのリボース供給
③ グルコース $C_6H_{12}O_6$ を嫌気的に乳酸 $C_3H_6O_3$ に分解する代謝過程
④ アセチル CoA を完全に水 H_2O と二酸化炭素 CO_2 に分解する酸化的過程

10.3
　糖新生はすべての細胞で起こっているのではなく，器官や組織は限られる．その器官・組織名を示せ．

10.4
　解糖系でグルコースが乳酸まで分解するときに合成される正味の ATP 量は，グルコース 1 分子に対して何分子か示せ．

10.5
　還元力としての NADH と NADPH の使い分けは，どのようになされているか説明せよ．

第11章 脂質代謝

脂質は栄養源の一種であり，糖質に比べてその発熱量が大きく，多量のエネルギーを蓄えている物質である．生物は，この脂質を異化することによりエネルギーを獲得し，エネルギーの摂取量が消費量を上回ると，再度トリグリセリドとして細胞内に貯蔵する．そして，必要に応じて再び異化することによりエネルギーを取り出している．

脂質にはトリグリセリド以外にも，細胞膜の構成成分であるリン脂質，ビタミンやホルモンとして作用するステロイド，テルペン類など，生体内で重要な役割を果たす物質がある．本章では，脂質の異化とその生合成について説明する．

KEY WORD

グリセリド	脂肪酸	β酸化	アセチルCoA	NADH
$FADH_2$	リパーゼ	リン脂質	脂質の生合成	マロニルCoA
脂肪酸伸長系	アシル基運搬タンパク質	イソプレノイド	ステロイド	ホルモン
胆汁酸	コレステロール			

11.1 中性脂質（グリセリド）と脂肪酸の異化

グルコース $C_6H_{12}O_6$ の完全酸化における標準ギブズエネルギー変化が $\Delta G^{0'} = -164\ kJ\ mol^{-1}$ であるのに対し，分子量がほぼ等しいデカン酸 $C_9H_{19}CO_2H$ の完全酸化における標準ギブズエネルギー変化は $\Delta G^{0'} = -347\ kJ\ mol^{-1}$ である．単位質量当たりに換算すると，グルコースが $0.91\ kJ\ g^{-1}$，デカン酸が $2.0\ kJ\ g^{-1}$ のエネルギー量となる．このことから，脂質は糖質に比べて同一質量中に多量のエネルギーをもち，とくに活動のために体を軽量に保つ必要がある動物などにとっては，エネルギー貯蔵物質として極めて適していることがわかる．

11.1.1 グリセリドの異化

食物として摂取した中性脂質トリグリセリドは，図11.1に示すように，まずリパーゼ[*1]という酵素によって加水分解され，脂肪酸とグリセリンになる．グリセリンは，リン酸化を受けてグリセリン3-リン酸に変換され，ジヒドロキシアセトンリン酸を経て解糖系に入るか，糖の生合成である糖新生系の材料となる（第10章参照）．一方，脂肪酸は，次項で説明するβ酸化（β-oxidation）とよばれる方法で代謝され，エネルギーを生じることとなる．これらの過程は，微生物からヒトに至る地球上の生物においてほぼ共通している．

[*1] 胃腸薬や洗剤用，工業用触媒として幅広く利用されている産業用酵素である．現在，医薬品や農薬，液晶材料などの光学活性体合成に用いるリパーゼの開発が進められており，その用途は今後ますます増えると予想されている．

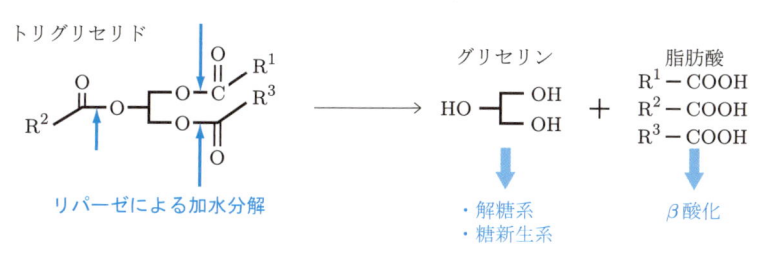

●図 11.1● リパーゼによるトリグリセリドの分解

Coffee Break

トリグリセリド

ある種の植物の種子には，大量のトリグリセリドが含まれている．料理に使うサラダ油は，菜種と大豆から抽出したトリグリセリドが主成分であり，ごま油はごまから抽出したトリグリセリドである．これら植物から抽出した油脂を植物油とよんでいる．そのほか，動物由来や魚由来の油脂もある．油脂には常温で液体のものと固体のものがあり，それぞれ脂肪酸組成が異なる．

11.1.2 脂肪酸の異化（β酸化）

脂肪酸は，図 11.2 に示す β 酸化により異化される．脂肪酸は，まずアシル CoA に変換され，β 位の $-CH_2-$ が酸化されたのち，炭素数が二つ少ないアシル CoA とアセチル CoA に解裂する．生成したアセチル CoA は，クエン酸回路に流れ込んでエネルギーを生み出すこととなる（第 10 章参照）．また，ここまでの酸化の間に NADH と $FADH_2$ が生成し，これらも電子伝達系でエネルギーを生み出すことになる（第 14 章参照）．

β 酸化では，まず脂肪酸はアシル CoA シンテターゼの作用（図 11.2 反応①）により，**補酵素 A**（**CoA**，第 6 章参照）と反応してアシル CoA が生成する．次にアシル CoA は，脱水素，水和，脱

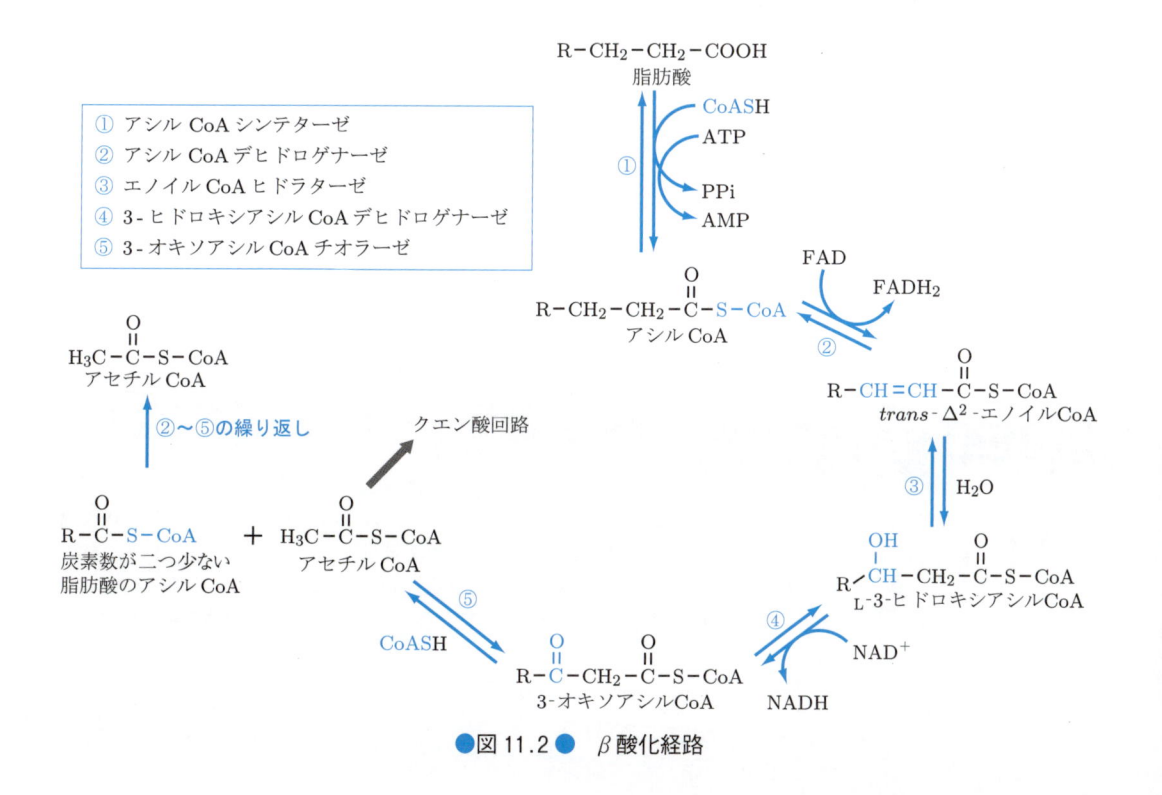

① アシル CoA シンテターゼ
② アシル CoA デヒドロゲナーゼ
③ エノイル CoA ヒドラターゼ
④ 3-ヒドロキシアシル CoA デヒドロゲナーゼ
⑤ 3-オキソアシル CoA チオラーゼ

●図 11.2● β 酸化経路

水素（反応②〜④）を受けて 3-オキソアシル CoA に変換されたあと，反応⑤のように再度 CoA と反応し，アセチル CoA と当初より炭素数が二つ少ないアシル CoA となる．生成したアセチル CoA はクエン酸回路に利用される．一方，アシル CoA は反応②〜⑤を繰り返し受けて一巡ごとにアセチル CoA を 1 分子放出し，炭素数が二つずつ短くなっていく．

生物が利用している脂肪酸は，一般に炭素数が偶数のため，複数回のβ酸化により最終的にすべてアセチル CoA に変換される．たとえば，パルミチン酸がβ酸化を受けた場合の全体の反応は次式のように示すことができる．

$$C_{15}H_{31}CO\text{-}SCoA + 7\,CoA\text{-}SH + 7\,FAD \\ + 7\,NAD^+ + 7\,H_2O \\ \longrightarrow 8\,CH_3CO\text{-}SCoA + 7\,FADH_2 \\ + 7(NADH + H^+) \quad (11.1)$$

11.1.3 β酸化によって生成するエネルギー

式(11.1)からもわかるように，パルミチン酸 1 mol のβ酸化によって，8 mol のアセチル CoA と 7 mol ずつの $FADH_2$ と NADH が生じる．1 mol のアセチル CoA は，クエン酸回路で 3 mol の NADH，1 mol の $FADH_2$ と GTP に変換される．電子伝達系により，1 mol の $FADH_2$ と NADH は，それぞれ 2 mol と 3 mol の ATP に変換される．これらを表 11.1 にまとめる．

表 11.1 に示したように，結局 1 mol のパルミチン酸から 129 ATP（$-7.3 \times 129 = -225\,kJ\,mol^{-1}$）が生成する．パルミチン酸の完全酸化によって生成するエネルギーは，次式のとおりである．

$$C_{15}H_{31}COOH + 23\,O_2 \longrightarrow 16\,CO_2 + 16\,H_2O \\ \Delta G = -571\,kJ\,mol^{-1} \quad (11.2)$$

したがって，式(11.2)の反応で生成するエネルギーのうち，約 39% のエネルギーを ATP として獲得できることになる．

■表 11.1 ■ β酸化，クエン酸回路によりパルミチン酸から生成する ATP 量

反応	アセチル CoA（1 mol）から	パルミチン酸（1 mol）から
図 11.2　反応①		$-2\,ATP^*$
図 11.2　反応②		$7\,FADH_2 \longrightarrow 14\,ATP$
図 11.2　反応④		$7\,NADH \longrightarrow 21\,ATP$
クエン酸回路での アセチル CoA の酸化	3 NADH	$24\,NADH \longrightarrow 72\,ATP$
	$1\,FADH_2$	$8\,FADH_2 \longrightarrow 16\,ATP$
	GTP	$8\,GTP \longrightarrow 8\,ATP$
—	—	計 129 ATP

*この反応では，ATP が AMP＋2Pi になるため，ATP → ADP＋Pi で消費されるエネルギーの約 2 倍のエネルギー消費となる．

例題 11.1　パルミチン酸 1 mol から生成する ATP 量とグルコース 1 mol から生成する ATP 量ではどちらが多いか比較せよ．

解答　パルミチン酸 1 mol から生成する ATP 量は 129 ATP，グルコース 1 mol から生成する ATP 量は 38 ATP なので，物質量当たりの ATP 量生成量はパルミチン酸が圧倒的に多い．しかし，炭素原子 1 個当たりに換算すると，パルミチン酸からは 8.1 ATP，グルコースからは 6.3 ATP となる．また，水素原子 1 個当たりではパルミチン酸からは 4 ATP，グルコースからは 3.2 ATP となり，それほど大きな差がないことがわかる．

11.1.4 β酸化が行われる場所

動物では，主にミトコンドリア内膜と内部マトリックスに存在する酵素群によってβ酸化が行われる．β酸化によって生成したアセチルCoAは，主に同じミトコンドリア内部マトリックス内に存在するクエン酸回路の酵素群によって酸化される．

植物では，脂肪分が少ない種子や葉にはペルオキシソームにβ酸化関連酵素が存在し，脂肪分が多い種子にはグリオキシソームという顆粒に酵素が集まっている．

細菌などでは，油脂や脂肪酸のない培地で培養した場合はβ酸化に関与する酵素群がほとんどないが，培地に油脂や脂肪酸を添加することにより関連酵素群が誘導（合成）される．細菌などのβ酸化関連酵素は，すべて可溶性であり細胞質内に存在する．

11.1.5 不飽和脂肪酸の異化

生物起源の不飽和脂肪酸は，C_9–C_{10}間にシス (*cis*) 二重結合をもつものが多い．このような不飽和脂肪酸もβ酸化で酸化される．一例として，オレイン酸のβ酸化の流れを図11.3に示す．飽和炭化水素の部分は，図11.2の反応②～⑤により酸化され，二重結合が*cis*-3位となるところまで反応が進むと，異性化酵素（イソメラーゼ）によって二重結合が2位に移動し，β酸化が進む．また，二重結合が*cis*-2位となる場合は，図11.4に示すように，まず水和が行われ，異性化されたあとにβ酸化を受ける．

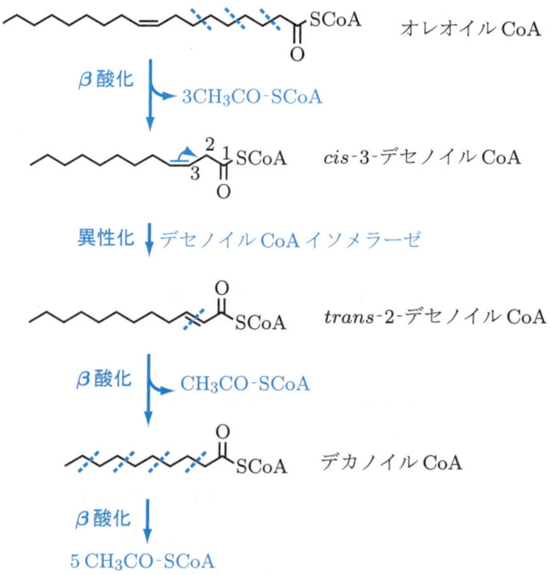

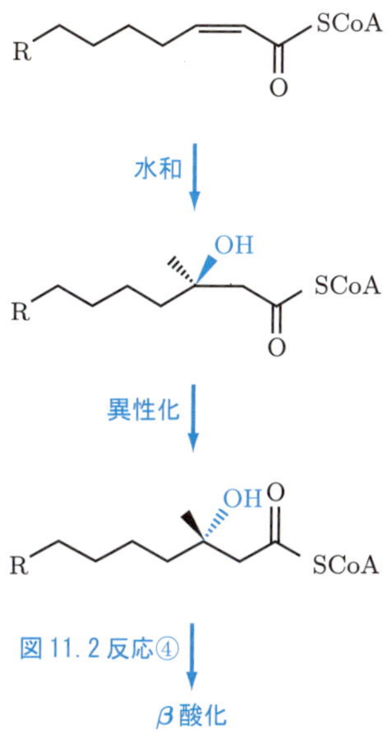

●図11.4● 二重結合が*cis*-2位となる場合の異化

11.1.6 奇数炭素原子からなる脂肪酸の酸化

天然に存在する多くの脂肪酸の炭素数は偶数なので，β酸化により最終的にすべてアセチルCoAに変わる．しかし，一部の植物や海洋生物には奇

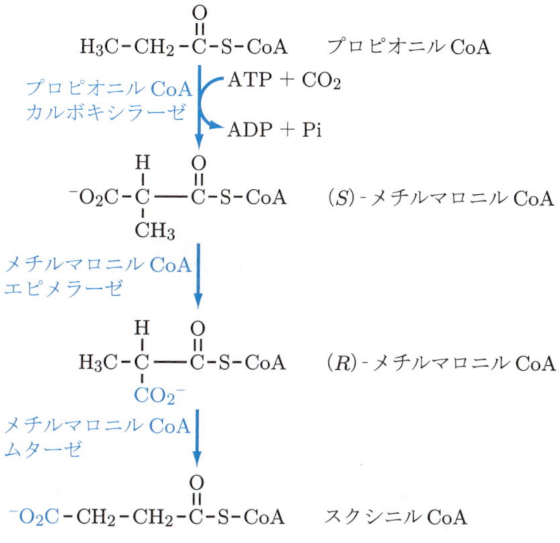

●図11.3● 不飽和脂肪酸の代謝

●図11.5● プロピオニルCoAの代謝

数炭素からなら脂肪酸を合成するものが存在する．それでは，奇数炭素脂肪酸はどのように酸化されるのだろうか．

奇数炭素脂肪酸は，β酸化の最終反応でプロピオニルCoAが生じたあと，図11.5に示すように三つの酵素作用によりスクシニルCoAに変換され，クエン酸回路に流入する．

11.2 脂質（脂肪酸，グリセリド，リン脂質）の生合成

脂肪酸の生合成経路は，いくつかの違いはあるものの，脂肪酸の異化（β酸化）とよく似ている．2者の相違点は，表11.2のようになる．

■表11.2■ 脂肪酸の生合成経路とβ酸化の相違点

	生合成	β-酸化
場所	細胞質	ミトコンドリアあるいは細胞膜
アシル基キャリヤー	ACP	CoA
補酵素	NADPH	FADとNAD$^+$
中間体	D-3-ヒドロキシアシル基	L-3-ヒドロキシアシル基
C_2単位の放出あるいは供給	マロニルACP	アセチルCoA

本節では，脂肪酸の生合成経路について説明する．

11.2.1 脂肪酸の生合成

脂肪酸の生合成は，1分子のアセチルCoAと数分子のマロニルCoAを材料に行われる．たとえば，パルミチン酸は，図11.6に示すように1分子のアセチルCoAと7分子のマロニルCoAから合成される．

生合成に利用されるマロニルCoAは，アセチルCoAカルボキシラーゼの作用によりアセチルCoAと二酸化炭素CO_2から合成される（図中反応①）．この酵素は，ビオシチン（ビオチンとL-リシンの化合物）を補欠分子族としてもち，図11.8のように二酸化炭素を取り込んでマロニルCoAを生成する反応を触媒する．

脂肪酸生合成は，酵素複合体にアセチル基とマロニル基が結合することにより始まる（図11.7反応②，③）．次に，アセチル基がマロニル基と縮合してアセトアセチル基になったあと（反応④），還元→脱水→還元の順に反応を受けてブチリル基となる（反応⑤〜⑦）．ブチリル基は酵素複合体のもう一方のSH基に転移し（反応⑧），ブチリル基が結合していた部分に再び新たなマロニル基が結合し，反応②〜⑧を繰り返す．これによって，一巡するごとにアシル基が炭素数二つ分ずつ伸長していき，七巡してパルミトイル基ができると複合体から解離してパルミチン酸が生成する．

パルミチン酸合成の反応式は，次のようになる．

アセチルCoA＋7マロニルCoA
　＋14(NADPH＋H$^+$)
　⟶ パルミチン酸＋8CoA＋7CO_2
　　＋14NADP$^+$＋6H_2O

(11.3)

マロニルCoAは，次式のようにアセチルCoAから合成される．

7アセチルCoA＋7CO_2＋7ATP＋7H_2O
　⟶ 7マロニルCoA＋7ADP＋7Pi＋7H$^+$

(11.4)

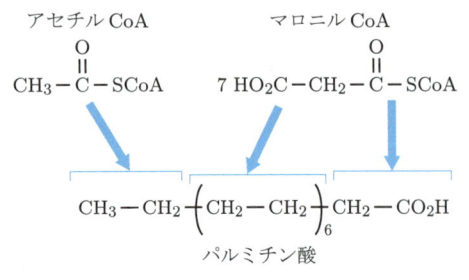

アセチルCoA　　　　　マロニルCoA
$CH_3-\overset{O}{\underset{\|}{C}}-SCoA$　　7 $HO_2C-CH_2-\overset{O}{\underset{\|}{C}}-SCoA$

$CH_3-CH_2-(CH_2-CH_2)_6-CH_2-CO_2H$
パルミチン酸

●図11.6● パルミチン酸生合成の出発物質

脂肪酸の生合成経路を図11.7に示す．脂肪酸

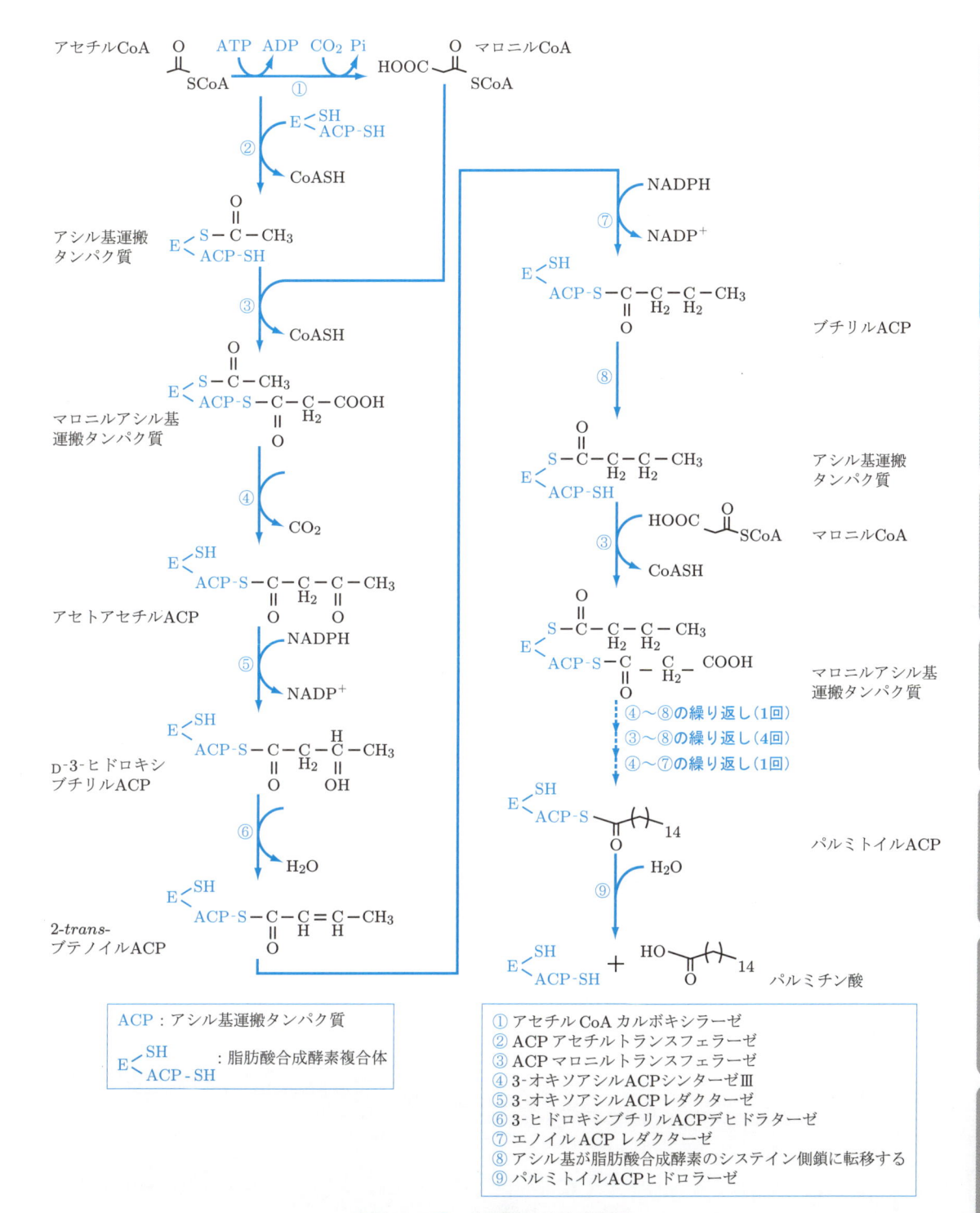

●図 11.7● 脂肪酸の生合成経路

ACP：アシル基運搬タンパク質
E〈SH / ACP-SH：脂肪酸合成酵素複合体

① アセチルCoAカルボキシラーゼ
② ACPアセチルトランスフェラーゼ
③ ACPマロニルトランスフェラーゼ
④ 3-オキソアシルACPシンターゼⅢ
⑤ 3-オキソアシルACPレダクターゼ
⑥ 3-ヒドロキシブチリルACPデヒドラターゼ
⑦ エノイルACPレダクターゼ
⑧ アシル基が脂肪酸合成酵素のシステイン側鎖に転移する
⑨ パルミトイルACPヒドロラーゼ

●図 11.8● アセチル CoA カルボキシラーゼによるマロニル CoA の合成
(図 11.7 反応①の進行を示している)

以上より，パルミチン酸合成の正味の反応式は，次のようになる．

$$8\,アセチルCoA + 7\,ATP + 14(NADPH + H^+) + H_2O$$
$$\longrightarrow パルミチン酸 + 8\,CoA + 14\,NADP^+ + 7\,ADP + 7\,Pi \quad (11.5)$$

脂肪酸合成酵素複合体は，図 11.9 に示すようにアシル基運搬タンパク質（ACP, acyl carrier protein）を中心に諸酵素が結合した二量体型多機能酵素複合体（分子量数十万）である．

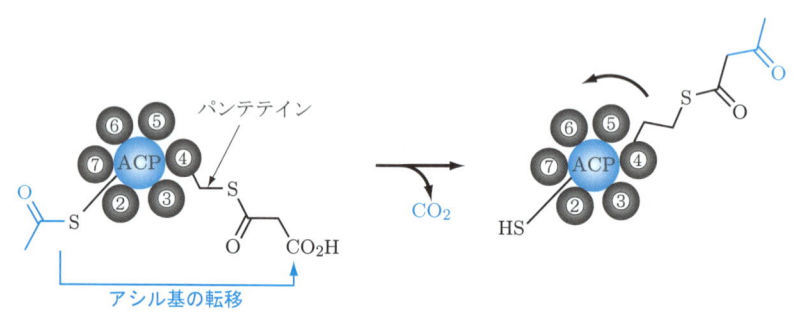

●図 11.9● 脂肪酸合成酵素複合体の概念図
(図 11.7 反応④の進行を示している)

> **例題 11.2** パルミチン酸 1 mol から生成する ATP 量とパルミチン酸 1 mol を生成するのに必要な ATP 量を比較せよ．
>
> **解答** パルミチン酸 1 mol から生成する ATP 量は 129 ATP で，パルミチン酸 1 mol を生成するのに必要な ATP 量は 7 ATP である（式(11.5)参照）．

Coffee Break

必須脂肪酸

動物は，リノール酸およびリノレン酸を生合成できないので，食物として摂取しなければならず，必須脂肪酸とよばれている．とくに，プロスタグランジン合成の材料となるリノール酸は重要である．

11.2.2 脂肪酸の炭素鎖伸長と不飽和脂肪酸の合成

生物はパルミチン酸以外にも，炭素鎖が異なるものや二重結合をもつものなど多様な脂肪酸を利用している．これらの脂肪酸は，パルミチン酸を原料に炭素鎖を伸長し，また不飽和化することにより合成される．

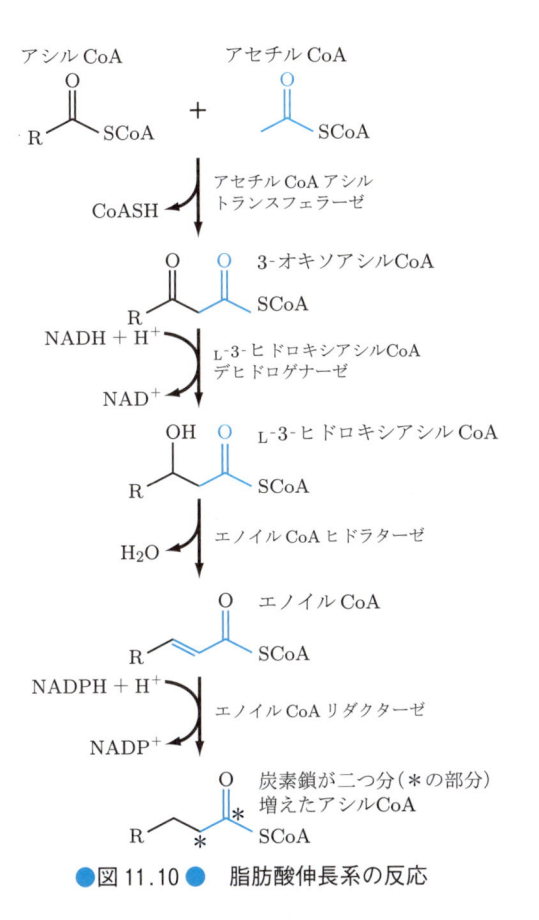

脂肪酸の炭素鎖の伸長は，図 11.10 に示した**脂肪酸伸長系**（fatty acid elongation system）とよばれる生合成系によって行われる．合成に関与する酵素系は，動物ではミトコンドリアと小胞体に存在する．ミトコンドリアでは，β 酸化の逆行（還元に利用される補酵素が異なる）により炭素鎖が伸長される．パルミチン酸から炭素数二つずつ鎖長が伸長され，ステアリン酸およびその他の高級脂肪酸が合成される．

脂肪酸の不飽和化は，図 11.11 に示すように不飽和化酵素（デサチュラーゼ）によって行われ，飽和脂肪酸の脱水素反応によって合成される．

● 図 11.10 ● 脂肪酸伸長系の反応

● 図 11.11 ● 脂肪酸不飽和化の反応例

11.2.3 グリセリド，リン脂質の生合成

トリグリセリドとグリセロリン脂質の主な生合成経路を図 11.12 に示す．まず，解糖系で生成したジヒドロキシアセトンリン酸からホスファチジン酸が合成される．ここまでは，トリグリセリドとグリセロリン脂質で共通である．その後，ホスファチジン酸から各脂質が合成される．

Coffee Break

荏胡麻（エゴマ）

荏胡麻はシソ科の植物であり，秋に収穫される種から搾取した油であるエゴマ油には，必須不飽和脂肪酸の α-リノレン酸が含まれている．α-リノレン酸はヒト体内ではつくることのできない成分なので，食品からとる必要がある．また，α-リノレン酸はヒト体内でドコサヘキサエン酸（DHA）やエイコサペンタエン酸（EPA）に変換される．DHA は青魚などに多く含まれ，「頭がよくなる」などと一躍有名になった成分であり，脳の神経細胞を活発化させ，神経細胞の結合部であるシナプスの情報伝達に大きな影響を与えるといわれている．EPA は血液をサラサラにし，動脈硬化や血栓を予防する作用や，脂肪をたまりにくくする作用があるといわれている．

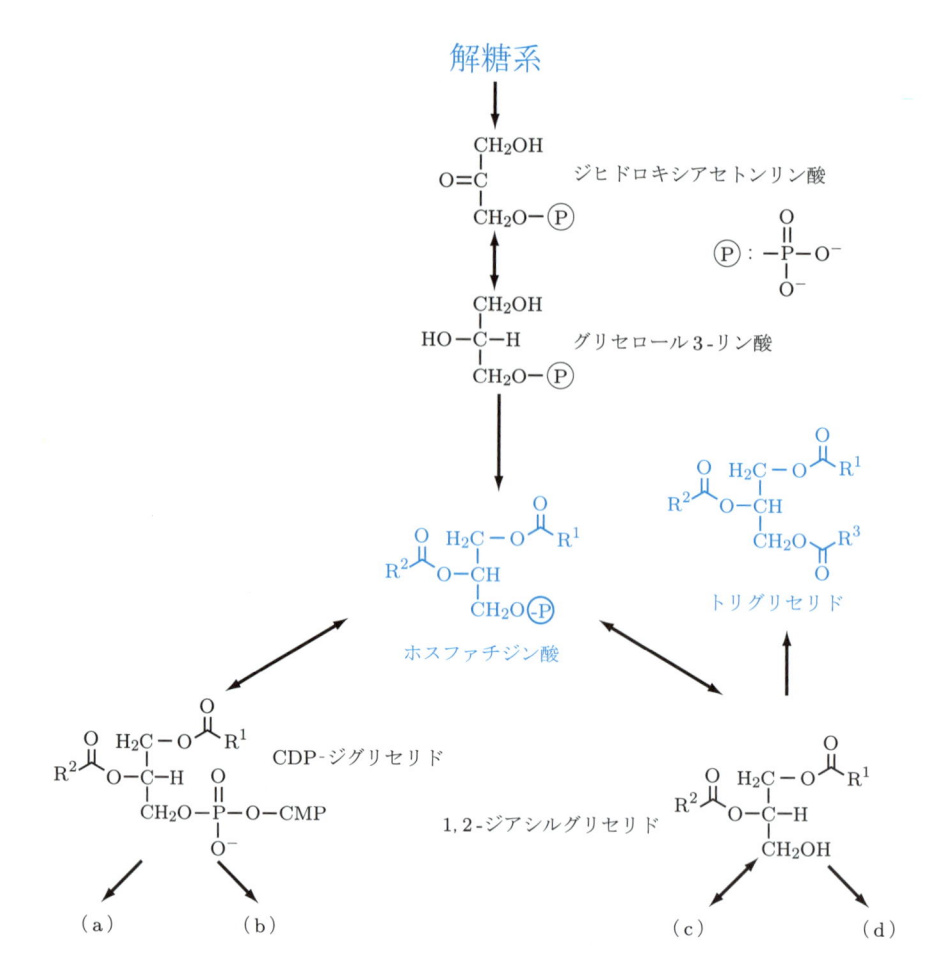

●図11.12● トリグリセリドとグリセロリン脂質の生合成

11.3 イソプレノイドとステロイドの生合成

脂肪酸，グリセリド，リン脂質のほかの脂質成分として，生体膜成分の一種であるコレステロール，乳化作用をもつ胆汁酸，ホルモンや芳香性物質のテルペン類がある．本節では，これらの生合成経路について説明する．

11.3.1 イソプレノイドの生合成

イソプレン骨格をもつイソプレノイドには，テルペン[*2]やビタミンとして機能するものがある．イソプレノイドは，イソペンテニル二リン酸が縮合を繰り返して合成される．イソプレノイドの生合成を図11.13に示す．生合成の出発物質となるイソペンテニル二リン酸は，図11.14に示すようにアセチルCoAから合成される．

11.3.2 ステロイドの生合成

各種ステロイド系ホルモンや胆汁酸は，図11.15に示す生合成経路によって合成される．これらステロイド類の生合成は，イソプレノイドの一種であるコレステロールから出発する．

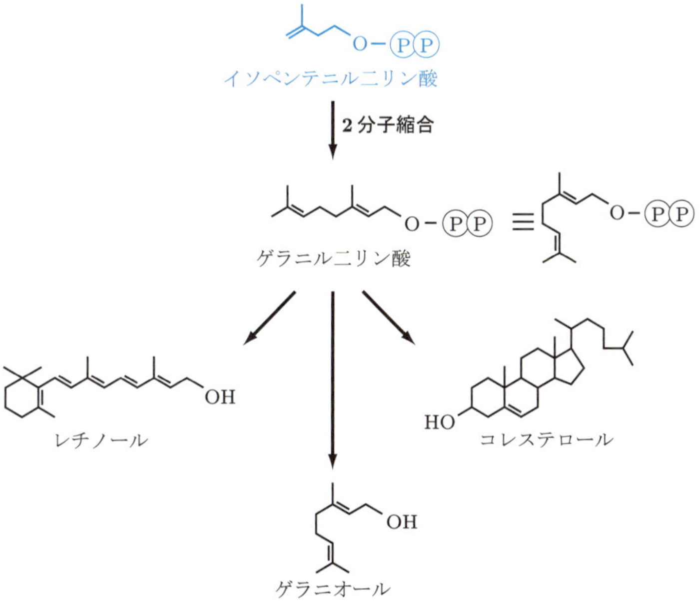

●図11.13● イソプレノイド生合成経路（一部）

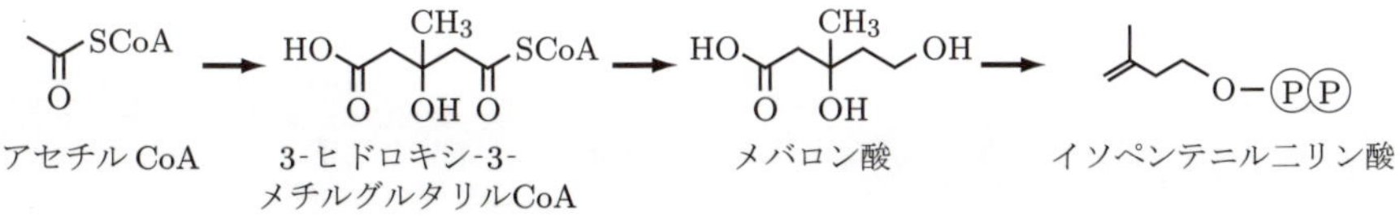

●図11.14● イソペンテニル二リン酸の生合成経路

[*2] 植物の芳香成分であるものが多く，食品，化粧品，芳香剤などの香料として広く利用されている．たとえば，レモンの匂いはリモネン，バラの匂いはゲラニオール，ハッカはメントールである．

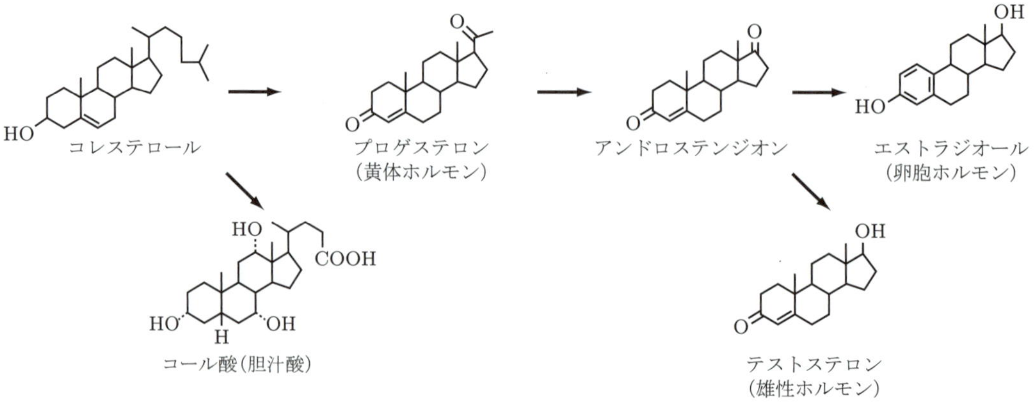

●図 11.15● ステロイドの生合成経路（一部）

Coffee Break

発酵油脂（Single Cell Oil）

近年，青魚に多く含まれているDHAやごまに含まれているセサミンなどの脂質が多くの生理機能をもつことが明らかになっている．これまで，油脂は植物や動物から搾取し生産してきたが，近年，アラキドン酸などの高度不飽和脂肪酸を多く生産する微生物が発見され，微生物による機能性脂質生産，いわゆる発酵油脂の研究が現在活発に行われつつある．

演・習・問・題・11

11.1
脂質は，糖質に比べてどの程度のエネルギーを蓄えているといえるか．

11.2
次の問いに答えよ．
(1) 食物として脂質（サラダ油など）を摂取したとき，脂質はまず何という酵素の作用を受けるか．酵素名と反応式を示せ．
(2) (1)の酵素反応により生成する化合物名二つを答えよ．また，それらはそれぞれのように代謝されていくか答えよ．

11.3
次の問いに答えよ．
(1) β 酸化では，1 循環ごとにアセチル CoA は何分子生成するか．また，どのような補酵素が何分子生成するか．
(2) β 酸化で生じた補酵素は何という代謝系により ATP に変換されるか．
(3) パルミチン酸 1 mol 当たり何 ATP を生み出すか．

11.4
次の問いに答えよ．
(1) 脂肪酸生合成の出発物質は何か．
(2) 脂肪酸生合成で利用される補酵素は何か．
(3) トリグリセリドとグリセロリン脂質の生合成の概略を述べよ．

第12章 アミノ酸の代謝

本章では，タンパク質がアミノ酸に分解され，アミノ酸からアミノ基が脱離，転移する過程を説明し，非常に複雑で多岐にわたるアミノ酸の異化反応と同化反応について説明する．

また，動物によるタンパク質からアミノ酸への加水分解，植物による無機窒素化合物からのアミノ酸合成，アミノ酸によるエネルギーの産出について説明する．

KEY WORD

| アミノ基転移反応 | α-ケトグルタル酸 | グルタミン酸 | 酸化的脱アミノ化 | クエン酸回路 |
| アセチル CoA | 尿素回路 | アミノ基交換反応 | ヘモグロビン | 窒素固定 |

12.1 タンパク質の消化

ヒトなどの動物は，主にタンパク質という形でアミノ酸を摂取している．摂取されたタンパク質は，多くの種類の酵素による分解反応により，20種類のアミノ酸へと加水分解される．これらの反応を触媒するペプチドおよびタンパク質分解酵素は，それぞれペプチダーゼおよびプロテアーゼとよばれる．これらのタンパク質分解酵素は，チモーゲンとよばれる不活性な状態でつくられたあと，消化器官に分泌されることで活性化され，酵素作用を示すようになる．

たとえば，膵臓チモーゲンはトリプシンにより活性化されてタンパク質分解酵素となり，タンパク質のペプチド結合を特異的な部分で切断する．

タンパク質分解酵素には，トリプシンのほか，ペプシン，アミノペプチダーゼ，カルボキシペプチダーゼなどがある[*1]．

タンパク質はアミノ酸にまで加水分解されたあと，腸管から腸粘膜細胞へ運ばれ血液中に入り，体内の臓器へと運搬される．アミノ酸を血液中から身体の各臓器へ運ぶには，γ-グルタミル回路とよばれる輸送系を用いている．

このようにして得られたアミノ酸は，タンパク質合成の原料や含窒素化合物（ヌクレオチド，核酸）の原料となる．必要以上のアミノ酸は，脱アミノ化および酸化分解を受けたあとエネルギーとして利用される．

[*1] トリプシンとカルボキシペプチダーゼは膵液，ペプシンは胃液，アミノペプチダーゼは腸粘膜に存在する．

12.2 アミノ基転移反応と脱アミノ化

アミノ酸が完全に分解されるためには，アミノ酸の α-アミノ基および塩基性アミノ酸の側鎖アミノ基が加水分解により脱離される必要がある．アミノ酸の代謝は，アミノ基部分の代謝と炭素骨格部分の代謝に分けることができる．また，アミノ酸の代謝は，炭水化物や脂肪の代謝とも密接に関係しており，本節で説明する代謝経路によりクエン酸回路（TCA 回路．12.3 節参照）と結ばれている．

まず，ここではアミノ基部分の代謝について説明する．

12.2.1 アミノ基転移反応

アミノ基転移反応は，アミノ基転移酵素（アミノトランスフェラーゼ）により触媒される脱アミノ化反応であり，補酵素としてピリドキサールリン酸[*2]を必要とする．

この反応は可逆反応であることから，図 12.1 に示すようにアミノ基転移酵素はアミノ酸の α-アミノ基を α-ケト酸へ転移し，新しい α-アミノ酸を生成することもできる．

●図 12.1● アミノ基転移反応

たとえば，アスパラギン酸アミノトランスフェラーゼ（AST）はアスパラギン酸の α-アミノ基を α-ケトグルタル酸（クエン酸回路の中間体）へ転移する反応を触媒している[*3]．結果として，図 12.2 に示すように，α-ケトグルタル酸はアミノ化されてグルタミン酸[*4]となり，アスパラギン酸は脱アミノ化反応によりオキサロ酢酸（クエン酸回路の中間体）となる．

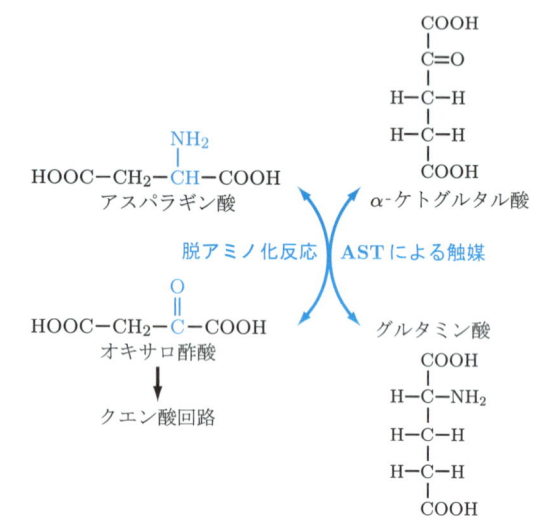

●図 12.2● AST によるアミノ基転移反応

12.2.2 酸化的脱アミノ化

脱アミノ化反応には，アミノ酸デヒドロゲナーゼによるものとアミノ酸オキシダーゼによるものの 2 種類がある．

[*2] ピリドキサールリン酸の構造

[*3] グルタミン酸デヒドロゲナーゼに必要な補酵素は，それぞれの酵素により異なっている．また，アンモニアは ATP を消費することでグルタミン酸からグルタミンを生成し，毒性のない形へと変換される．

[*4] グルタミン／グルタミン酸

一般にアミノ酸の脱アミノ化は，図12.3に示すようにグルタミン酸デヒドロゲナーゼ*5によりα-ケトグルタル酸およびグルタミン酸を経由して行われており，アミノ基が遊離のアンモニアNH₃として放出され，補酵素としてNAD(P)⁺を必要とする．また，この反応は可逆であり，逆反応によって窒素原子Nを含まない有機化合物に無機の窒素原子を固定し，α-アミノ酸を生成することができる．

アミノ酸オキシダーゼも同様にアミノ酸の酸化的脱アミノ化を行い，アミノ基は遊離のアンモニアとして放出される．これらの放出されたアンモニアは，生体には極めて有毒なため尿素回路で解毒される*6．

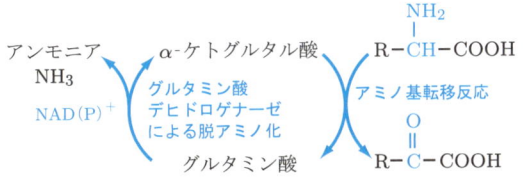

●図12.3● 酸化的脱アミノ化を含む共役反応

12.3 アミノ酸の脱アミノ体の分解

アミノ酸の代謝は非常に複雑であり，それぞれのアミノ酸の分解と合成の経路には，多数の酵素反応が関与している．図12.4に示すように，アミノ酸からα-アミノ酸の脱離によって生じた炭素骨格部分*7は，クエン酸回路に入り酸化分解によりエネルギーを産出するか，あるいは糖質や脂質に変換される．すなわち，20種類のアミノ酸はピルビン酸，アセチルCoA，アセトアセチルCoAおよび種々のクエン酸回路の中間体に変換され，クエン酸回路に導入される．余分なアミノ酸は，クエン酸回路による分解反応によってNADHを生成し，ATPの産出によるエネルギー獲得のために利用されている．

また，これらアミノ酸の代謝は酵素により行われるため，酵素の先天的な欠如や活性が弱い場合には特定のアミノ酸の代謝が円滑に行われず，病気（アミノ酸代謝異常症）になることがある．代表的なものにフェニルケトン尿症やヒスチジン尿症などがあるが，これらの病気にかかると，尿中に排泄されるアミノ酸中間代謝物の増加により神経障害などを起こすことが知られている．

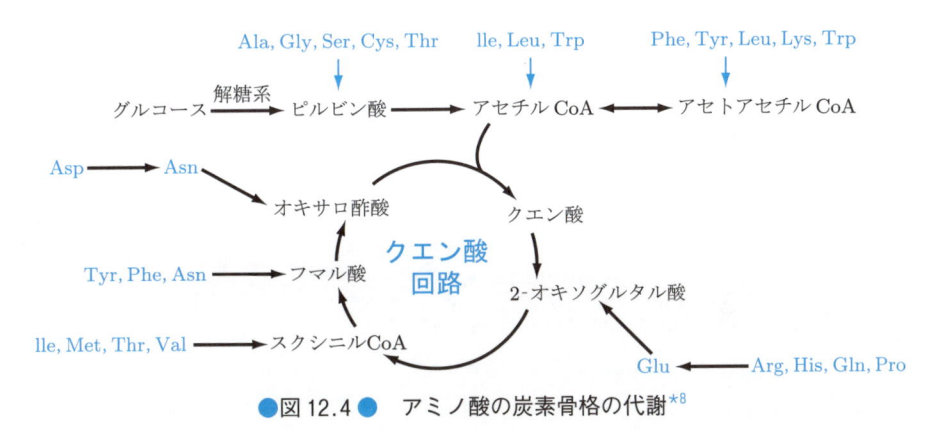

●図12.4● アミノ酸の炭素骨格の代謝*8

*5 グルタミン酸デヒドロゲナーゼに必要な補酵素は，それぞれの酵素により異なっている．
*6 アンモニアNH₃は，ATPを消費することでグルタミン酸からグルタミンを生成し，毒性のない形へと変換される．
*7 炭素骨格部分は，複雑な代謝経路を通ったのちに，図12.4に示す炭素化合物の代謝経路に流入する．
*8 図中のアミノ酸の略号は，表4.1を参照のこと．

12.4 尿素回路

脱アミノ化反応により生成したアンモニア（実際はイオン NH_4^+）は、細胞にとって有毒なため、毒性の低い物質へのすみやかな変換が必要である。たとえば、ヒトを含むほ乳類ではアンモニアは尿素 CH_4N_2O に、鳥類やは虫類では尿酸 $C_5H_4N_4O_3$ に変換されて体外に排泄されている[*9]. このアンモニアから尿素が形成される代謝過程を**尿素回路**または**オルニチン回路**とよぶ。図 12.5 に尿素回路の反応経路を示す。

尿素の窒素原子 N の一つはアンモニアに由来し、もう一つは**アスパラギン酸**のアミノ基（$-NH_2$）に由来する。また、炭素原子 C は二酸化炭素 CO_2 に由来し、アミノ酸である**オルニチン**[*10] がこれらの物質の運搬を行っている。この経路の酵素は細胞内で分かれて存在し、反応は細胞質およびミトコンドリアのマトリックスで起こっている。

尿素回路の各段階の反応は、次のようになる。

① 尿素回路の最初の反応は**ミトコンドリアのマトリックス**で起こり、アンモニア、二酸化炭素、水を縮合してカルバモイルリン酸の合

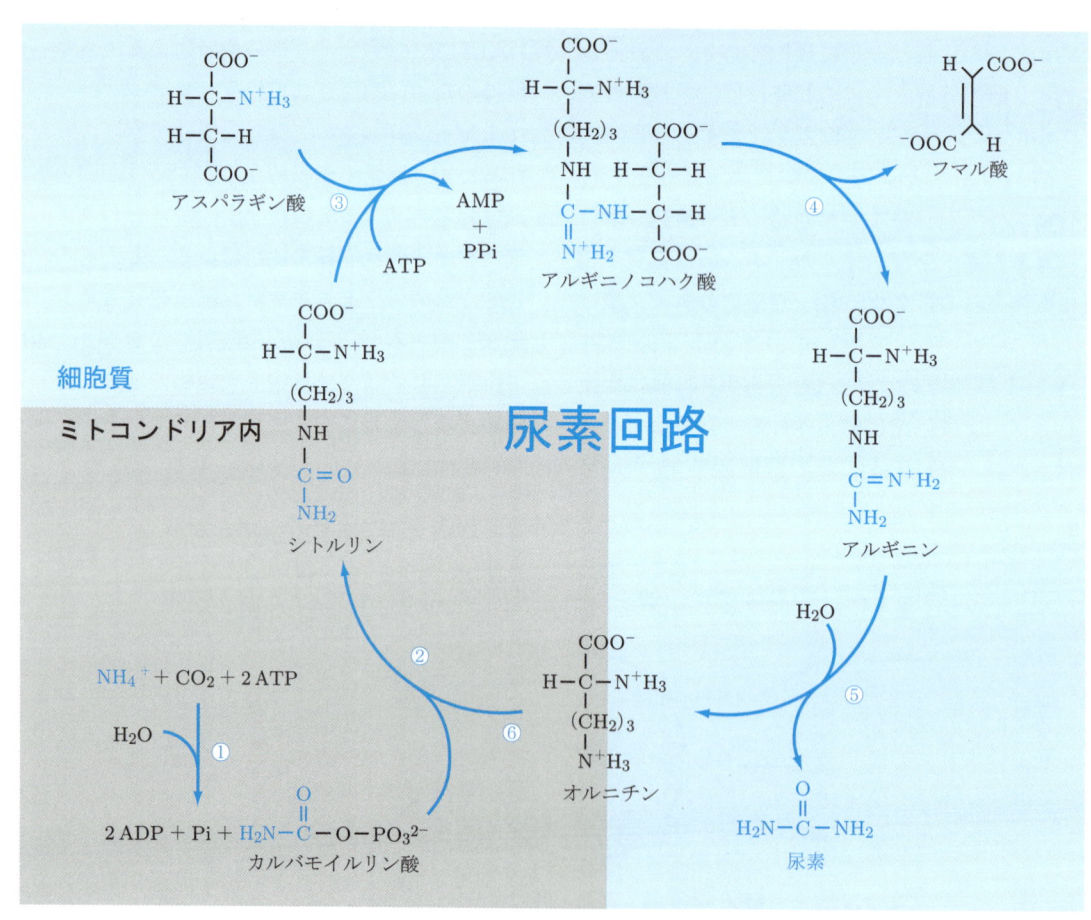

●図 12.5● 尿素回路の反応経路

[*9] 動物は必要以上の窒素化合物を摂取しており、余分な窒素 N を体外に排泄する必要がある。動物の住む環境により、どのように変換されて排泄するかが異なっている。

[*10] オルニチンを最も多く含む食品はシジミであり、100 g 当たり 10〜15 mg 程度含まれている。最近、微生物を用いたオルニチンの発酵生産に成功し、サプリメントとして商品化されている。

成を行う．この反応では2分子のATPが消費される．
② カルバモイルリン酸のカルバモイル基は，オルニチンと縮合してシトルリンとなる．合成されたシトルリンはミトコンドリアから細胞質へと運搬される．
③ 細胞質において，シトルリンはアスパラギン酸と縮合してアルギニノコハク酸となる．この反応により1分子のATPが消費される．
④ アルギニノコハク酸はアルギニンとフマル酸に分解される．
⑤ アルギニンはアルギナーゼにより尿素とオルニチンへと加水分解される．尿素は肝臓を出て血液中を通って腎臓へと運ばれ，尿中に排泄される．
⑥ 再生されたオルニチンは細胞質からミトコンドリア内に運ばれ，再びカルバモイルリン酸と結合して尿素回路に入る．

例題 12.1 脱アミノ化により生じたアンモニアの生物による排泄様式の違いについて，構造式を用いて説明せよ．

解答 魚類などの水生動物では，アンモニアはそのままの形で排泄される．鳥類やは虫類では尿酸の形で排泄され，ほかの陸上動物では尿素に変換されたあと排泄される．

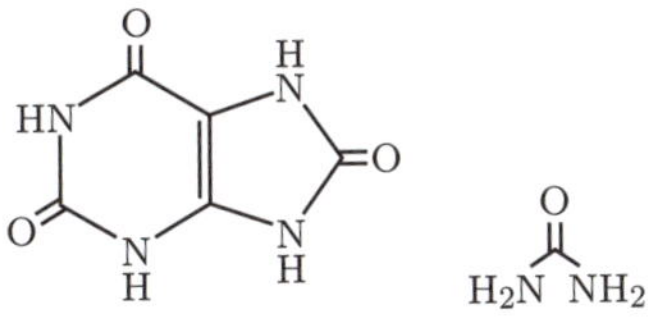

（a）尿酸　　（b）尿素

● 図 12.6 ● 尿酸と尿素の構造

12.5 アミノ酸の生合成

20種類のアミノ酸は，生体内において複雑な経路で生合成されている．成人は多くのアミノ酸を生合成できるが，8種類は食事により摂取する必要があり，必須アミノ酸とよばれている（4.2.1項参照）．

アミノ酸の生合成は，まず，グルタミン酸とα-ケトグルタル酸が関与するアミノ基交換反応によりアミノ基が供給され，次に分子の骨格となる炭素原子が供給されることから成り立っており，いくつかの前駆物質より生合成される．

アミノ酸の前駆物質として，図12.7に示すようにクエン酸回路の中間体として重要なα-ケトグルタル酸，オキサロ酢酸，ピルビン酸などがあり，とくに重要な中間物質として，グルタミン酸*11とアスパラギン酸がある．グルタミン酸はグルタミン，プロリン，アルギニン*12を生成し，アスパラギン酸はアスパラギン，メチオニン，トレオニン，リシンを生成する．

また，生体内ではアミノ酸を原料として多くの生理活性物質を生合成しており，アミノ酸のカルボキシル基を二酸化炭素CO_2として脱炭酸し，生成したアミンを前駆物質として用いることも多い．たとえば，図12.8に示すようにヘモグロビンやシトクロムの活性中心を構成するポルフィリンは，スクシニルCoAとグリシンから生合成された物質を用いて段階的に生合成されている．ヌクレオチドのプリン塩基とピリミジン塩基は，グリシン，グルタミン，アスパラギン酸から生合成されるが，詳細は第13章で説明する．

*11 グルタミン酸から生合成されるアミノ酸は，炭素骨格にグルタミン酸のアミノ基が転移することで生成する．
*12 アルギニンは生合成されるが，幼児期には不足するため食事による摂取が必要となる．

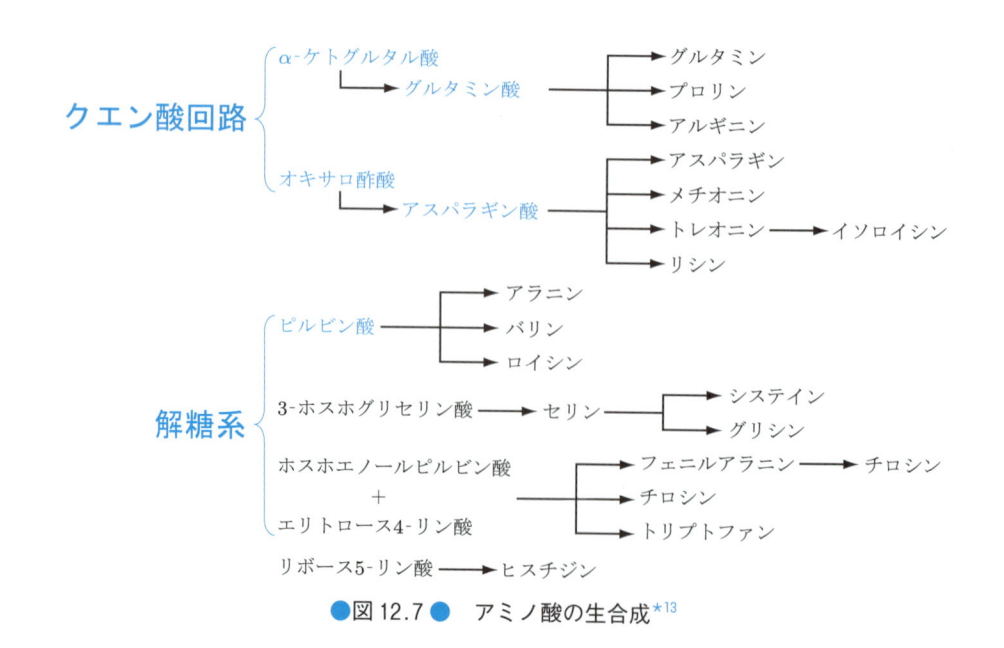

```
クエン酸回路 ┬ α-ケトグルタル酸
           │    └→ グルタミン酸 ──┬→ グルタミン
           │                      ├→ プロリン
           │                      └→ アルギニン
           │
           └ オキサロ酢酸
                └→ アスパラギン酸 ──┬→ アスパラギン
                                    ├→ メチオニン
                                    ├→ トレオニン ──→ イソロイシン
                                    └→ リシン

解糖系 ┬ ピルビン酸 ──┬→ アラニン
      │              ├→ バリン
      │              └→ ロイシン
      │
      ├ 3-ホスホグリセリン酸 ──→ セリン ──┬→ システイン
      │                                    └→ グリシン
      │
      ├ ホスホエノールピルビン酸
      │         +              ──┬→ フェニルアラニン ──→ チロシン
      └ エリトロース4-リン酸      ├→ チロシン
                                  └→ トリプトファン

リボース5-リン酸 ──→ ヒスチジン
```

●図 12.7● アミノ酸の生合成 [13]

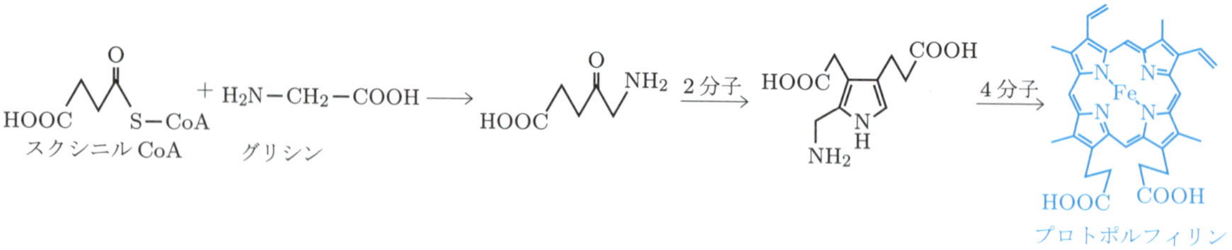

●図 12.8● ポルフィリンの生合成

12.6 タンパク質の生合成

まず，DNA の遺伝情報が mRNA に転写される．続いて細胞内のリボソーム上で，mRNA に転写された情報に従い tRNA や rRNA によってアミノ酸の情報に翻訳され，タンパク質が合成されていく（詳細は 8.8 節参照）．

12.7 窒素循環と窒素固定

窒素循環とは，生物の食物連鎖における窒素原子 N の移動のことであり，このサイクルには細菌，植物，動物が関与している．窒素循環の経路を図 12.9 に示す．

すべての生物は，アンモニア NH_3 をアミノ酸，ヌクレオチド，タンパク質，DNA，RNA などの有機窒素化合物に変換することができるが，窒素からアンモニアを合成できるのはごく少数の微生物のみである．これは，窒素が安定した物質であるため，強力な還元剤がなければ還元できないからである．アンモニアを合成できる微生物は，還元力が強い還元型**フェレドキシン**を用いて窒素の還元を行っている．窒素循環の最初の段階である窒素からアンモニアを合成する過程は，**窒素固定**

---

[13] グリシンやチロシンは，それぞれセリンとフェニルアラニンから 1 段階の反応で生成する．トリプトファンからは NAD^+，$NADP^+$ が生合成される．

●図 12.9● 窒素循環の経路

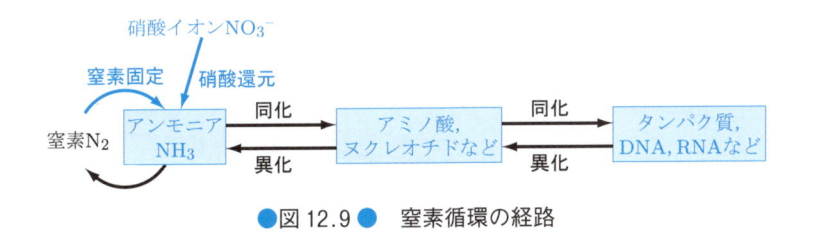

とよばれている.

また，アンモニアは土壌に含まれる**硝酸イオン** NO_3^- からも合成され，これを硝酸還元という．硝酸還元は，ほとんどの植物と微生物で行われている．

例題 12.2 アミノ酸発酵について例を挙げて説明せよ．

解答 アミノ酸発酵とは，微生物の生合成を利用してアミノ酸を製造することである．アミノ酸は一般にタンパク質や窒素化合物の中間体であるため，特殊な微生物を用いて発酵条件を厳密に制御して行われている．生産されるアミノ酸には，グルタミン酸，リシン，アスパラギンなどがある．

Coffee Break

体内の窒素量

三大栄養素（糖質，脂質，タンパク質）の中で窒素原子を含むものは主にタンパク質であり，これはアミノ酸の構造式からも明らかである．タンパク質中の窒素原子の質量は約 16% であり，正常な成人では，摂取した窒素量と排泄した窒素量は等しく保たれていることが知られている．

演・習・問・題・12

12.1 脱アミノ化反応について説明せよ．

12.2 アミノ基転移反応について例を挙げて説明せよ．

12.3 尿素回路の概略について説明せよ．

12.4 グルタミンの生合成について構造式を示して説明せよ．

第13章
核酸の代謝

本章では，とくにヌクレオチドの代謝に焦点を当てて解説する．プリンおよびピリミジンヌクレオチド生合成のカギとなる物質は，双方とも 5-ホスホリボシル-1α-二リン酸（PRPP）である．

本章では，はじめにプリンおよびピリミジンヌクレオチドの生合成，次にデオキシリボヌクレオチドの生合成について説明する．

KEY WORD

| 尿　酸 | プリンヌクレオチド | ピリミジンヌクレオチド | プリン生合成 | ピリミジン生合成 |

13.1 プリンヌクレオチドの生合成

プリンヌクレオチドの生合成経路は，大腸菌から酵母，ハト，ヒトに至るまで同一である．ブキャナン[*1]は，ハトにさまざまな同位体ラベル化合物を投与したのち，プリンの一種である尿酸を排泄物中から取り出して解析することでプリンヌクレオチド生合成[*2]経路の解決の糸口をつかんだ．図 13.1（b）に示すように，プリンの N1 はアスパラギン酸のアミノ基に，C2 と C8 はギ酸に，N3

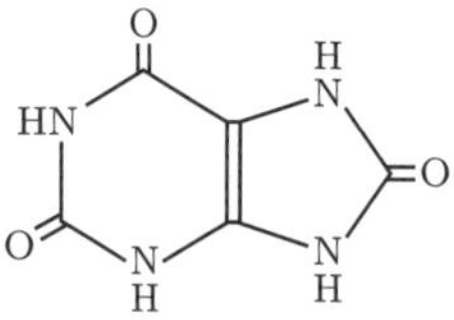

（a）尿酸の構造 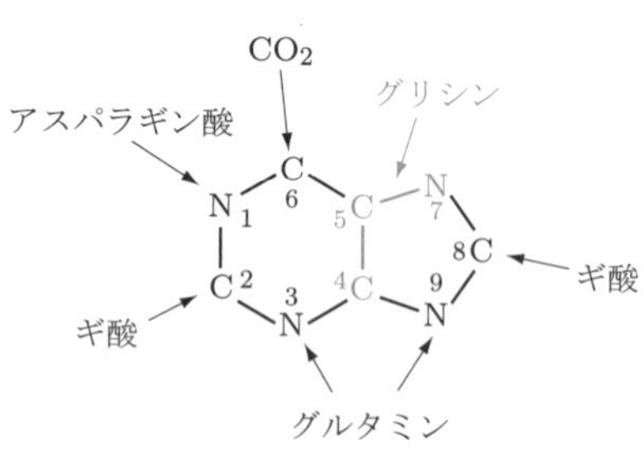　　　（b）尿酸のプリン環原子の由来

●図 13.1●　尿酸と新規合成におけるプリン環原子の由来

---

*1　ブキャナン（J. M. Buchanan, 1917-2007）は，アメリカの生化学者である．
*2　核酸成分であるアデニンやグアニンの生合成であり，ヌクレオチドの形で行われる．鳥類，は虫類などでは排出尿酸の合成としても重要な代謝経路となっている．

とN9はグルタミンのアミド基に，C4，C5，N7はグリシンに，C6は二酸化炭素CO_2に由来する．

プリンヌクレオチドの生合成では，ペントースリン酸回路（第10章参照）で生成されたD-リボース5-リン酸から始まる11段階の反応を経て，ヒポキサンチンのプリンリボヌクレオチドであるイノシン―リン酸（IMP）が生成される．アデノシン―リン酸（AMP）とグアノシン―リン酸（GMP）は，IMPからそれぞれ別の経路で合成されるが，本節では，まずIMPの合成経路を説明し，次にIMPからAMPとGMPを合成する経路を説明する．

Coffee Break

尿酸が痛風を引き起こす

核酸の塩基であるプリンおよびピリミジンの異化反応（分解反応）は，それぞれ固有の経路で行われ，プリンは最終的に尿酸に変換される．尿酸は水に溶けにくいため，尿中には少ししか排泄されない．肉や魚介類を過剰に摂取し続けると，尿酸が末梢組織中に蓄積され結晶となる．この異物を取り除くために白血球が集まり，炎症が起こることで痛風を引き起こす．

13.1.1 IMPの生合成経路

IMPに至る11段階の合成経路を図13.2に示す．この合成経路は，次に示す11段階の反応で構成されている．

第1段階（図中反応①）

リボースリン酸ピロホスホキナーゼによりD-リボース5-リン酸とアデノシン三リン酸（ATP）が反応し，5-ホスホリボシル-1α-ニリン酸（PRPP）を生成する．ATPのピロリン酸基がリボース5-リン酸C1-OHに直接転移し，立体配置はαとなる．この生成物PRPPは，ピリミジン合成やヒスチジン，トリプトファン生合成の前駆物質にもなる．この酵素反応は，ビスリン酸（PPi）およびビスホスホグリセリン酸で活性化され，アデノシン二リン酸（ADP）およびグアノシン二リン酸（GDP）で抑制される．

第2段階（図中反応②）

プリン合成の最初の反応で，アミドホスホリボシルトランスフェラーゼによってPRPPの二リン酸基をグルタミンのアミドNで置換する．このときにαだったC1の立体配置は，反転して5-ホスホ-β-リボシルアミンとなり，以降の反応はすべてβ型となる．副産物であるPPiは加水分解されて二つのオルトリン酸（Pi）となる．この2段階目の反応は，最終生成物であるプリンヌクレオチドが多くつくられたときに，これ以上反応を進めないようにするためフィードバック阻害を受ける．

第3段階（図中反応③）

ホスホ-β-リボシルアミンのアミノ基が，グリシンによってアシル化（アシル基R-CO-で置換）されることにより，グリシンアミドリボチド（GAR）が生成される．

第4段階（図中反応④）

10-ホルミルテトラヒドロ葉酸（10-ホルミル-THF）のホルミル基HCO-が，GARの遊離α-アミノ基に転移することで，ホルミルグリシンアミドリボチド（FGAR）を生じる．

第5段階（図中反応⑤）

アミド基がグルタミンを窒素供与体として，ATP依存反応でアミジン（R-HN-C=NH）に転移する．

第6段階（図中反応⑥）

ATP要求性の閉環反応によって，イミダゾール誘導体を形成する．

第7段階（図中反応⑦）

二酸化炭素CO_2がプリンのC5となる炭素に付

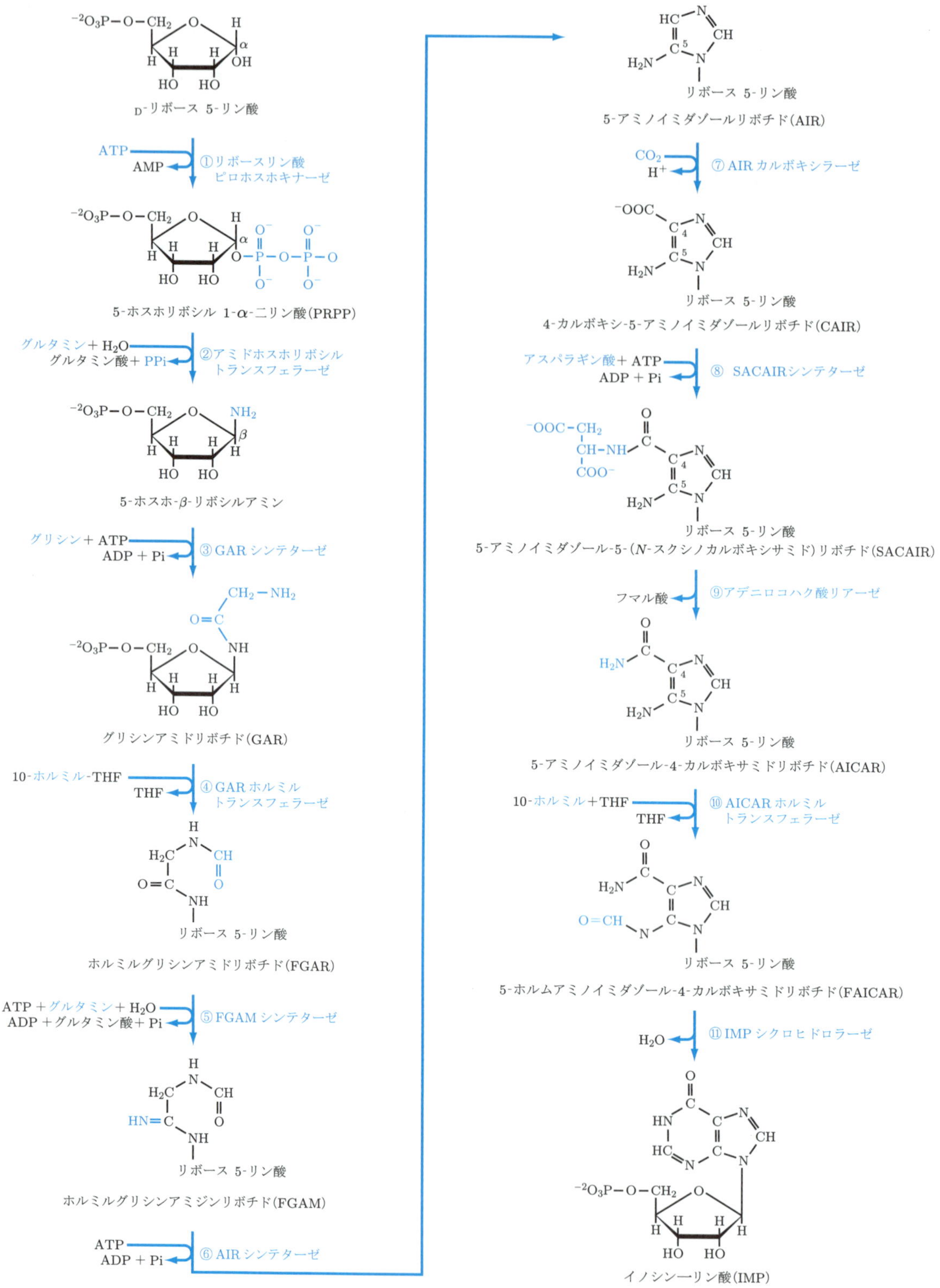

第13章 核酸の代謝

13.1 プリンヌクレオチドの生合成

D-リボース 5-リン酸

① リボースリン酸ピロホスホキナーゼ (ATP → AMP)

5-ホスホリボシル 1-α-二リン酸 (PRPP)

② アミドホスホリボシルトランスフェラーゼ (グルタミン + H_2O → グルタミン酸 + PPi)

5-ホスホ-β-リボシルアミン

③ GAR シンテターゼ (グリシン + ATP → ADP + Pi)

グリシンアミドリボチド (GAR)

④ GAR ホルミルトランスフェラーゼ (10-ホルミル-THF → THF)

ホルミルグリシンアミドリボチド (FGAR)

⑤ FGAM シンテターゼ (ATP + グルタミン + H_2O → ADP + グルタミン酸 + Pi)

ホルミルグリシンアミジンリボチド (FGAM)

⑥ AIR シンテターゼ (ATP → ADP + Pi)

5-アミノイミダゾールリボチド (AIR)

⑦ AIR カルボキシラーゼ (CO_2, H^+)

4-カルボキシ-5-アミノイミダゾールリボチド (CAIR)

⑧ SACAIR シンテターゼ (アスパラギン酸 + ATP → ADP + Pi)

5-アミノイミダゾール-5-(N-スクシノカルボキシサミド)リボチド (SACAIR)

⑨ アデニロコハク酸リアーゼ (フマル酸)

5-アミノイミダゾール-4-カルボキサミドリボチド (AICAR)

⑩ AICAR ホルミルトランスフェラーゼ (10-ホルミル + THF → THF)

5-ホルムアミノイミダゾール-4-カルボキサミドリボチド (FAICAR)

⑪ IMP シクロヒドロラーゼ (H_2O)

イノシン一リン酸 (IMP)

● 図 13.2 ● 11 段階の IMP 新規合成経路

加して取り込まれる．

第8段階（図中反応⑧）と第9段階（図中反応⑨）

アスパラギン酸のアミノ基が，形成途上のプリン環系に取り込まれる．

第10段階（図中反応⑩）

10-ホルミルテトラヒドロ葉酸からホルミル基を受けとり，5-ホルムアミノイミダゾール-4-カルボキサミドリボチド（FAICAR）を生じ，プリン環の原子がすべてそろう．

第11段階（図中反応⑪）

最後に脱水閉環によってIMPが生成される．イミダゾール環をつくる第6段階の反応とは異なり，この反応にATPの加水分解は必要ない．

このように，IMPの合成にはATPを利用した多量のエネルギーが消費される．

13.1.2 IMPからのAMPとGMPの生合成

IMPは，主要なプリンヌクレオチドであるAMPやGMPのいずれにも変換される．この変換が速いため，IMPは細胞にほとんど蓄積されない．AMPとGMPのそれぞれの変換には，図13.3に示すように二つの酵素反応が必要となる．

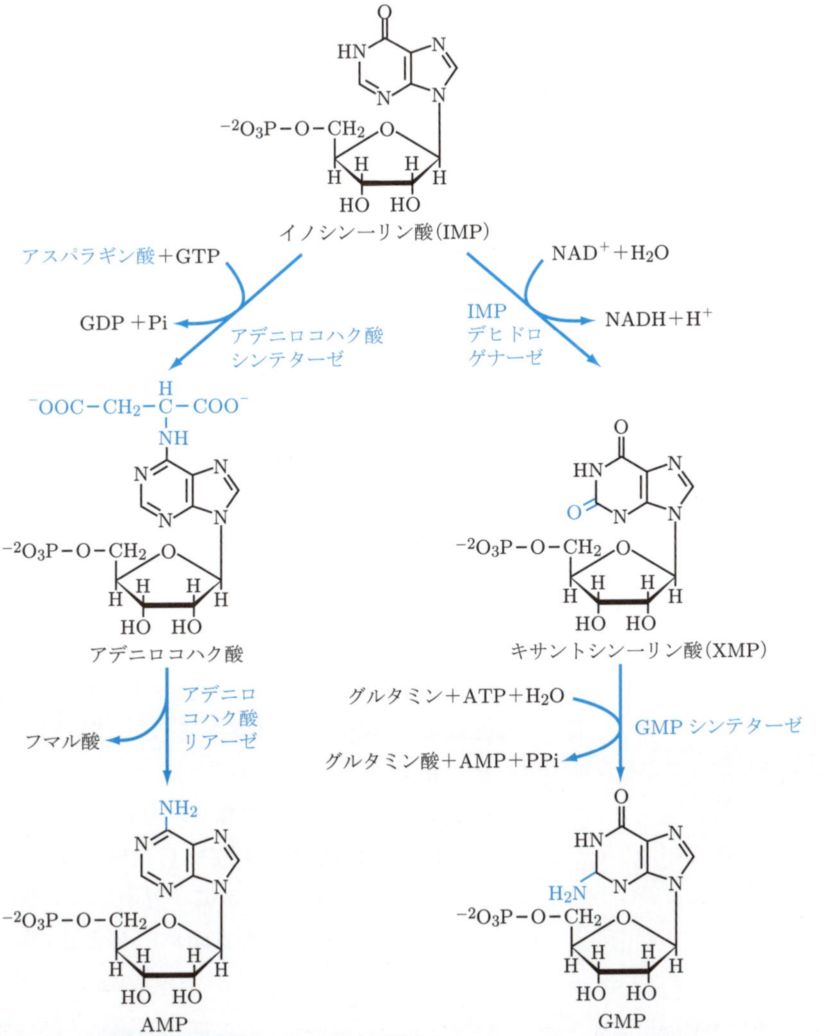

●図13.3● IMPからのAMPあるいはGMPへの変換経路

AMP の合成には，まずグアノシン三リン酸（GTP）から GDP+Pi の反応に共役させてアスパラギン酸のアミノ基を IMP の 6-オキソ基に結合させ，アデニロコハク酸を生成する．次に，アデニロコハク酸リアーゼでフマル酸を除去することによって AMP が生成される．

GMP の合成は，はじめに IMP を NAD$^+$ で酸化し，キサントシン一リン酸（XMP）を生成する．次に ATP から AMP+PPi の反応に共役させ，グルタミンのアミド基を XMP に転移して GMP を生成する．このとき，PPi は加水分解されて二つの Pi となる．AMP と GMP の合成反応の機構上の共通点は，カルボニル酸素（C=O）を，すぐに置き換えが可能なリン酸基の活性誘導体に置き換えたあと，アミノ基につくり変えることで反応を進ませる点である．

例題 13.1 5-ホスホリボシル-1α-二リン酸（PRPP）から最初につくられるプリンヌクレオチドは何か示せ．

解答 プリンヌクレオチドなので AMP か GMP か迷うかもしれないが，イノシン一リン酸（IMP）である．

13.1.3 ヌクレオシド一リン酸のリン酸化によるヌクレオシド二リン酸，三リン酸の合成

ヌクレオシド一リン酸は，特異的なヌクレオシド一リン酸キナーゼによって二リン酸に変換される*3．この反応は，式(13.1)に示すようにリン酸基供与体として ATP を使用する．たとえば，GDP は GMP に特異的なキナーゼによりリン酸化されてつくられる．ヌクレオシド一リン酸キナーゼは，デオキシリボースとリボースの区別をせず，塩基に特異的である．

$$\text{GMP} + \text{ATP} \rightleftharpoons \text{GDP} + \text{ADP} \quad (13.1)$$

AMP，ADP，ATP は，式(13.2)に示すようにアデニル酸キナーゼによって相互変換する．この反応の平衡定数は，ほぼ 1 である．

$$\text{AMP} + \text{ATP} \rightleftharpoons 2\text{ADP} \quad (13.2)$$

ヌクレオシド二リン酸と三リン酸は，式(13.3)に示すようにヌクレオシド二リン酸キナーゼで相互に変換する．この酵素は一リン酸キナーゼと異なり特異性が広い．式(13.3)の Y と Z は，どのようなリボヌクレオシドあるいはデオキシリボヌクレオシドでもよい．

$$\text{YTP} + \text{ZDP} \rightleftharpoons \text{YDP} + \text{ZTP} \quad (13.3)$$

13.1.4 プリンヌクレオチド生合成の調節

IMP から生成された AMP，ADP，ATP や GMP，GDP，GTP に至る経路は，図 13.4 に示すように，それぞれフィードバック阻害を受けている．そして，プリンヌクレオチドの全量だけでなく，ATP と GTP の割合がほぼ等しくなるように互いに調節しあっている．

IMP の合成量は，13.1.1 項で説明した 11 段階の IMP 合成反応のうち，第 1 段階の PRPP 生成と第 2 段階の 5-ホスホ-β-リボシルアミン生成の反応段階において，図 13.4 のようにフィードバック制御される．第 1 段階の反応は，ADP および GDP で抑制されることは 13.1.1 項でも説明した．この第 1 段階の反応は，ADP や GDP 以外に IMP でも抑制される．第 2 段階の反応を触媒する酵素であるアミドホスホリボシルトランスフェラーゼには，AMP，ADP，ATP の結合部位と，GMP，GDP，GTP の結合部位の 2 箇所があり，それぞれがこの酵素反応を相乗的に阻害する．また，この酵素は IMP によっても阻害を受ける．生成した IMP から AMP および GMP に至るま

---

*3 ヌクレオチドのリン酸基がないもの，つまり，塩基にリボースあるいはデオキシリボースのみがついたものをヌクレオシドという（8.1 節参照）．

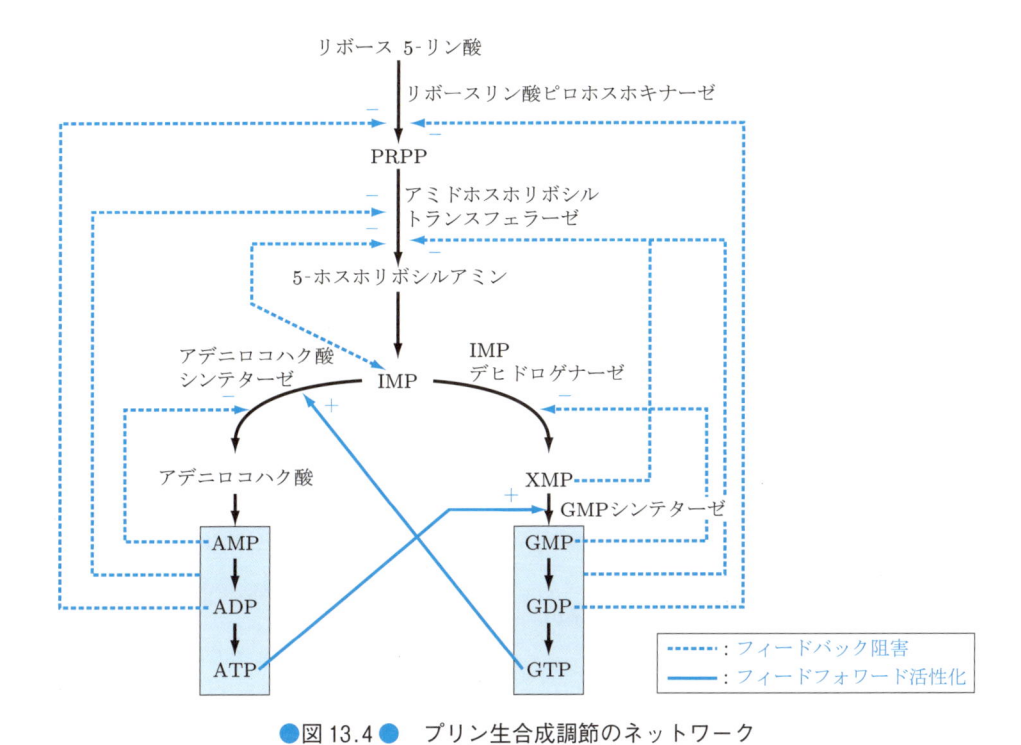

●図13.4● プリン生合成調節のネットワーク

での酵素反応も，図13.4に示すようにフィードバック阻害の調節を受ける．AMPおよびGMPは，IMPからのアデニロコハク酸合成とIMPからのXMP合成の経路をそれぞれ阻害し，過剰な合成を防ぐ．IMPからのAMP合成はGTPによって，IMPからのGMP合成はATPによってエネルギーを供給され，AMPおよびGMPの合成はバランスをとっている．つまり，ATPが増えるとGMP合成が促進し，GTPが増えるとAMP合成が促進する．

13.1.5 プリン塩基の再利用

核酸とヌクレオチドの加水分解で生じるプリンヌクレオチドは，再利用反応（サルベージ経路）によっても合成される．再利用反応では，PRPPのリボースリン酸部分がプリンに転移し，対応するリボヌクレオチドが生成する．ほ乳類では，プリンは主に次の2酵素で再利用される．

○ アデニンホスホリボシルトランスフェラーゼ（APRT）

PRPPからPPiを遊離させ，アデニンにリボース 5-リン酸を付加する．

$$\text{アデニン} + \text{PRPP} \rightleftharpoons \text{AMP} + \text{PPi} \quad (13.4)$$

○ ヒポキサンチン-グアニンホスホリボシルトランスフェラーゼ（HGPRT）

ヒポキサンチンとグアニンに対し，APRTと同様の反応をする．

$$\text{ヒポキサンチン} + \text{PRPP} \rightleftharpoons \text{IMP} + \text{PPi} \quad (13.5)$$
$$\text{グアニン} + \text{PRPP} \rightleftharpoons \text{GMP} + \text{PPi} \quad (13.6)$$

13.2 ピリミジンヌクレオチドの生合成

ピリミジンヌクレオチドの生合成は，核酸の成分であるウラシル，シトシン，チミンの生合成であり，ヌクレオチドの形で行われる．合成経路としては，カルバモイルリン酸とアスパラギン酸か

らピリミジン環が合成され，ピリミジンヌクレオチドを経てウリジル酸（UMP）が合成される．この経路はプリン生合成の経路と比較して簡単である．UMPからウリジン三リン酸（UTP）がつくられたあと，そのアミノ化によりシチジン三リン酸（CTP）が生成する．また，チミジル酸（dTMP）はUMPからつくられるデオキシウリジル酸（dUMP）のメチル化によって生成する．同位体ラベルを使った実験から，図13.5に示すようにピリミジン環のN1-C6-C5-C4はすべてアスパラギン酸に，C2は重炭酸イオンHCO_3^-に，N3はグルタミンのアミドNに由来していることが解明されている．

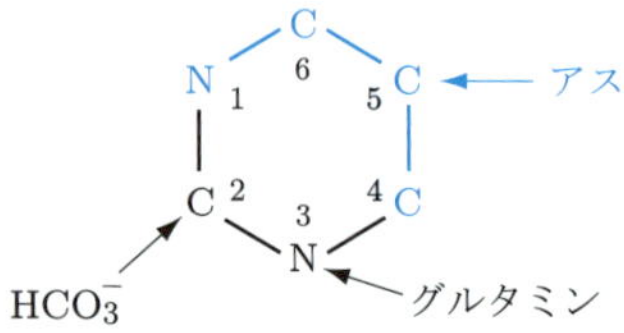

ピリミジンヌクレオチドの生合成はプリンヌクレオチドのときとは異なり，図13.6に示すようにピリミジン環が完成したあと，糖リン酸と結合することで合成される．まず，ウリジン5′—リン酸（UMP）の合成経路を説明し，次にUMPからUTPとCTPを合成する経路について説明する．

13.2.1 ウリジル酸（UMP）の生合成

UMPの合成経路は，次に示す6段階の反応で構成されている．

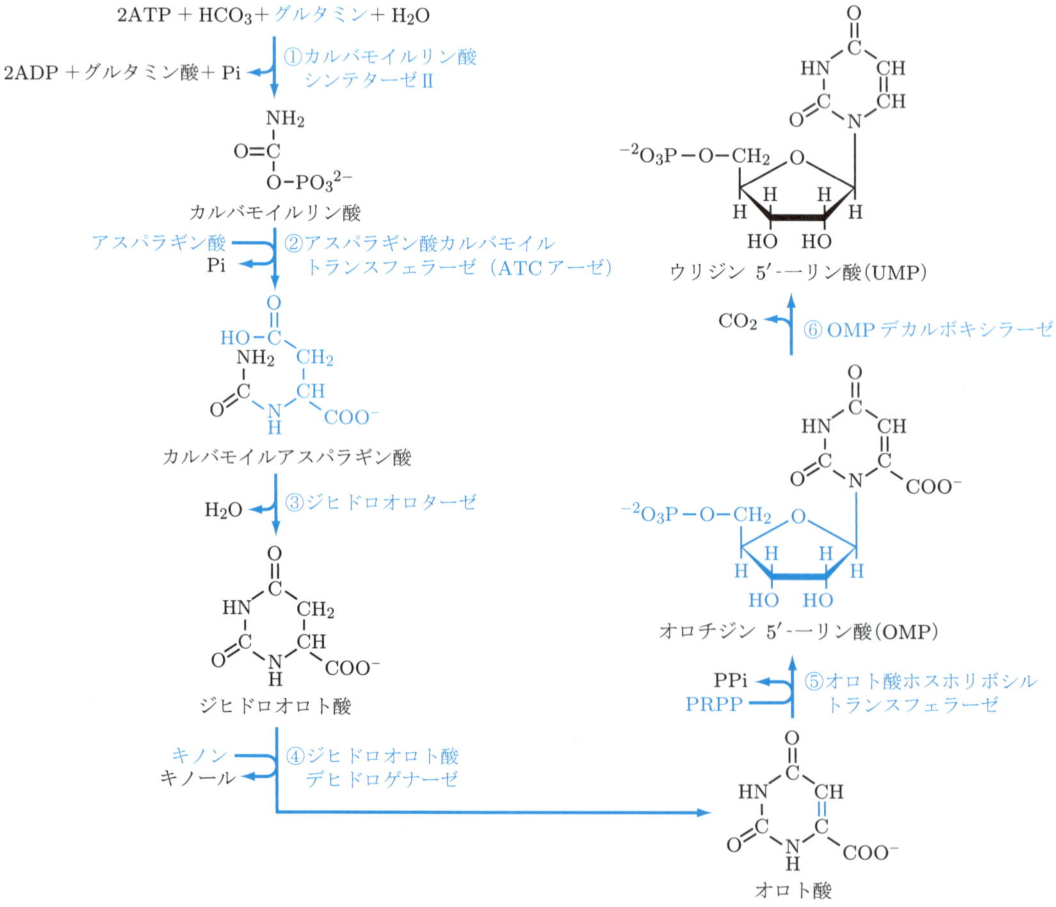

●図13.5● 新規合成におけるピリミジン環原子の由来

●図13.6● UMPの新規合成経路の6反応

第1段階(図13.6 反応①)

細胞のサイトゾル*4 に存在する酵素であるカルバモイルリン酸シンテターゼⅡ(CPSⅡ)によって,HCO_3^- とグルタミンのアミドが2分子のATPを使ってカルバモイルリン酸となる.グルタミン以外にアンモニアのアミドを用いて反応を進ませることもある.このとき,2分子のATPは一つがリン酸基の付加に,もう一つが反応のためのエネルギー供給として使用される.

第2段階(反応②)

カルバモイルリン酸とアスパラギン酸が,アスパラギン酸カルバモイルトランスフェラーゼ(ATCアーゼ)によって縮合することでカルバモイルアスパラギン酸を合成する.このとき,カルバモイルリン酸自身が第1段階のリン酸基付加反応で活性化されているため,第2段階の反応にATPは使わない.

第3段階(反応③)

カルバモイルアスパラギン酸がジヒドロオロターゼの作用で分子内縮合することで閉環し,ジヒドロオロト酸となる.

第4段階(反応④)

ジヒドロオロト酸がジヒドロオロト酸デヒドロゲナーゼの作用により不可逆酸化され,オロト酸を生成する.真核生物において,この酵素はミトコンドリア内膜の外面に結合しており,キノンを電子受容体として反応を進める.6段階の反応酵素のうち,この酵素のみがミトコンドリアに存在し,ほかの五つの酵素はサイトゾルに存在する.

第5段階(反応⑤)

オロト酸とPRPPがオロト酸ホスホリボシルトランスフェラーゼの作用で縮合し,オロチジン5'-リン酸(OMP)を生じる.この反応時に放出されたPPiは加水分解され,反応は完結する.この酵素はオロト酸だけでなく,ウラシルやシトシンなどのピリミジン塩基にも作用し,相当するヌクレオチドに変換するはたらきがある.

第6段階(反応⑥)

OMPデカルボキシラーゼがOMPを脱炭酸し,ウリジル酸(UMP)を生成する.

これまで説明したUMPを合成する6段階の反応自体は原核生物と真核生物で同じであるが,使用する酵素が異なっている.たとえば,大腸菌では六つの反応がそれぞれの酵素で触媒される.しかし,真核生物では,第1~3段階までのサイトゾル中で進められる反応は分子量210000の単一ペプチドに含まれる.同様に,第5,6段階の反応を触媒する酵素も,真核生物では単一ポリペプチド中に存在している.第1,2,5段階で形成される中間体は,通常,溶媒中には遊離されず酵素に結合したままで存在し,触媒中心から次の触媒中心へと運ばれる.このような複数の段階を触媒する多機能酵素は,ある種の生物のプリンヌクレオチド生合成経路でも見つかっている.このように,多機能酵素が中間体を内部で受け渡すことで中間体の不必要な分解を避け,エネルギーを節約している.

13.2.2 UTPとCTPの生合成

UMPは3段階でシチジン三リン酸(CTP)に変換される.まず,図13.7に示すように,ヌクレオシド一リン酸キナーゼとヌクレオシド二リン酸キナーゼによってUMPは一つずつリン酸基を付加され,UTPとなる.この二つの反応で,2分子のATPはADPへ変換される.

次に図13.8に示すように,CTPシンテターゼの触媒反応でUTPのC4にグルタミンのアミド窒素がATPのエネルギーを利用して転移し,CTPが形成される.動物ではグルタミンがアミ

---

*4 サイトゾル:細胞の原形質のうち,すべての細胞内小器官を除いた部分.
　　　　　　細胞の原形質の外側は細胞膜となる.
　細胞質　:細胞の原形質のうち,核を除いた部分.細胞内小器官は含まれる.

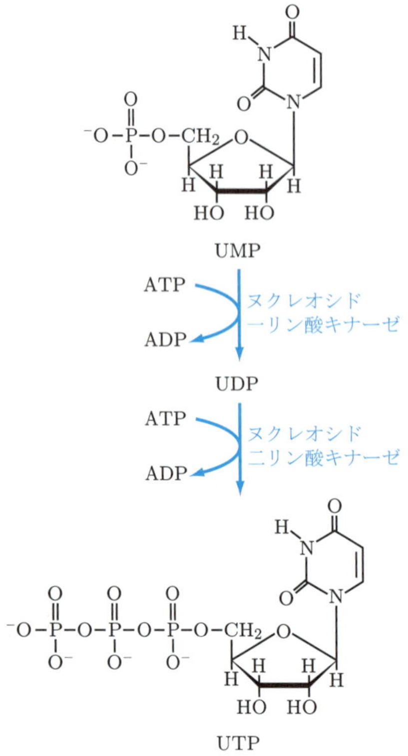

●図 13.7● UMP から UTP へのリン酸化

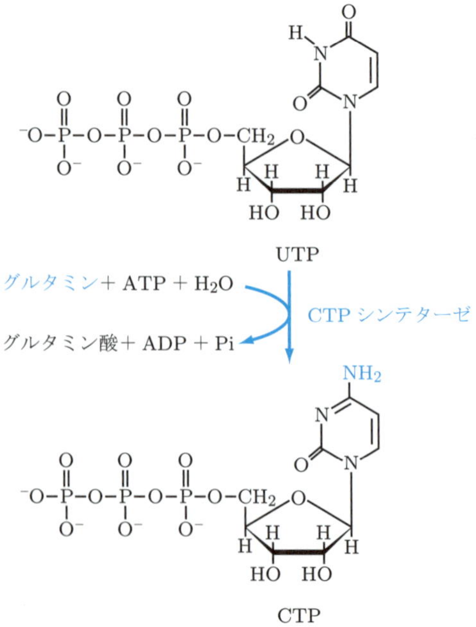

●図 13.8● CTP シンテターゼによる UTP から CTP への変換

ノ基を供与するが，細菌ではアンモニア NH_3 が利用される．

CTP シンテターゼは，産物である CTP によりアロステリックに阻害される．大腸菌では，この酵素は GTP でアロステリックに活性化される．ATC アーゼと CTP シンテターゼの調節によって，菌体内におけるピリミジンヌクレオチド濃度のバランスが保たれている．CTP 濃度の上昇によって ATC アーゼが阻害されるが，一定濃度の UTP を合成するのに十分なピリミジンヌクレオチド生合成の活性は残る．そして，CTP および UTP の濃度が上昇すると，ほとんどの ATC アーゼ活性が阻害される．プリンヌクレオチドである ATP と GTP の濃度が上昇すると，ピリミジンヌクレオチドの合成速度が増加し，プリンとピリミジンヌクレオチドのバランスが保たれる．

13.3 デオキシリボヌクレオチドの生合成

デオキシリボヌクレオチドは，リボヌクレオチドの C2′ の還元によってつくられる．この還元反応は，ほぼすべての生物においてリボヌクレオシド二リン酸の段階で進められる．そして，デオキシリボヌクレオチドへの還元反応は，アデノシン二リン酸（ADP），グアノシン二リン酸（GDP），シチジン二リン酸（CDP），ウリジン二リン酸（UDP）の 4 種のリボヌクレオシド二リン酸すべてにおいて，1 種類のリボヌクレオシド二リン酸レダクターゼによって進められる．ある種の微生物では，この還元反応の基質がリボヌクレオシド三リン酸となっている．

13.3.1 リボヌクレオチドからデオキシリボヌクレオチドへの還元

デオキシリボヌクレオシド二リン酸の合成プロ

セスは，図 13.9 の反応①に示すように，まず，NADPH がフラビンタンパク質の**チオレドキシンレダクターゼ**に還元力を与えることによって進められる．この還元力はチオレドキシンレダクターゼのジスルフィド結合を還元し，二つのチオール基を形成することで伝えられる（反応②）．そして，複雑なラジカル機構によってヌクレオチド基質のリボースの C2′ を還元する（反応③）．還元された dADP, dGDP, dCDP[*5] はヌクレオシド二リン酸キナーゼによって三リン酸にリン酸化される．還元されたデオキシウリジン二リン酸（dUDP）はデオキシウリジル酸（dUMP）を介し，チミジン一リン酸（dTMP）へと変換される．dTMP への変換過程については次節で説明する．

13.3.2 デオキシウリジル酸のメチル化によるデオキシチミジル酸の生成

デオキシウリジン二リン酸（dUDP）からデオキシウリジル酸（dUMP）への変換には，二つのプロセスがある．

一つは，dUDP と ADP がヌクレオシド一リン酸キナーゼによって dUMP と ATP を生成するプロセスである．もう一つは，dUDP がヌクレオシド二リン酸キナーゼによって ATP を消費してデオキシウリジン三リン酸（dUTP）となったあと，デオキシウリジン三リン酸二リン酸ヒドロラーゼ（dUTP アーゼ）によって加水分解を受けて dUMP と PPi を生成するプロセスである．この dUTP アーゼ活性によって，dTTP の代わりに dUTP が DNA に組み込まれるのを防いでいる．

図 13.10 の反応①に示すように，dUMP からチミジン一リン酸（dTMP）への変換は，**チミジル酸シンターゼ**によって触媒される．この反応のメチル基供与体は，5,10-メチレンテトラヒドロ葉酸である．

dUMP に導入されたメチル基は，テトラヒドロ葉酸の一部から二つの電子がヒドリドイオン H^- の形で供給されるため，供与体中のメチレン基よりもさらに還元される．この水素は dTMP のメチル基の一部となる．この反応でテトラヒドロ葉酸は酸化され，ジヒドロ葉酸となる（反応②）．つまり，このメチル化反応によって，5,10-メチレンテトラヒドロ葉酸は，電子供与体と一炭素供与体の二つのはたらきをもつ．このメチル基転移反応で生成した 7,8-ジヒドロ葉酸は，NADPH を使うジヒドロ葉酸レダクターゼによってテトラヒドロ葉酸に還元される（反応③）．続いて，セリンヒドロキシメチルトランスフェラ

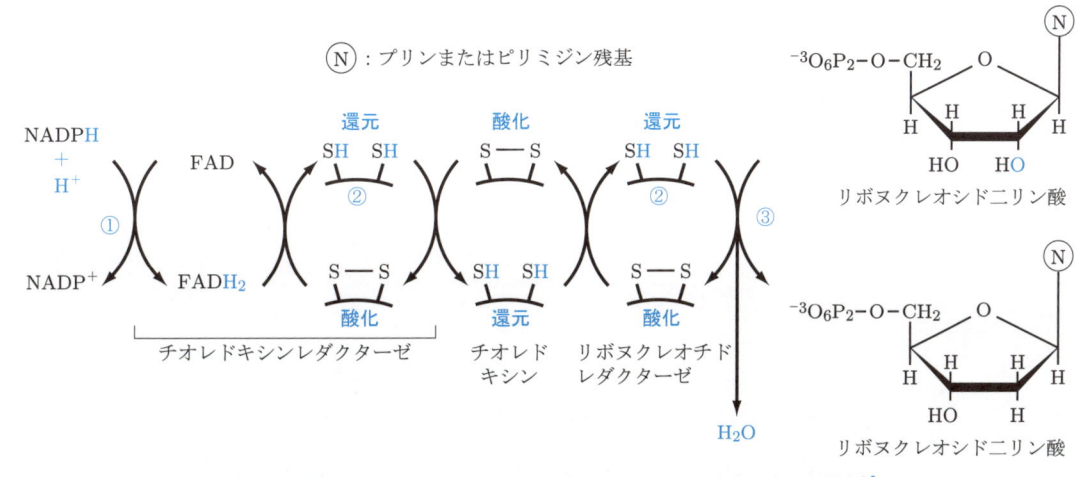

●図 13.9● ヌクレオシド二リン酸の還元における電子伝達経路[*6]

---
*5 リボースの代わりに 2-デオキシリボースがつけば，「デオキシ」または「d」をつける．
*6 この反応には，チオレドキシンレダクターゼ，チオレドキシン，リボヌクレオチドレダクターゼの 3 種類のタンパク質が関与する．

ーゼによって，セリンの β-CH₂OH 基がテトラヒドロ葉酸に転移し，5,10-メチレンテトラヒドロ葉酸に再生する（反応④）．

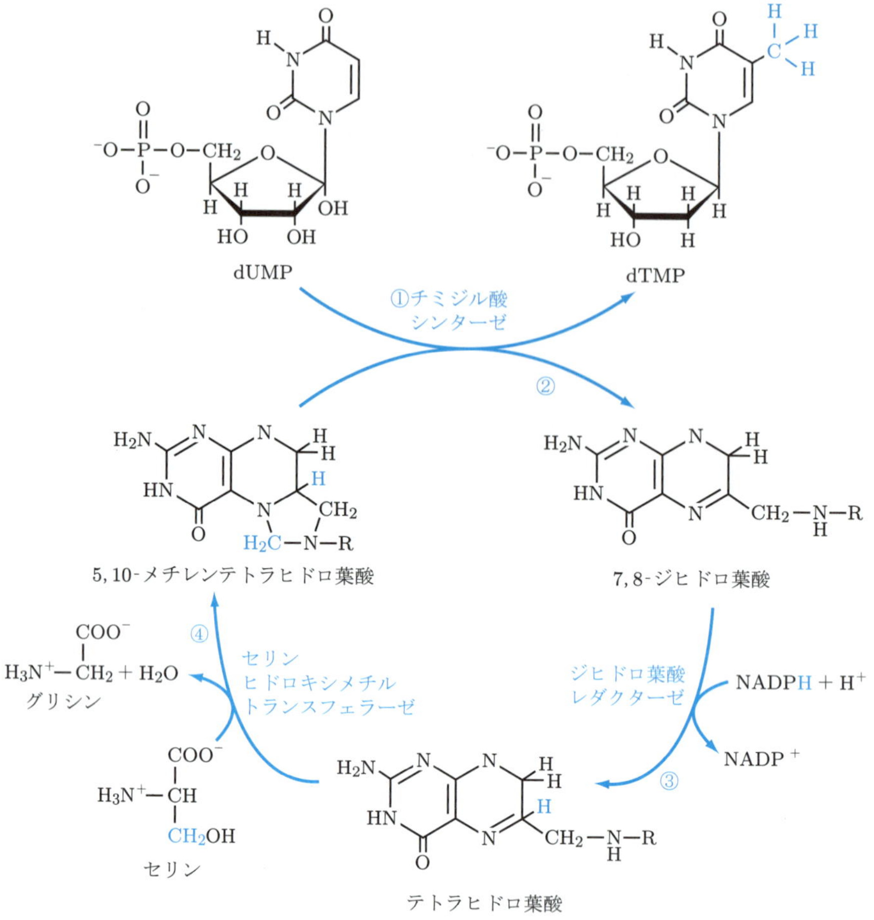

●図 13.10● dUMP からの dTMP 合成経路

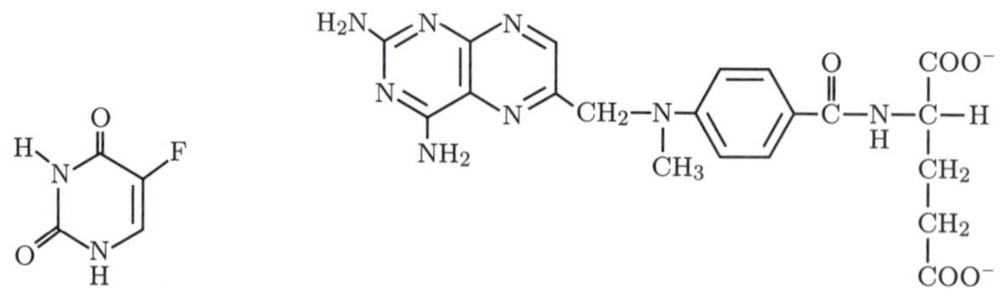

(a) 5-フルオロウラシル　　(b) メトトレキサート

●図 13.11● 5-フルオロウラシルとメトトレキサート

Coffee Break

がん細胞は DNA を大量に合成する

がん細胞のように急速に増殖する細胞は，DNA 合成のためにデオキシチミジル酸を大量に必要とする．これらの細胞は dTMP 合成の阻害に弱いため，チミジル酸シンターゼとジヒドロ葉酸レダクターゼががんの化学療法の標的となっている．図 13.11 に示した 5-フルオロウラシルとメトトレキサートはがん細胞の増殖阻害剤で，ある型のがん治療に有効である．5-フルオロウラシルは 5-フルオロデオキシウリジル酸に変換後，チミジル酸シンターゼに強く結合することで阻害する．メトトレキサートは，ジヒドロ葉酸レダクターゼの比較的特異的で強力な阻害剤である．これらは dTMP 合成を抑制し，その結果 DNA 合成を抑制する．

演・習・問・題・13

13.1
リボース 5-リン酸から 1 分子の IMP を合成するために必要な ATP は何分子か．このとき，経路に必要な前駆物質はすべて存在するものとする．

13.2
核酸代謝と痛風の関係について説明せよ．

13.3
カルバモイルリン酸合成反応（図 13.6 の反応①）の代謝的意義を二つ挙げて説明せよ．

13.4
尿酸の四つの窒素原子は何に由来するか．

第14章
電子伝達

生物は進化の過程で大気中に存在する酸素 O_2 を利用し，グルコース $C_6H_{12}O_6$ などの有機物から効率よくエネルギーを得る手法を確立してきた．本章では，クエン酸回路（10.2節参照）で生じた還元型の補酵素 NADH と $FADH_2$ に含まれる高エネルギー電子から，一連の電子伝達体によって最終的に酸素へ電子が渡され，ATP をつくるプロセスを説明する．この電子伝達の際に得られる自由エネルギーは，ミトコンドリア内膜によって区切られたミトコンドリア膜間腔とマトリックス間のプロトン濃度勾配形成に利用される．このプロトン濃度勾配を利用して ATP がミトコンドリアで合成される．本章では最もよく研究されている，ほ乳類のミトコンドリアにおける電子伝達系を解説する．

KEY WORD

ミトコンドリア　酸化還元電位　電子伝達系

14.1 ミトコンドリア

ミトコンドリアは，2.3.2項 (c) で説明したように真核細胞の酸化代謝を担う細胞内小器官である（図2.10参照）[*1]．

ミトコンドリアは，図14.1に示すように外膜と内膜の二つの膜で囲まれている．外側のミトコンドリア膜では，タンパク質ポーリン[*2]が孔を形成し，分子量10000までの分子なら自由に通ることができる．内膜は外膜よりもタンパク質が多く，タンパク質と脂質の比率は，重さにしておよそ4：1である．内膜は，水や酸素，二酸化炭素 CO_2 などの非荷電分子は透過できるが，プロトン，極性分子，イオン性分子は，膜に埋め込まれた専用の輸送体を介してしか透過することができない．このように内膜には，イオン，代謝物質，低分子物質を通さないものが多いため，膜の両側にイオン濃度勾配が生じ，ミトコンドリアとサイトゾルでは異なる代謝活動が行われている．ミトコンドリア内膜はたくさんのひだ状構造（クリステ）となって折りたたまれており，これによって表面積が広くなっている．酸化的リン酸化を行う成分は，この内膜に埋もれている．

[*1] ミトコンドリアは，ヤヌスグリーンやテトラゾリウム塩で特異的に染色される．膜電位差を利用した蛍光色素（ローダミン123, DASPMI, DASPEI, $DiOC_6$, $DiOC_7$ など）のミトコンドリア内への取り込みによっても生体染色が可能である．ミトコンドリアは独自のゲノム（mtDNA）を保有し，細胞内で分裂によって増殖する．ただし，mtDNA のサイズは細菌類のゲノムに比べて極端に小さく，自律性をそなえるには不十分なため，多くの機能を核遺伝子由来の産物に依存している．

[*2] グラム陰性菌の外膜とミトコンドリア外膜に存在する非特異的な核酸チャンネルを形成するタンパク質である．第10章の図10.6 も参照のこと．

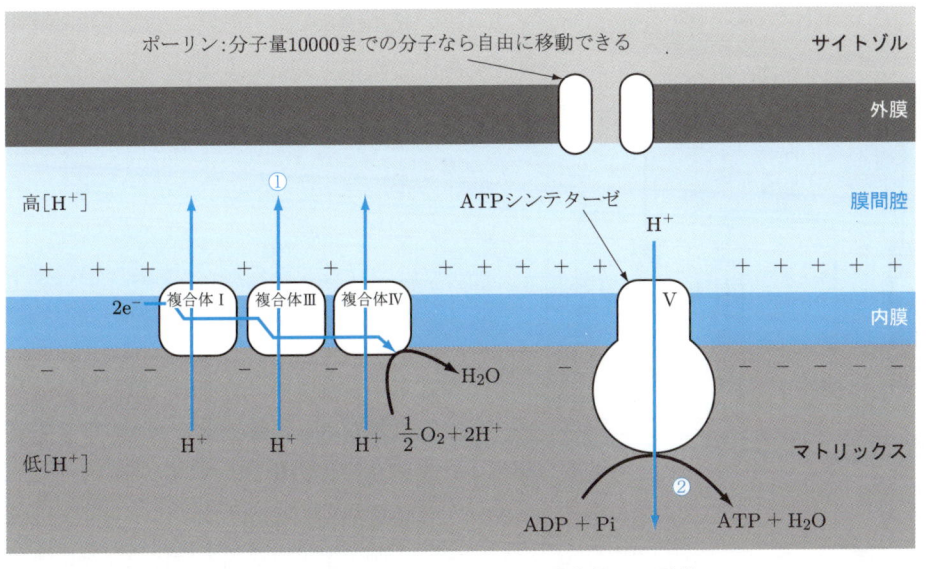

●図14.1● ミトコンドリアの酸化的リン酸化

14.2 酸化的リン酸化

電子伝達の過程は酸化的リン酸化とよばれ，極めて複雑な仕組みをもつ．まず，ミトコンドリア内膜のタンパク質複合体を通じて，電子が$NADH$や$FADH_2$から酸素O_2へ流れる．このとき，ミトコンドリアのマトリックスから膜間腔へプロトンが排出される（図14.1反応①）．このプロトン勾配が結果的に膜の両側に電位差を生じさせ，プロトン駆動力となる．ATPは，プロトンが酵素複合体を経由してミトコンドリアのマトリックス内へ戻る際に生成される（図14.1反応②）．酸化的リン酸化反応を進めるこの酵素複合体は，真核細胞ではミトコンドリアの内膜に，細菌では細胞膜に存在する[*3]．

14.3 酸化還元電位

ミトコンドリアでの酸化的リン酸化反応において，電子供与体である$NADH$や$FADH_2$の還元力は，ATPのリン酸基転移能またはリン酸化能に変換される．本節では，電子伝達の説明に入る前に酸化還元電位について説明する．

酸化還元電位とは，ある系の電子の授受にともなって発生する電位のことであり，Ehなどと表記する．反応形式にかかわらず，酸化とは『電子を失うこと』，還元とは『電子を受けとること』であり，必ず電子の授受をともなう．

図14.2に，1 atm 25℃の条件下で酸化型の物質Xと還元型X^-で構成される半電池[*4]を，同図右側の標準半電池（H^+:H_2 酸化還元対のことである．このH^+:H_2対の酸化還元電位を0Vと定義する）につないだ電気化学反応系を示す．

X:X^-のような組み合わせを酸化還元対という．

[*3] プロトンの濃度勾配がATPの生成を推進するエネルギーの源になるという概念は，1960年代の初期，ミッチェル（P. Mitchell, 1920-1992）によって最初に提案された．この概念は化学浸透圧説とよばれる．ミッチェルは，この領域での研究功績に対し，1978年にノーベル化学賞を受賞した．
[*4] 1本の電極が電解液に接しているものを半電池とよぶ．この電気化学系では，電極がどのような電位になっているかがわからず，しかも電流を流さないため，電気化学反応を起こすこともできない．

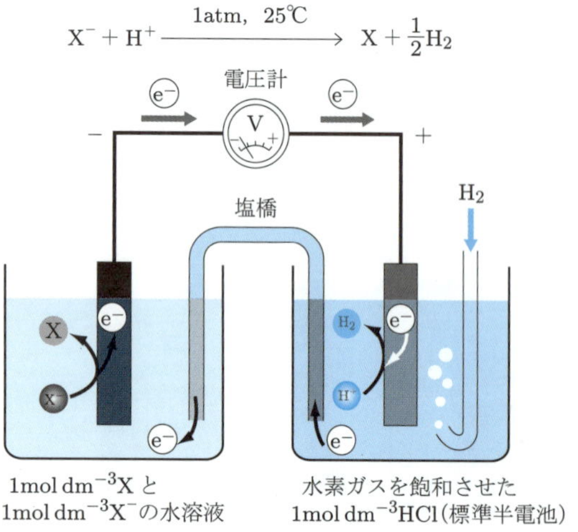

●図 14.2● X：X$^-$ 酸化還元対の酸化還元電位の測定

酸化還元対の酸化還元電位は，標準半電池と測定用半電池をつなげたときに生じる起電力を測定することでわかる．まず，二つの電極を電圧計とつないだあと，電子は通すが X および X$^-$ は通さない塩橋[*5]によって電気回路を形成すると，電子は一方の半電池から他方へと流れ，半電池内の電気化学反応が進む．

反応が

$$X^- + H^+ \longrightarrow X + \frac{1}{2}H_2 \quad (14.1)$$

のように進む場合，半電池内の反応は次のようになる．

$$X^- \longrightarrow X + e^- \quad (14.2)$$

$$H^+ + e^- \longrightarrow \frac{1}{2}H_2 \quad (14.3)$$

電子が測定用半電池から標準半電池へと流れると，測定電極は標準電極よりもマイナス側の電位を示す．この場合，X：X$^-$ 対の酸化還元電位は，反応開始時に観測されたマイナスの電位となる．この測定用半電池内の酸化還元対の酸化還元電位がマイナス側の値であることは，物質 X のもつ電子親和力が水素よりも低いことを意味する．

NADH などの強力な還元剤は電子を与えやすいため，マイナスの酸化還元電位を有する．一方，酸素などの強力な酸化剤は電子を受けとりやすいため，プラスの酸化還元電位を有する．1 atm，25℃，pH 7 の条件下におけるこれらの酸化還元電位を通常 E'_0 と示す．

Step up　電気化学反応の 0 V は電気回路のアースと異なる

電気回路で使用される 0 V は主にアース（接地）を基準とするが，本節で説明した電気化学反応系の場合，実験系が異なるためアースを 0 V として使用することができない．そのため，0 V 電位の標準電極を定義する必要がある．電極電位の基準（ゼロ電位）として最も用いられるものに水素電極がある（図 14.2 参照）．酸化還元電位は，ほとんどこの電極の電位を基準としている．標準水素電極の電解液には通常，水素ガスを飽和させた 1 mol dm^{-3} HCl が用いられる．電極には白金黒電極を用い，電極表面に 1 秒当たり 2～3 個程度の水素気泡を当てるようにバブリングする．

ここで電気化学反応によく用いられる白金黒電極について簡単に説明する．白金黒電極とは，白金上にさらに白金をめっきした電極であり，凹凸のある表面積の広い白金層が析出する．白金黒表面の凹凸によって，電極表面積がめっき前の 1000 倍近くまで広がり，電極反応がスムーズに起こるようになる．また，この電極表面の凹凸によって入射してくる光が吸収され（安全カミソリを束ねたとき，刃と刃の間が黒く見える状態に似ている），電極表面の色は黒くなる．

[*5] 3～4 g の寒天と 30～40 g の塩化カリウム KCl を約 100 mL の水に温めながら溶かし，いったんゆっくりと沸騰させる．温浴などで温めながら，この寒天液を U 字型のガラス管に満たし，冷やすと塩橋ができる．

14.4 サイトゾル内での NADH の好気的酸化

　NADH のほとんどは，ミトコンドリア内でクエン酸回路（10.2節参照）によってつくられるが，解糖（10.1節参照）で生じた NADH はサイトゾル内に存在する．NAD^+ と NADH は，ともにミトコンドリア内膜を拡散できないため，電子のみをシャトル系という仕掛けでミトコンドリアに送り込む．これを**グリセロリン酸シャトル**という．

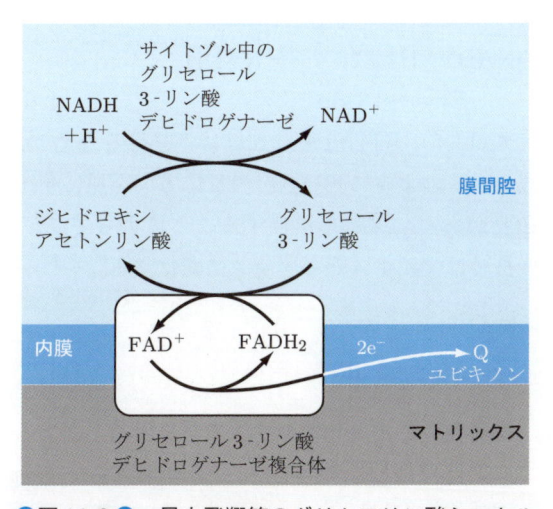

　図14.3に示した昆虫飛翔筋のグリセロリン酸シャトルでは，サイトゾル中にある NADH がグリセロール3-リン酸デヒドロゲナーゼによって酸化され，NAD^+ となって解糖系の反応に戻る．この反応に共役してジヒドロキシアセトンリン酸はグリセロール3-リン酸となる．このグリセロール3-リン酸は，ミトコンドリア内膜の外表面上にある**フラボプロテインデヒドロゲナーゼ**の $FADH_2$ を経て電子伝達系に電子を供給する．このグリセロリン酸シャトルでは，サイトゾル内の NADH 1分子の酸化に共役して2分子の ATP を合成する．

　次に，ほ乳類の**リンゴ酸-アスパラギン酸シャトル**について説明する．リンゴ酸-アスパラギン酸シャトルはグリセロリン酸シャトルよりエネルギー効率がよいが，図14.4に示すように反応過程が複雑である．

　リンゴ酸-アスパラギン酸シャトルの反応経路は，次に示す6段階の反応で構成されている．

第1段階（図14.4 反応①）

　サイトゾル内のリンゴ酸デヒドロゲナーゼによって NADH を NAD^+ に酸化する．このときの反応に共役してオキサロ酢酸はリンゴ酸に変換される．

第2段階（同図中反応②）

　第1段階で生成したリンゴ酸は，ジカルボン酸トランスロカーゼによって，マトリックス内の2-オキソグルタル酸と交換輸送される．

第3段階（同図中反応③）

　マトリックス内に入ったリンゴ酸は，リンゴ酸デヒドロゲナーゼによってオキサロ酢酸に酸化し，これに共役する形でミトコンドリア内の NAD^+ を NADH に還元する．

第4段階（同図中反応④）

　ミトコンドリア内のアスパラギン酸アミノトランスフェラーゼ活性によって，オキサロ酢酸はアスパラギン酸に，グルタミン酸は2-オキソグルタル酸に変換される．

第5段階（同図中反応⑤）

　グルタミン酸アスパラギン酸トランスロカーゼ活性によって，アスパラギン酸はグルタミン酸と交換でサイトゾルに出る．

第6段階（同図中反応⑥）

　サイトゾル内のアスパラギン酸アミノトランスフェラーゼによって，アスパラギン酸をオキサロ酢酸に戻し，2-オキソグルタル酸をグルタミン酸に変換する．

　これらの反応によって，サイトゾル中の NADH の電子はミトコンドリア内 NADH に移

●図14.3● 昆虫飛翔筋のグリセロリン酸シャトル

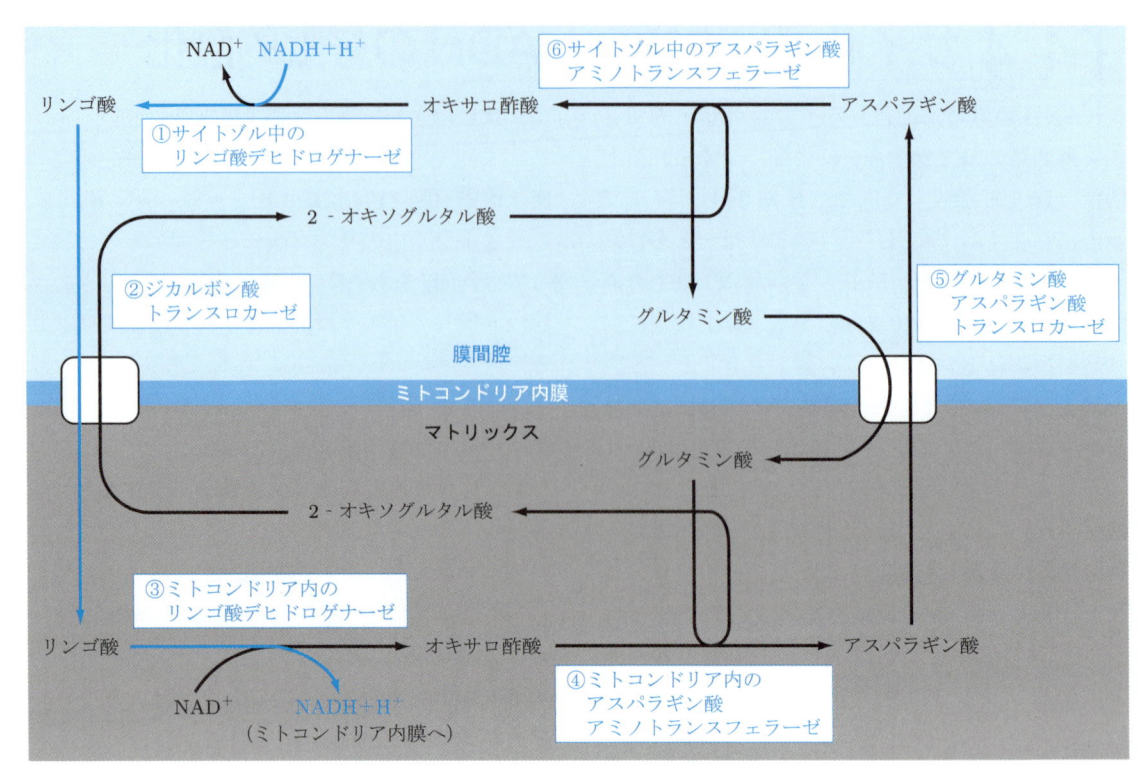

●図14.4● リンゴ酸-アスパラギン酸シャトル

り（図14.4中で青色の矢印），電子伝達系で再酸化を受ける．このリンゴ酸-アスパラギン酸シャトルでは，サイトゾル NADH 1分子当たり3分子の ATP を合成する．このため，前述したグリセロリン酸シャトルより効率がよい．

14.5 NADH の酸化による標準ギブズエネルギー変化

酸化的リン酸化反応の推進力は，酸素に対する NADH および $FADH_2$ の酸化還元電位の差である．NADH の酸化にともなう標準ギブズエネルギー変化は，反応の酸化還元電位差から求めることができる．

$$\frac{1}{2}O_2 + NADH + H^+ \rightleftharpoons H_2O + NAD^+ \quad (14.4)$$

$O_2 : H_2O$ 対の酸化還元電位は $+0.815\,V$，$NAD^+ : NADH$ 対の酸化還元電位は $-0.315\,V$ である．酸化還元電位は，還元の起こる部分反応（酸化体 $O_X + e^- \longrightarrow$ 還元体）を慣例により適用し，次のようになる．

$$\frac{1}{2}O_2 + 2H^+ + 2e^- \longrightarrow H_2O$$

$$E'_0 = +0.815\,V \quad (14.5)$$

$$NAD^+ + H^+ + 2e^- \longrightarrow NADH$$

$$E'_0 = -0.315\,V \quad (14.6)$$

式(14.5)，(14.6)から式(14.4)を得るために，式(14.7)のように式(14.6)の反応方向を逆にする必要がある．反応を逆にすることによって，E'_0 の符号はマイナスからプラスに変化する．

$$NADH \longrightarrow NAD^+ + H^+ + 2e^-$$

$$E'_0 = +0.315\,V \quad (14.7)$$

式(14.5)と式(14.7)の反応式を足すことによって，式(14.4)と $\Delta E'_0 = 1.130\,V$ が得られる．

標準ギブズエネルギー変化 $\Delta G^{0'}$ は，酸化還元

電位差 $\Delta E'_0$ と次式の関係にある．

$$\Delta G^{0'} = -nF\Delta E'_0 \tag{14.8}$$

ここで，n は反応で転移する電子数，F はファラデー定数（$96.48\,\text{kJ V}^{-1}\,\text{mol}^{-1}$），$\Delta G^{0'}$ は，反応によって 1 mol 当たりから得られる自由エネルギー量であり，単位は kJ mol^{-1} である．NADH の酸化は式(14.5)から $n=2$ となり，ΔG^0 は次のようになる．

$$\begin{aligned}\Delta G^{0'} &= -nF\Delta E'_0 \\ &= -2 \times 96.48 \times 1.13 \\ &= -218\,\text{kJ mol}^{-1}\end{aligned} \tag{14.9}$$

負の $\Delta G^{0'}$，すなわち正の $\Delta E'_0$ は，その反応が標準条件下でエネルギー放出反応（発エルゴン反応）であることを意味している．ADP+Pi から 1 mol の ATP を合成する標準ギブズエネルギー変化は $30.5\,\text{kJ mol}^{-1}$ であるため，酸素による NADH 酸化で得られる標準ギブズエネルギー変化は ATP 数 mol 分の合成に共役できる．

14.6 電子伝達の順序

電子伝達系は呼吸鎖ともいい，分子状酸素により NADH やコハク酸などを酸化する電子伝達体の集合である．電子伝達系は 4 種類のタンパク質複合体からなり，図 14.5 に示すように，電子は**複合体 I と II** から**ユビキノン（Q）**を経て**複合体 III** に，そして**シトクロム c**（Cyt c）を経て**複合体 IV** に伝わる．電子伝達系は，細胞内ではミトコンドリアの内膜にあり，各段階の酵素複合体は脂質二重層を貫通して存在していると考えられている．このとき，電子は酸化還元電位 E'_0 の低い値から高い値へ伝わることに着目する．

電子が複合体 I，III，IV と進む各ステップでの標準酸化還元電位の変化は，ATP を合成できるほど大きい．ATP 生産に必要なエネルギーは，電子伝達系で NADH と $FADH_2$ を酸化することにより得られる．ここからは，各複合体の触媒反応によって得られる ATP 生産に必要な標準ギブズエネルギー変化 $\Delta G^{0'}$ についてみていく．

●**複合体 I**（図 14.5 反応①）

複合体 I は，次式のようにユビキノン（Q）による NADH の酸化を触媒する．

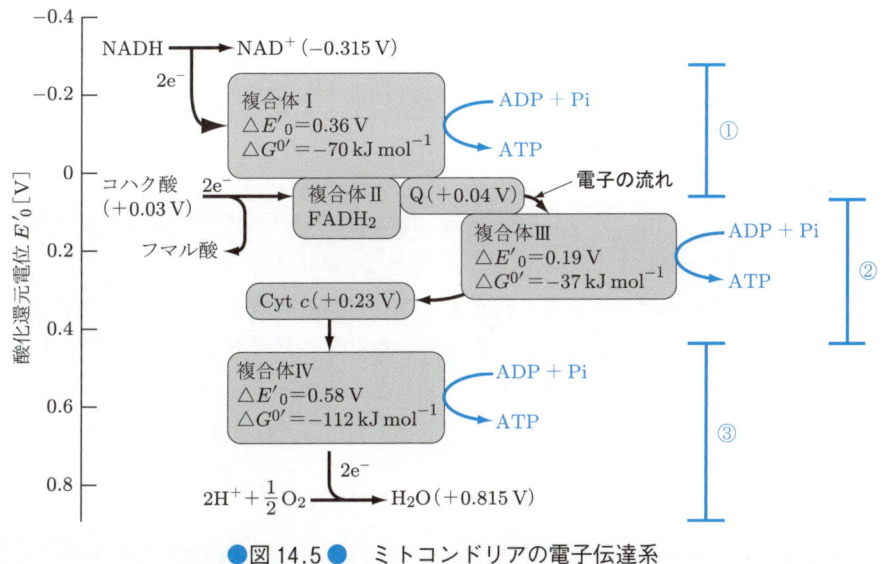

●図 14.5● ミトコンドリアの電子伝達系

$$NADH + Q(酸化型)$$
$$\longrightarrow NAD^+ + Q(還元型)$$
$$\Delta E'_0 = 0.36 \text{ V}, \quad \Delta G^{0'} = -70 \text{ kJ mol}^{-1}$$
(14.10)

● **複合体Ⅲ**（反応②）

複合体Ⅲは，次式のようにシトクロム c によるユビキノンの酸化を触媒する．

$$Q(還元型) + 2シトクロムc(酸化型)$$
$$\longrightarrow Q(酸化型) + 2シトクロムc(還元型)$$
$$\Delta E'_0 = 0.19 \text{ V}, \quad \Delta G^{0'} = -37 \text{ kJ mol}^{-1}$$
(14.11)

● **複合体Ⅳ**（反応③）

複合体Ⅳは，次式のように酸素による還元型シトクロム c の酸化を触媒する．

$$シトクロムc(還元型) + \frac{1}{2}O_2$$
$$\longrightarrow シトクロムc(酸化型) + H_2O$$
$$\Delta E'_0 = 0.58 \text{ V}, \quad \Delta G^{0'} = -112 \text{ kJ mol}^{-1}$$
(14.12)

これらの複合体Ⅰ，Ⅲ，Ⅳは，それぞれプロトンポンプとしてはたらく．図 14.1 に示したように，複合体成分の酸化に由来するエネルギーに共役してミトコンドリア内膜の内側から外側への水素イオン（プロトン：H^+）の移動が起こり，これによって生じた膜内外の水素イオン濃度差による電気化学的ポテンシャルを利用して ATP が合成される．一方，これら三つの複合体に対し，複合体Ⅱにおける反応からは，ATP を合成できるほどの標準ギブズエネルギー変化 $\Delta G^{0'}$ が得られない．

$$FADH_2 + Q(酸化型)$$
$$\longrightarrow FAD + Q(還元型)$$
$$\Delta E'_0 = 0.015 \text{ V}, \quad \Delta G^{0'} = -2.9 \text{ kJ mol}^{-1}$$
(14.13)

複合体Ⅱにおける反応で得られる標準ギブズエネルギー変化は，$FADH_2$ の電子を電子伝達系に送り込むときだけ有効である（図 14.5 参照）．

例題 14.1 ミトコンドリアの電子伝達系で NADH が酸化されるとき，次の問いに答えよ．
(1) 電子伝達反応と ATP 合成が共役する場所は何箇所あるか．
(2) その反応部位はどこからどこまでか．

解答
(1) 3箇所存在する（図 14.5 参照）
(2) ・NADH から複合体Ⅰを経て，ユビキノン Q までの反応．
・ユビキノン Q から複合体Ⅲを経て，シトクロム c までの反応．
・複合体Ⅳを経て電子が酸素に渡され，水を生成する反応．

14.7 プロトン駆動力

プロトンが**複合体Ⅴ（ATP シンターゼ）**を通ることによって，サイトゾルからミトコンドリアに戻るとき，化学的および電気的エネルギーの両者が解放され，ATP 合成に寄与する（図 14.1 参照）．プロトンの濃度差にともなう化学的エネルギーは次式で示すことができる．

$$\Delta G_{chem} = nRT \ln \frac{[H^+]_{in}}{[H^+]_{out}} \quad (14.14)$$

ここで，n はプロトンのモル数，R は気体定数（$8.315 \text{ J·K}^{-1}\text{·mol}^{-1}$），$T$ はケルビン温度である．$[H^+]_{in}$ はミトコンドリアのマトリックス内におけるプロトン濃度，$[H^+]_{out}$ は膜間腔内のプロトン濃度をそれぞれ示している．pH は $-\log[H^+]$ と書き換えることができるので，式(14.14)は次のように書き直せる[*6]．

$$\Delta G_{chem} = -2.303 \, nRT(pH_{in} - pH_{out}) \quad (14.15)$$

一方，プロトン濃度差にともなう電気的エネル

ギーは，次式のように膜電位 $\Delta\phi$（膜内外の電位差で $\phi_{in}-\phi_{out}$）によって表すことができる．

$$\Delta G_{elec} = nzF\Delta\phi \quad (14.16)$$

ここで，z は移行する物質の電荷，F はファラデー定数（96.48 kJ V^{-1} mol^{-1}）である．プロトン1個の電荷は +1 であるため，$z=+1$ となる．プロトン濃度勾配に従ってプロトンが移動するとき，つまり，n mol のプロトンがサイトゾルからマトリックスへ移行するときの全体の自由エネルギー変化は，次式のようになる．

$$\Delta G = nzF\Delta\phi - 2.303nRT\Delta pH \quad (14.17)$$

式(14.17)の両辺を nF で割ると式(14.18)のようになり，**プロトン駆動力 Δp**（$=\Delta G/nF$）が得られる．プロトン駆動力の単位は [V] である．

$$\Delta p = \Delta\phi - \frac{2.303RT\Delta pH}{F} \quad (14.18)$$

肝臓のミトコンドリアでは膜電位が -0.17 V，膜内外の pH 差 ΔpH は 0.5 であるため，37℃のときのプロトン駆動力は次のように求められる．

$$\begin{aligned}\Delta p =& -0.17 [V] \\ &- \frac{2.303 \times 8.315 [J K^{-1} mol^{-1}] \times (273+37)[K] \times 0.5}{96.48 \times 10^3 [J V^{-1} mol^{-1}]} \\ =& -0.2 [V] \end{aligned} \quad (14.19)$$

この計算結果から，プロトン濃度勾配による自由エネルギーは膜電位 $\Delta\phi$ が 85%（$=(-0.17)\div(-0.2)\times 100\%$）を占めており，pH 勾配の寄与は 15% であることがわかる．

14.8 ATP，ADP，Pi の能動輸送

ATP はミトコンドリアのマトリックス内で合成されたあと，サイトゾルに移す必要がある．ミトコンドリア内膜は電荷を帯びた物質が透過できないため，ADP をサイトゾルからミトコンドリアに入れ，ATP をサイトゾルに戻すような機構が必要となる．図 14.6 に示すように，ミトコンドリア内膜を境にして ADP と ATP の交換を行う輸送体タンパク質をアデニンヌクレオチドトランスロカーゼという．ADP^{3-} と ATP^{4-} を図 14.6 のように輸送することによって，-1 の電荷がマトリックスから膜間腔に移行したことになる．この交換反応の駆動力は，14.7 節で説明したプロトン駆動力 Δp の電気成分であるミトコンドリア膜電位 $\Delta\phi$ による．

ミトコンドリア内で ATP をつくるには，ADP 以外にオルトリン酸（Pi）も取り入れる必要がある．サイトゾルから Pi を取り入れるため，リン酸輸送体はリン酸イオン H$_2$PO$_4^-$ と H$^+$ を共輸送する形で電気的に中性とし，Pi をミトコンドリアに運び込む．この Pi 輸送は，プロトン駆動力

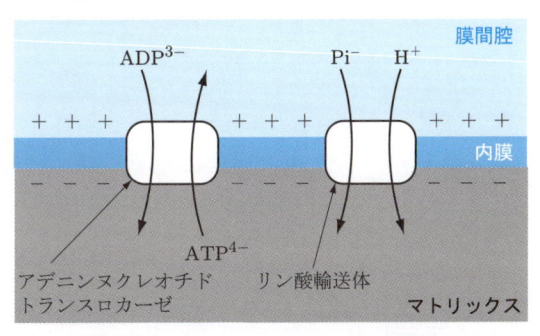

●図 14.6● ミトコンドリア内膜での ATP，ADP，Pi の能動輸送

Δp の化学成分であるプロトン濃度差 ΔpH による．ATP をマトリックスから運び出し，ADP と Pi を運び込むためのエネルギーは，プロトン1個が流入することで得られるエネルギーにほぼ等しい．ATP 1分子合成にプロトン3個が用いられていることから，酸化的リン酸化で ATP 1分子を生成するためには，ADP と Pi を運び込むために必要なプロトン1個を足し合わせた計4個のプロトンが膜間腔から流入する必要がある．

---

*6 三つの関係式 $\ln(X/Y)=\ln X-\ln Y$，$\ln X=2.303\log X$，$pH=-\log[H^+]$ から求めることができる．

演・習・問・題・14

14.1
数多くの測定から，ATP 1 分子の合成にはプロトン 3 個が用いられていると報告されている．そこで，プロトン 3 mol が膜間腔から ATP シンターゼを通り，マトリックスに抜けるときに得られる自由エネルギー ΔG を求めよ．このとき，膜電位 $\Delta\phi$ は -0.17 V，膜内外の pH 差 ΔpH は 0.5，反応温度条件は 37 ℃ とする．

14.2
サイトゾルで生成した NADH をミトコンドリアの電子伝達系で酸化するためにはたらいている機能を何というか．

14.3
次に示す①〜③の説明のうち，ミッチェルが提唱した化学浸透説はどれか．
① 電子伝達で生じる反応性中間体が分解するときに酸化的リン酸化が起こり，ATP を合成する．
② 電子伝達にともない，内膜タンパク質は活性化された"高エネルギー"コンホメーションをとる．このタンパク質が ATP シンターゼと結合し ATP 合成と共役する．
③ 電子伝達の自由エネルギーにより，ミトコンドリアマトリックスから膜間スペースに H^+ をくみ出して，内膜を隔てた電気化学的 H^+ 濃度勾配を形成する．この電気化学ポテンシャル勾配が ATP 合成に利用される．

14.4
次の酸化還元補酵素と補因子を酸化還元電位の低いものから順に並べよ．
Q，シトクロム c，NAD^+

第15章
光合成

高等植物やある種の藍藻（シアノバクテリア）は水 H_2O を電子源とし，光エネルギーを利用して生命活動を維持している．一方，光合成細菌は硫化水素 H_2S などを電子源とし，同じく光エネルギーを利用して生命活動に必要な分子をつくり出している．本章では，高等植物および光合成細菌中で進行する光合成反応について説明する．さらに光合成器官の構成，光合成の光エネルギー変換機構について分子レベルの観点から説明する．

KEY WORD

| 光合成 | 光合成色素 | 葉緑体 | 明反応 | 暗反応 |
| 水の酸化 | 二酸化炭素固定 |

15.1 光合成とは

光合成反応とは，光エネルギーを駆動力，二酸化炭素 CO_2 を炭素源とし，水 H_2O を使って生物が利用できる有機化合物に変換する過程をいう．次に示す二酸化炭素と水からグルコース $C_6H_{12}O_6$ を合成する反応

$$6CO_2 + 6H_2O \longrightarrow C_6H_{12}O_6 + 6O_2 \quad (15.1)$$

は，グルコースを消費して二酸化炭素と水を生成する酸化反応の逆であり，その自由エネルギー変化 ΔG^0 は $2872\,\mathrm{kJ\,mol^{-1}}$ である．この反応は正反応で得られるエネルギーと同量以上のエネルギーを必要とする．二酸化炭素が大気中に蓄積したときに，光リン酸化反応とペントースリン酸回路とが連携して二酸化炭素の還元反応による消費がスタートする．二酸化炭素が大気に蓄積する以前の時代では，原始大気中に含まれる水素 H_2 や硫化水素 H_2S を電子源として用いて二酸化炭素の還元による消費が行われていた．現在でも硫化水素や水素を電子源として二酸化炭素を還元している光合成細菌は生存する．光合成反応によって生命活動を維持している生物は，進化の過程で水を電子供給源すなわち電子供与体として用いることで酸素 O_2 を発生する能力を生み出した．これによって大気中に酸素が放出されたのちに，酸素呼吸という形で新しい生命が誕生した．

さて，光合成のエネルギー変換規模は，人工的なエネルギー転換などと比べものにならないほど巨大であり，1年間に固定される炭素 C は 2000 億トン以上である．二酸化炭素 1 mol を固定化するためには，477 kJ の熱量が必要である．つまり，1年間に約 $4.2 \times 10^{18}\,\mathrm{kJ}$ のエネルギーが，光合成反応によってグルコースなどの炭水化物として貯

蔵される．これは地上に降りそそぐ太陽光エネルギーの約 0.1％に相当する．植物に照射された太陽光のうち，光合成器官の葉緑体が吸収するのは 1％程度である．つまり，この 1％が糖などのバイオマスの生産に利用される計算になる．

15.2 葉緑体

　光合成を行う場として，植物の真核細胞には葉緑体が存在している（図 2.11 参照）．高等植物では，葉の 1 個の細胞に約 40 個の葉緑体があり，直径 5〜10 μm[*1]，厚さ 2〜3 μm で，乾燥重量の 50％はタンパク質，40％は脂質，残りは水溶性低分子である．脂溶性分子としては，クロロフィル 23％，カロテノイド 5％，プラストキノン 5％，リン脂質 11％，ジガラクトシル-ジアシルグリセロール 15％，モノガラクトシル-ジアシルグリセロール 36％であり，残りはスルホリピドである．

　C_3 植物や C_4 植物の葉肉細胞葉緑体は，図 2.11 に示したように皿状のチラコイドを重ねた層状構造（グラナ）をとり，グラナどうしがストロマラメラによって連なっている．光合成の際，水 H_2O の酸化にともなう酸素 O_2 が発生し，また，光リン酸化反応が進行するのはグラナである．一方，C_4 植物の維管束鞘細胞葉緑体は，チラコイドが層状構造にならず，葉緑体全体に広がる構造である．

　紅色無硫黄細菌 *Rhodospirillum rubrum*[*2] のような，原核細胞である光合成細菌の細胞膜内面には，直径 60 nm[*3] の顆粒があり，クロマトホアとよばれている．クロマトホアは膜構造をもたないが，光を集めるための，いわゆる光アンテナ機能を有するバクテリオクロロフィルを有しており，ここで光合成が進行している．原核細胞である青色細菌にも明白な葉緑体はみられないが，細胞はほとんど二重膜構造であり，ここで光合成が進行している．

15.3 明反応と暗反応

　ブラックマン[*4]は，光合成には光が関与する明反応と，光が関与しない暗反応の 2 過程があり，明反応速度は暗反応速度に依存することを示した．明反応は光エネルギーで ATP と NADPH を生産する反応であり，暗反応は二酸化炭素 CO_2 を還元して糖類を合成する酵素反応であるとされている．

　エマーソン[*5]は，光合成の明反応には 2 種類の光反応があることを見い出している．緑藻 *Scenedesmus*[*6] で光合成量と光の波長の関係を調べると，波長 700 nm 以上の赤色光は細胞に吸収されるが光合成反応を起こせない，いわゆる赤色低下がある．波長 700 nm の光源に波長 650 nm の光源を加えると光合成能が復活する．これがエマーソン効果である．これは光合成での二酸化炭素 CO_2 の同化には，波長 650 nm と 700 nm の 2 種類の光を必要とする最初の提案である．この提案が，多くの光合成生物には 2 種類の光化学系 PS I，PS II があり[*7]，それぞれ，波長 680〜700 nm の光，650 nm の光で活性化されることを見い出すきっかけとなった．

[*1] μm：マイクロメートル．1 m の 1000000 分の 1 の長さである．
[*2] 光合成細菌の一種であるが，光照射のない暗黒条件でも増殖することができる．空気中の窒素 N を固定し，土壌を肥沃化する能力をもつ細菌で，栄養源として硫黄 S を必要としない．
[*3] nm：ナノメートル．1 m の 1000000000 分の 1 の長さである．
[*4] ブラックマン（F. Blackman, 1866-1947）は，イギリスの植物生理学者である．
[*5] エマーソン（R. Emerson, 1903-1959）は，アメリカの植物生理学者である．
[*6] 光合成色素としてクロロフィル a，b をもつ藻類であり，普通は緑色をしている．進化上は，コケ類，シダ類や裸子・被子植物などの陸上植物と同一起源である．
[*7] PS I と PS II は，主にクロロフィル a，b およびカロテノイド系の色素が複合体を形成している．PS I ではカロチン，PS II ではキサンチンがカロテノイド系色素として存在しており，これらの色素間での複合体形成によって作動する光の波長をコントロールしている．

15.4 細菌の光合成

　紅色硫黄細菌は細菌葉緑素をもち，光のあるところでは，硫化水素 H_2S やチオ硫酸塩などを利用して光合成を行う嫌気性細菌である[*8]．紅色硫黄細菌は，水 H_2O ではなく硫化水素を還元剤とし，酸素 O_2 の代わりに硫黄 S が生成する．硫化水素の S^{2-} は 2 電子供与体であるので，二酸化炭素 CO_2 1 分子の還元に必要な 4 電子は硫化水素分子を必要とする．チオ硫酸イオンも還元剤としてはたらく．このときは 2 個の S^{2+} が S^{6+} に酸化され，全部で 8 電子供給するから 2 分子の二酸化炭素を還元することができる．

$$CO_2 + 2H_2S \xrightarrow{h\nu} (CH_2O) + 2S + H_2O \quad (15.2)$$

　紅色無硫黄細菌はエタノール C_2H_5OH，イソプロピルアルコール C_3H_7OH，コハク酸 $C_4H_6O_4$ のような有機化合物を電子供与体として利用しており，エタノールなら 2 分子で二酸化炭素の還元に必要な 4 電子を与えることができる．

$$CO_2 + 2C_2H_5OH \xrightarrow{h\nu} (CH_2O) + 2CH_3CHO + H_2O \quad (15.3)$$

15.5 ヒル反応

　ヒル[*9] は，光を吸収する色素類をもつグラナやクロロプラストを用いて光合成を研究した．酸化剤（シュウ酸第二鉄カリウム）を加えると，水 H_2O が光分解して酸素 O_2 が発生した．生成する酸素と酸化剤の間には，次式のようなモル量の関係がある．

$$4Fe^{3+} + 2H_2O \xrightarrow{h\nu} 4Fe^{2+} + 4H^+ + O_2 \quad (15.4)$$

　この反応をヒル反応といい，シュウ酸第二鉄カリウムのような酸化剤のことをヒル試薬という（図 15.1 参照）．ベンゾキノン類もヒル試薬になる．酸化型色素類もヒル試薬として，この系で還元されることになる．

　また，ホウレンソウのグラナに光を当てると $NADP^+$ がヒル試薬になることがわかった．つまり，光化学反応でグルコースを生成するために必要なエネルギー物質である NADPH ができることは大きな意義をもつ．

15.6 光リン酸化

　光合成反応において二酸化炭素 CO_2 から糖類を合成するには，式(15.5)に示すように NADPH と ATP が必要である．アーノン[*10] らはミトコンドリアがなくても，光を当てればクロロプラストが 2 種類の経路で ATP を生産することを見い出している．一つはサイクル式光リン酸化で ATP と水 H_2O を生じ，その後，電子供与体や受容体が関与する酸化還元過程を経て，水が酸化されて酸素 O_2 が発生する．

$$2NADP^+ + 2H_2O + 2ADP + 2H_3PO_4 \xrightarrow{h\nu} 2NADPH + 2H^+ + O_2 + 2ATP + 2H_2O \quad (15.5)$$

　この反応においては，電子の流れはミトコンドリアの場合と違って逆方向である．ミトコンドリアでは NADH から酸素に電子が流れるのにともなって生じるエネルギーの一部を ATP 生産に利用するが，光リン酸化過程では H_2O から電子が

[*8] 光合成反応が進行する光源の波長は，高等植物が 650～700 nm，シアノバクテリアが 750～790 nm であるが，光合成細菌の場合は 800～1000 nm の赤外光である．
[*9] ヒル (R. Hill, 1899-1991) は，イギリスの植物生理学者である．
[*10] アーノン (D. Arnon, 1910-1994) は，アメリカの生化学者である．

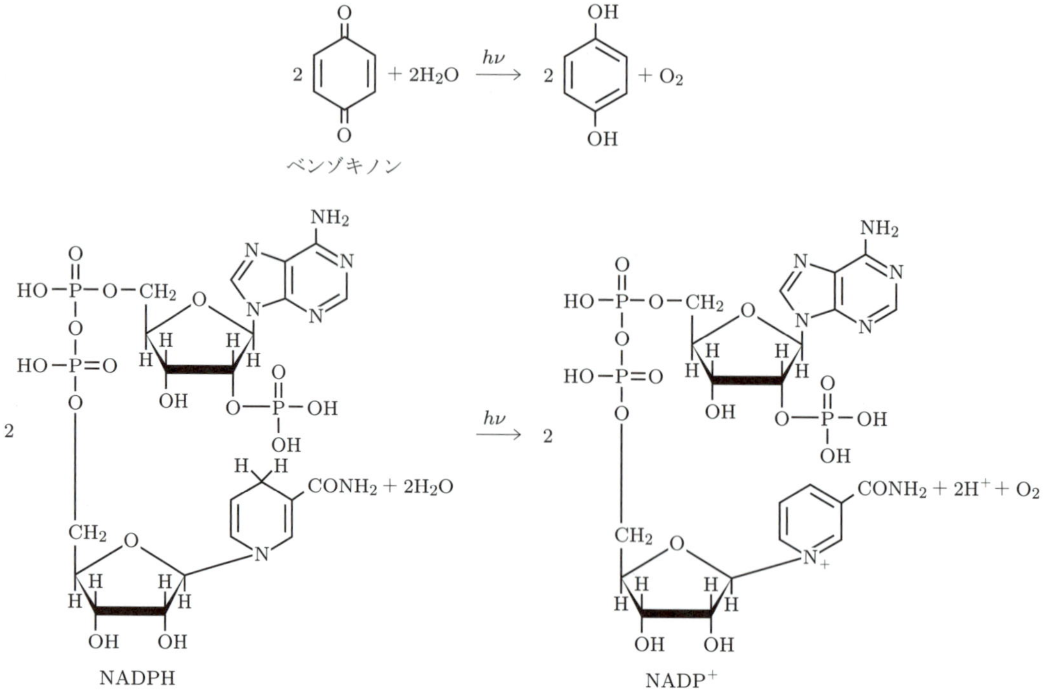

$$2 \text{ ベンゾキノン} + 2H_2O \xrightarrow{h\nu} 2 \text{ (ヒドロキノン)} + O_2$$

$$2 \text{ NADPH} + 2H_2O \xrightarrow{h\nu} 2 \text{ NADP}^+ + 2H^+ + O_2$$

●図 15.1● ヒル試薬の反応

逆方向に移動して $NADP^+$ を NADPH に還元する．電位勾配に逆らった形で電子が移動するためにはエネルギーを必要とする．このため光がエネルギーを供給する形になる．さらに，電子が水から $NADP^+$ に移動しながら ATP を生産できる点も大きな特徴である．

15.7 光合成器官

青色細菌，紅色細菌，緑色細菌などの原核生物では，光合成反応はクロマトホア中で進行する．一方，高等緑色植物，多細胞の紅藻，緑藻，褐藻類，双鞭毛藻類，ケイ藻類などの真核生物では，光合成反応はクロロプラスト中で進行する．

前述のようにクロロフィルはマグネシウムポルフィリンの一種で，図 15.2 に青色で示したピロール環のプロピオン酸がフィトールとエステル結

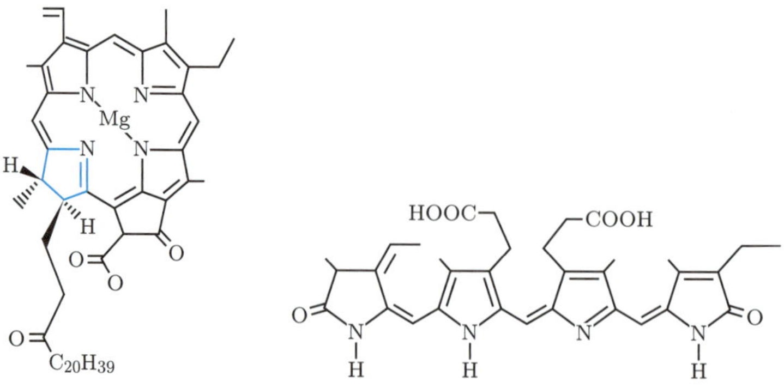

(a) クロロフィル a (b) フィコビリン

●図 15.2● 光合成色素分子の構造

合している．紅藻，青白細菌はクロロフィルaのほか，青または赤色の色素である開環テトラピロール構造のフィコビリンを含んでいる．

光合成生物はさまざまな光合成色素を含んでいるが，光エネルギーを高エネルギー化合物に変換する過程で光励起されて電荷分離を起こし，光電子伝達系を駆動させるのがクロロフィルaや光合成細菌中に含まれるバクテリオクロロフィルaである．また最近では，ある種の好酸性細菌中に亜鉛を含むバクテリオクロロフィルaが存在することや，シアノバクテリア中にクロロフィルc, dなどが存在することがわかっている．機能は，どれもほぼ同じである．カロテノイドなどほかの色素はアンテナ色素とよばれ，エネルギー転換には直接関与せず，エネルギーの高い短波長光を集め，これを共鳴エネルギー移動によってクロロフィルaに渡す役割がある．図 15.3 にクロロフィル類の構造を示す．

緑色植物の光合成色素，関与する諸酵素，構造成分などは二つの光反応中心，いわゆる光化学系Ⅰ（PSⅠ）と光化学系Ⅱ（PSⅡ）に組織され，この二つが光の吸収，電荷分離，電子伝達，ADPのリン酸化の全過程を行う．PSⅠは電荷分離を起こす反応中心クロロフィル（P700）のほか，約200分子のアンテナクロロフィルaをもち，さらにいくつかのシトクロム類，膜結合型と遊離のフェレドキシン，フェレドキシン-NADP$^+$レダクターゼをもつ．PSⅡも反応中心クロロフィルa（P680）のほか，さまざまなアンテナ色素や電子キャリヤー成分をもつ．

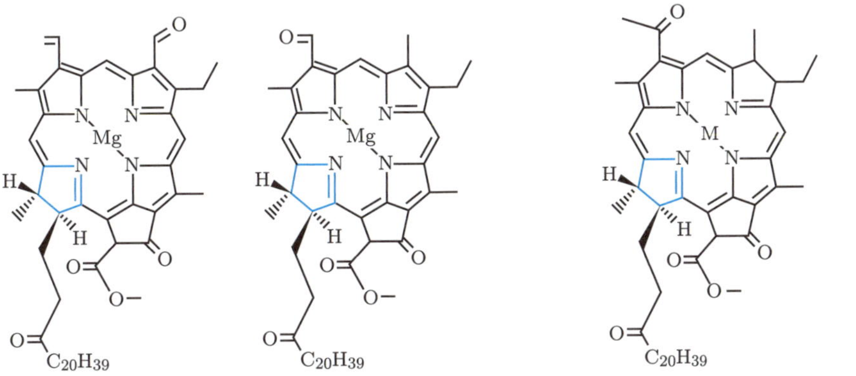

（a）クロロフィルb　　（b）クロロフィルd　　（c）バクテリオクロロフィルa（M＝Mg）
　　　　　　　　　　　　　　　　　　　　　　　　　亜鉛バクテリオクロロフィルa（M＝Zn）

●図 15.3● クロロフィル類の構造

15.8 エネルギー変換機構

光励起したクロロフィルaのエネルギーは，誘導共鳴という過程で次々と周囲のクロロフィルa分子に移り，最終的には反応中心 P700 または P680 に含まれるクロロフィル分子に到達する．カロテノイド，クロロフィルa，クロロフィルbなど異種分子間は共鳴移動で電子が移動する．P700 または P680 が光エネルギーを受けとると電荷分離が起こり，還元剤と酸化剤が生じることになる．

ここでヒルとベンダール[*11]が提案したエネルギー変換機構，いわゆる Z 機構を図 15.4 に示す．緑色植物をはじめ水 H_2O を還元剤とする光合成生物には，PSⅠと PSⅡの 2 種類の光化学系があり，PSⅠは波長 680〜700 nm の長波長赤色光，

---

*11　ベンダール（F. Bendall）は，イギリスの植物生理学者である．

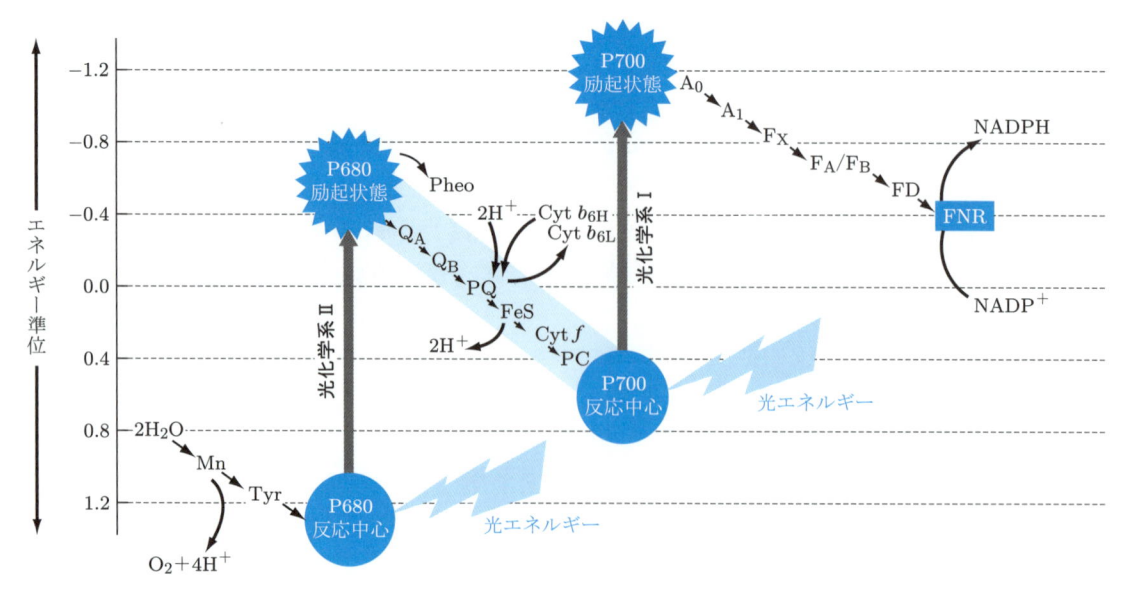

●図 15.4● 高等植物の光合成反応過程

PSⅡは波長 650 nm の赤色光で励起される。PSⅠに含まれる 200 分子のクロロフィル a やほかのアンテナ色素に吸収された光エネルギーは，P700 中に含まれるクロロフィルに移動する。励起した P700 は電子を初期受容体に分子 A_0 を与え，還元された A_0 の電子はチラコイド膜結合型のフェレドキシン（Fd_{b1}，Fd_{b2} など）を通過して $NADP^+$ を還元し，NADPH を生成する。一方，電子を失った P700（$P700^+$）は，PSⅡと PSⅠとを連結している電子伝達系から電子を受けとり元に戻る。PSⅡでは，P680 という反応中心クロロフィル a が光励起されて電荷分離が起こる。すなわち，励起された P680（$P680^*$）の電子が受容体フェオフィチン（Ph）に移動する。還元型フェオフィチンから出た電子は，プラストキノン（Q_P）などのキノン類，Q_A，Q_B などを通過し，PSⅠの $P700^+$ に移動する。電子を失った P680（$P680^+$）は Y から電子を奪い，強酸化剤 Y^+ をつくる。これが水を酸化して酸素 O_2 を発生させる。

15.9 光合成細菌における電子伝達

光合成細菌では，水の代わりに硫化水素 H_2S やチオ硫酸ナトリウム $Na_2S_2O_3$ などの無機化合物，コハク酸 $C_4H_6O_4$ や酢酸 CH_3COOH などの有機化合物が還元剤となる。光合成細菌は PSⅡをもたず，PSⅠに相当する反応中心バクテリオクロロフィル P890 が光励起されて電荷分離を起こし，電子がフェレドキシンを経て $NADP^+$ を還元する。一方，$P890^+$ は硫化水素などの還元剤から電子を受けとり元に戻る（図 15.5 参照）。

例題 15.1 高等植物の光合成と光合成細菌の光合成とでは，どこが大きく異なるか。異なる点を箇条書きにせよ。

解答
- 光を捕集する色素が高等植物はクロロフィル，光合成細菌はバクテリオクロロフィルである。
- 高等植物は水を酸化する酸素発生型光合成であるのに対して，光合成細菌では酸素は発生しない。

- 高等植物は作動する光の波長が赤色（660 nm）であるのに対して，光合成細菌では 870 nm という近赤外領域の光である．

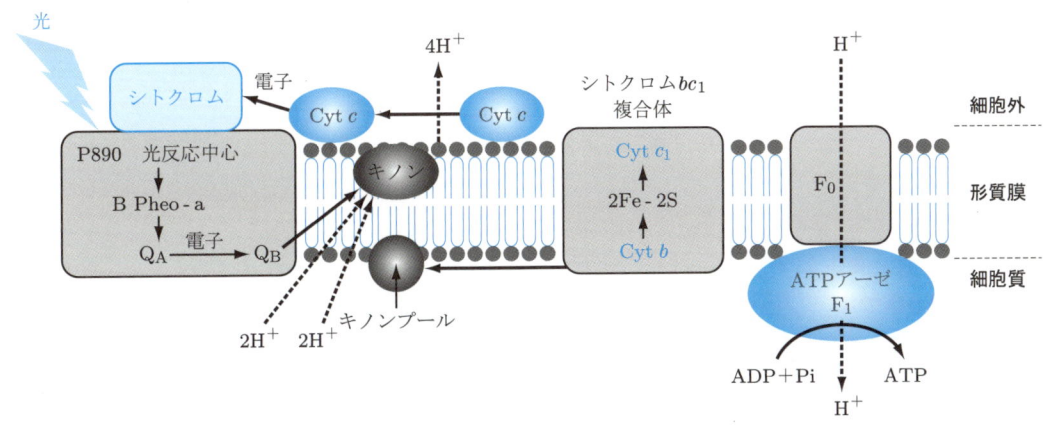

●図 15.5 ● 光合成細菌における光誘起電子移動過程

15.10 暗反応（炭素の循環経路）

15.10.1 還元的ペントースリン酸回路：カルビン回路

ホレッカー[*12]，およびレーカー[*13] らはペントースリン酸回路の反応を研究し，トリオース，テトロース，ペントース，ヘキソース，ヘプトースの相互関係を明らかにした（図 10.13 参照）．さらに，カルビン[*14] らは短時間の光合成で生成する糖の ^{14}C の分布から，光合成では還元的ペントースリン酸回路がはたらくことを見い出した．この回路をカルビン回路（Calvin cycle）という．この回路に独特の反応はリブロース-1,5-ビスリン酸のカルボキシル化だけで，ほかはほとんど解糖系やペントースリン酸回路と同様の反応である．クロロプラスト中のストロマには，この経路で使われる酵素群がすべて存在している．

15.10.2 カルボキシル化過程

カルビン回路の反応は 3 段階に分類される．第 1 段階はリブロース-1,5-ビスホスフェートカルボキシラーゼを触媒とする二酸化炭素 CO_2 を有機化合物に取り込むカルボキシル化反応である．このとき，図 15.6 に示すように，C_2 ではなくリブロース-1,5-ビスリン酸という C_5 化合物がカルボキシル化され，2 分子の 3-ホスホグリセリン酸を生じる．

リブロース-1,5-ビスホスフェートカルボキシラーゼにより，リブロース-1,5-ビスリン酸に二酸化炭素が付加して 3-オキソ酸を生じ，ついで加水分解して 2 分子の 3-ホスホグリセリン酸が生じる．

15.10.3 還元過程

第 2 段階は還元反応で，解糖系における酸化の逆反応である．ここで ATP と NADPH が消費する．図 15.7 に示すように最初に 3-ホスホグリセリン酸が ATP でリン酸化されて 1,3-ビスホスホグリセリン酸となる．ついでグリセルアルデヒド 3-リン酸の作用と NADPH によって還元され，グリセルアルデヒド 3-リン酸に変換される．

[*12] ホレッカー（B. L. Horecker, 1914-）は，アメリカの生化学者である．
[*13] レーカー（E. Racker, 1913-1991）は，オーストリアの生化学者である．
[*14] カルビン（M. Calvin, 1911-1997）は，アメリカの化学者である．カルビン回路の発見により，ノーベル化学賞を受賞した．

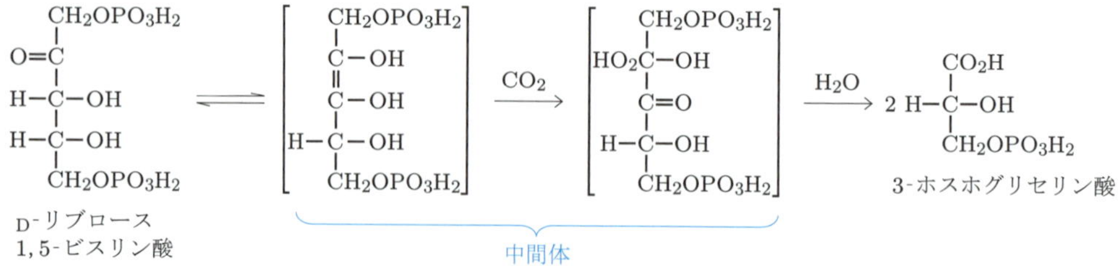

●図15.6● 3-ホスホグリセリン酸の生成経路

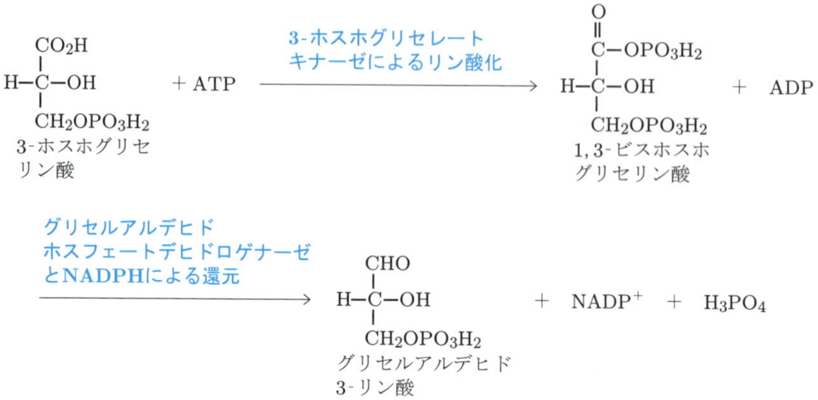

●図15.7● 3-ホスホグリセリン酸の還元経路

15.10.4 再生過程

　第3段階はリブロース-1,5-ビスリン酸の再生である．還元過程終了時に炭素18分子がグリセルアルデヒド3-リン酸6分子になる．その1分子は，カルビン回路による3分子の二酸化炭素からきたと考えると，残り5分子の炭素15原子はリブロース5-リン酸3分子に変換され，さらにATPでリン酸化されてリブロース-1,5-ビスリン酸3分子を再生することになる．再び3分子の二酸化炭素と同化すると，1 molの二酸化炭素当たり2 molのNADPH，3 molのATPが消されることになる．

15.11 光合成の量子収率

　水H_2Oを還元剤として利用する緑色植物では，$NADP^+$ 2分子の還元に必要な電子4個を得るには，PS I とPS II をそれぞれ4回ずつ回転させる必要がある．つまり，少なくとも光子8個が必要である．実際の光合成では，エネルギー所要量は次のように計算できる．
　波長650 nmの光は光子1 mol当たり184 kJのエネルギーである．光合成に利用されるのはこのうちの70%で，残りは電子が第一励起準位から遷移状態に移行するときに熱として放散する．一方，エネルギー変換系で2 molのNADPHを生産するには，少なくとも8 molの光子が必要なので，1 molの二酸化炭素を糖類に変えるには1004 kJの光エネルギーを用いることになる．この反応の自由エネルギー変化は+477 kJとなるので，光合成のエネルギー利用効率は48%という高い値となる．

Coffee Break

クロロフィルの中心金属はマグネシウムだけなのか？

光合成に利用されるクロロフィルはマグネシウム Mg を含むものだけなのか？という疑問が最近解決されつつある．実は，亜鉛 Zn を含むバクテリオクロロフィルをもつバクテリアが存在したからである．このバクテリアは酸性度の高い（pH が低い）培地で光合成をしながら生育することができる好酸性細菌である．

一般に，酸性度が高いとクロロフィルからマグネシウムが脱離してしまうが，亜鉛の場合，酸性度が低い条件でも，マグネシウムに比べて比較的安定にクロロフィルに結合していることができる．つまり，このバクテリアは酸性度の低い条件において，自ら金属を亜鉛に代えて光合成を行いながら生育しているのではないかと考えられている．

演・習・問・題・15

15.1
光合成反応のZ機構では，二酸化炭素 CO_2 1分子につき光子が八つ必要であることがわかっている．この理由を説明せよ．

15.2
光合成反応において，クロロフィルは赤と青の可視光線を吸収するが，実際には赤色の光のみで光合成反応は進行している．この理由を説明せよ．

15.3
カロテノイドなどの色素は直接エネルギー転換には関与せず，エネルギーの高い短波長光を集め，これを共鳴エネルギー移動によってクロロフィル a に渡す役割をもっている．このエネルギー移動機構を説明せよ．

付表

■付表1■ 生物化学でよく用いる単位・定数

定数	記号	値
アボガドロ定数	N_A	$6.02214199 \times 10^{23}$ [mol^{-1}]
気体定数	R	8.314472 [$J\,K^{-1}\,mol^{-1}$]
ファラデー定数	F	9.64853399×10^4 [$J\,V^{-1}\,mol^{-1}$]

■付表2■ 理想気体のモル体積

圧力	モル体積
1 bar, 0℃	22.710981 [$L\,mol^{-1}$]
1 atm, 0℃	22.413996 [$L\,mol^{-1}$]

■付表3■ よく使われるSI単位

単位	記号	SI値
酵素反応速度	v	$mol\,dm^{-3}\,s^{-1}$
活性化エネルギー	Ea	$kJ\,mol^{-1}$
ターンオーバー数(代謝回転数,分子活性)	k_{+2} (k_0)	s^{-1}

■付表4■ よく使われる非SI単位

単位	記号	SI値
オングストローム	Å	10^{-10} [m]
カロリー	cal	4.184 [J]
エレクトロンボルト	eV	1.602177×10^{-19} [J]
モル濃度	M ($mol\,L^{-1}$)	$mol\,dm^{-3}$
酵素活性	U ($\mu mol\,min^{-1}$)	kat ($mol\,s^{-1}$)
比活性	U mg^{-1}	$kat\,kg^{-1}$

■付表5■ 圧力換算因子

	Pa	bar	atm	Torr
1 Pa	1	10^{-5}	9.86923×10^{-6}	7.50062×10^{-3}
1 bar	10^5	1	0.986923	750.062
1 atm	1.01325×10^5	1.01325	1	760
1 Torr	133.322	1.33322×10^{-3}	1.31579×10^{-3}	1

■付表6■ SI接頭語

倍数	接頭語	記号	倍数	接頭語	記号
10^{-3}	ミリ	m	10^3	キロ	k
10^{-6}	マイクロ	μ	10^6	メガ	M
10^{-9}	ナノ	n	10^9	ギガ	G
10^{-12}	ピコ	p	10^{12}	テラ	T
10^{-15}	フェムト	f	10^{15}	ペタ	P
10^{-18}	アト	a	10^{18}	エクサ	E

演習問題解答

演習問題 2

2.1
(1) 正しい．
(2) 誤り．一般にミトコンドリアは 1 細胞当たり肝細胞では約 2500 個，植物細胞では 100〜200 個が含まれる．
(3) 誤り．ミトコンドリアの構成タンパク質の大半は核 DNA にコードされている．
(4) 誤り．ミトコンドリアや葉緑体のリボソームは原核生物型と同じ 70 S の大きさをもつ．

2.2 生物を構成する元素は炭素 C，水素 H，酸素 O，窒素 N，リン P，硫黄 S で乾燥重量の 92% を占めている．これに対して，地殻中の元素は酸素 O とケイ素 Si が際立って多い（図 2.2 参照）．

2.3 水分子は酸素と水素の電気陰性度（電子を引き付ける相対的な強さ）の差によって，水素は部分的に正電荷（δ^+）を，酸素は部分的に負電荷（δ^-）を帯びる領域をもつ（図 2.4 参照）．水分子 H-O-H の結合角は 104.5° となり直線上に並ばない（結合角が 180° とならない）ため，水分子全体として電気双極子が生じる（図 2.4 参照）．この電気双極子のことを極性という．水は極性（電気双極子）をもつので，水分子どうしは正負の電荷により静電的に結合する．

2.4
(1) ヌクレオソーム（nucleosome）
(2) リソソーム（lysosome）
(3) ペルオキシソーム（peroxisome）

演習問題 3

3.1 D-グルコースが 2 mol 生成する．

3.2 アルドペントースは五つの光学活性な炭素 C をもっている．つまり，$2^3=8$ 通りのアルドペントースが存在し，それぞれ 16 個ずつ D-体と L-体が存在する．

3.3 L-グルコースと L-ガラクトースのフィッシャー投影式は次のとおりである．

```
      CHO                 CHO
   OH-C-H              OH-C-H
    H-C-OH              H-C-OH
   HO-C-H              HO-C-H
   HO-C-H              HO-C-H
      CH2OH               CH2OH
    L-グルコース         L-ガラクトース
```

● 解図 3.1 ● L-グルコースと L-ガラクトースのフィッシャー投影式

3.4 α-アノマーとして存在する D-グルコースの割合を x，β-アノマーとして存在する D-グルコースの割合を y とすると次の式が成り立つ．

$$112.2x + 18.7y = 52.6$$

ここで $x+y=1$ であるので，

$$112.2x + 18.7(1-x) = 52.6$$

となり，

$$x=0.362, \quad y=0.638$$

が得られる．

よって α-アノマーとして存在する D-グルコースが 36.2%，β-アノマーとして存在する D-グルコースは 63.8% となる．

演習問題 4

4.1 アラニンでは α 位の炭素原子 C に異なる四つの置換基（$-NH_2$, $-COOH$, $-CH_3$, $-H$）が結合しており，不斉炭素が存在する．そのため，2 種類の光学異性体が存在する．左側の立体配置をとる分子が天然型の L-アラニンであり，右側の分子が D-アラニンである．

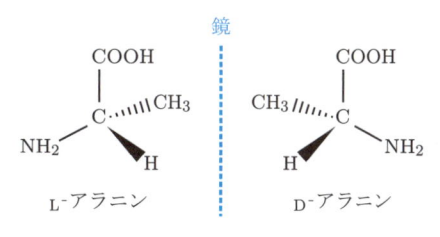

● 解図 4.1 ● アラニンの光学異性体の構造

4.2 酸性アミノ酸は中性で一つのアミノ基（$-NH_3$）がプロトン化（$-NH_3^+$）し，また複数のカルボキシル基（$-COOH$）が脱プロトン化（$-COO^-$）しているアミノ酸であり，アスパラギン酸，グルタミン酸がある．
一方，塩基性アミノ酸は中性で，アミノ基ともう一つの窒素原子 N がプロトン化し，また，一つのカルボキシル基（$-COOH$）が脱プロトン化（$-COO^-$）しているアミノ酸であり，リシン，アルギニン，ヒスチジンがある．

4.3 20 種類のアミノ酸は，さまざまな生物により複雑な経路で生合成されている．生物によっては生体内で特定のアミノ酸を合成できず，外部から摂取する必要がある．これらのアミノ酸を必須アミノ酸という．

4.4 アミノ酸のアミノ基は塩基としてはたらいて溶液からプロトン H^+ を受けとり，また，カルボキシル基は酸としてはたらいて溶液中にプロトンを放出するため，ア

ミノ酸は水溶液中では平衡状態をとっている．陰イオンと陽イオンの濃度が等しくなる等電点においては，アミノ基とカルボキシル基が二重にイオン化した状態であり，この状態を両性イオンとよぶ．

●解図 4.2● アミノ酸の平衡

4.5 複合タンパク質とは，タンパク質が機能を果たすためにアミノ酸以外の共同因子や補欠分子と結合して反応を行うタンパク質のことである．これらの大部分は補欠因子側に機能が含まれている．たとえば，ヘモグロビンは脊椎動物の赤血球に含まれており，ヘムを補欠分子としてタンパク質中に有する複合タンパク質である．

演習問題 5

5.1 生命活動を維持するためには，代謝反応や DNA 複製などさまざまな反応をすみやかに行う必要がある．これらの反応がすみやかに行わなければ，運動や細胞分裂を行うためには果てしなく長い時間が必要となってしまう．したがって，反応を迅速に進めるための酵素が必須となる．

5.2
(1) 酵素と基質が結合する（酵素-基質複合体の形成）．
(2) 基質が触媒作用を受け，生成物となる（酵素が基質を生成物に変換する）．
(3) 酵素から生成物が解離する．

5.3 活性中心を含む酵素の表面には，カルボキシル基（-COOH）やアミノ基（-NH₂）などの官能基があり，これらの微妙な電荷バランスによって酵素の触媒機能は発揮される．pH によって荷電の状態が変化すると，その微妙な電荷バランスが変化し，触媒としての作用力が変化する．そのため，その電荷バランスが最適となる pH が存在し，それが最適 pH ということになる．

5.4 酵素が変性しない低温域では，化学反応と同じように温度上昇にともなって反応速度が増加する．しかし，酵素はタンパク質であるため，ある温度を境に熱変性により反応速度が低下する．その結果，反応速度（活性）が最大となる温度が生じる．

5.5
(1) $1\ \mu\mathrm{mol}\ 10\ \mathrm{min}^{-1} = 0.1\ \mu\mathrm{mol\ min^{-1}} = 0.1\ \mathrm{U}$
　　答え：0.1 U
(2) $0.1\ \mu\mathrm{mol\ min^{-1}} \div 10\ \mathrm{mL} = 0.01\ \mathrm{mmol\ L^{-1}\ min^{-1}}$
　　答え：$0.01\ \mathrm{mmol\ L^{-1}\ min^{-1}}$
　　（あるいは $\mathrm{mmol\ dm^{-3}\ min^{-1}}$）

5.6 両酵素の最大速度は同じである．しかし，グラフからもわかるように，酵素 2 に比べて 1 のほうが，ほとんどの基質濃度において反応速度が大きいことがわかる．また，基質濃度が低濃度の場合も同じことがいえ，より低基質濃度においても反応速度が高いといえる．K_m を比較するとわかるが，酵素 1 では K_m が約 $5\ \mathrm{mmol\ dm^{-3}}$ であるのに対し，酵素 2 では約 3 倍の約 $15\ \mathrm{mmol\ dm^{-3}}$ である．つまり，酵素 1 のほうが，酵素 2 の約 3 倍基質との親和性が強く，触媒としての機能も高いといえる．

演習問題 6

6.1

●解図 6.1● ビタミン K の一電子還元体の構造

6.2
ビタミン B_1：チアミン二リン酸
ビタミン B_2：フラビンモノヌクレオチド，フラビンアデニンジヌクレオチド
ビタミン B_6：ピリドキサルリン酸
ビタミン B_{12}：補酵素 B_{12}（シアノコバラミン）

6.3

●解図 6.2● 還元型リボフラビンの構造

演習問題 7

7.1 すべてシス型にすればよい．

●解図 7.1● リノール酸の構造

7.2 ラノステロールとコレステロールの構造を見比べてみると，ラノステロールの C4 位にある二つのメチル基と C14 位のメチル基が水素原子 H に置き換わっている．C5-C6 間の単結合が二重結合に変換され，C8-C9 間の二重結合が単結合に変換される．最後に側鎖の二重結合が飽和する．

7.3 炭素 5 個を 1 単位として区切ればよい．

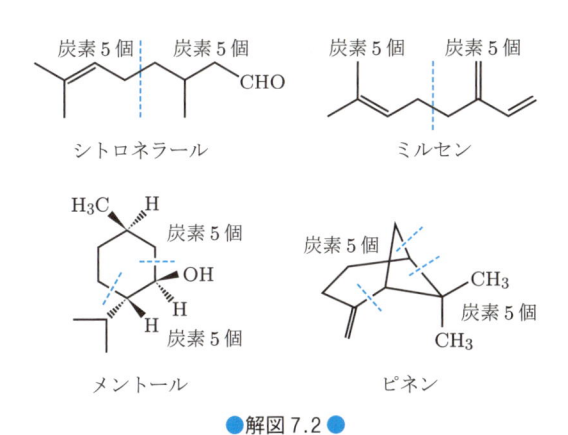

シトロネラール　ミルセン

メントール　ピネン

●解図 7.2●

演習問題 8

8.1 本文参照.

8.2

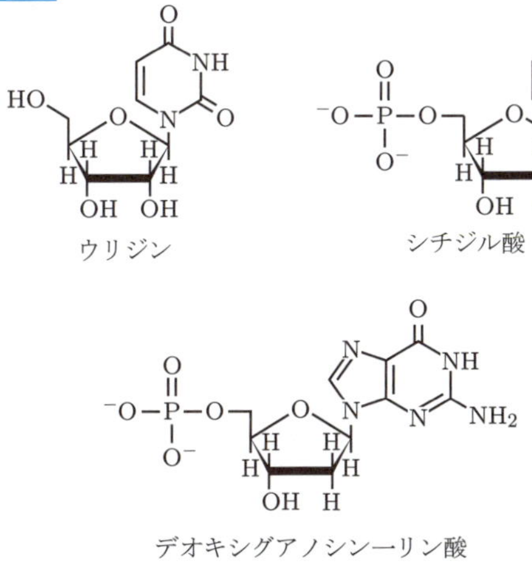

ウリジン　シチジル酸

デオキシグアノシン一リン酸

●解図 8.1● 各化合物の構造

8.3 原核生物の染色体 DNA は，環状 2 本鎖 DNA からなり骨格タンパク質に巻き付けられ，細胞膜の内側に付着することにより細胞質内に存在する（図 8.11 参照）．真核生物の染色体 DNA は線状 2 本鎖 DNA からなり，ヒストンとよばれるタンパク質に巻き付けられ，核内に収納されている（図 8.12 参照）．

8.4 原核生物の mRNA は，転写後そのまま mRNA として機能する．これに対して，真核生物の mRNA は，転写後核内で切断，修飾などの加工（プロセッシング）を受け，成熟型 mRNA として，細胞質へ移送され，翻訳を受けることになる（図 8.18 参照）．真核生物のDNA 上の遺伝子の多くには，翻訳されない DNA 配列であるイントロンと，分断された遺伝子部分であるエキソンがある．

8.5
(1) 5′-UUUUGCAUGCUCGAACGGGGGUAA-3′
(2) H_2N-MLERG-COOH

演習問題 9

9.1
(1) 生物の体内では生命の維持に必要な物質変換が秩序正しく行われている．この生体内における物質変換のことを代謝という．
(2) 異化反応とは，生物が環境から取り入れた糖質，脂質，タンパク質などを単糖，脂肪酸，アミノ酸を経て，二酸化炭素 CO_2，アンモニア NH_3，水 H_2O へと分解する反応であり，結合エネルギーの放出をともなう．このエネルギーが自由エネルギーとして捕捉され，生命維持のために用いられる．
(3) 同化反応とは，生物が環境から取り入れた低分子化合物を原料として生体成分などを合成することである．同化反応は，異化反応により得られた ATP のエネルギーを用いて行われている．
(4) 反応においてエネルギーの投入が必要な場合，すなわち自由エネルギーの増加をともない，ΔG が正の場合を吸エルゴン反応とよぶ．同化反応を始めとして，代謝過程には吸エルゴン反応であるものが多く，その場合には，より大きな自由エネルギー変化をもつ発エルゴン反応が共役して起こり，反応に必要なエネルギーが供給される必要がある．

9.2
(1) 濃度勾配に逆行して行われる物質の移動を能動輸送という．能動輸送が行われるためにはエネルギーが必要だが，そのエネルギーは ATP によってまかなわれる．
(2) ATP の無水リン酸結合は高エネルギー結合であり，ATP から ADP，ADP から AMP に加水分解される際に大きな自由エネルギーの減少をともない，代わりに自由エネルギーを放出する．また，代謝過程には ATP 以外にもいくつかの高エネルギー化合物が存在し，ATP と同様に加水分解によって大きな自由エネルギーを放出する．チオエステル結合，アシルリン酸結合，エノールリン酸結合などがこれにあたる．
(3) 呼吸鎖はミトコンドリアのクリステに存在し，解糖，クエン酸回路，脂肪酸の β 酸化の過程で生じた NADH や $FADH_2$ を最終的に酸素 O_2 と反応させて水 H_2O を生成する生体酸化反応の最終過程であり，その際生じたエネルギーを ATP の化学エネルギーに変換している．その経路はフラビン，ユビキノン，ヘムをもつシトクロム 6 分子から構成されており，構成成分の多くはタンパク複合体を形成している．

9.3 中性近辺では，ATP のリン酸基部分は解離をしているため，次の構造をとっている（次ページの解図 9.1）．

9.4 ATP の生体内での生成様式は，発酵にともなう生成，呼吸にともなう生成，光合成にともなう生成の三つである．多くの生物は ATP を栄養素の異化過程により獲得しており，植物は光エネルギーを直接 ATP に変換している．詳細については 9.3.2 項を参照のこと．

●解図 9.1● 中性近辺の ATP の解離状態

演習問題 10

10.1 図 10.13 を参照のこと．
① グルコース $C_6H_{12}O_6$ とグルコース 6-リン酸 $C_6H_{13}O_9P$ の間の反応．
② フルクトース 6-リン酸 $C_6H_{13}O_9P$ とフルクトース-1,6-ビスリン酸 $C_6H_{14}O_{12}P_2$ の間の反応．
③ ホスホエノールピルビン酸 $C_3H_5O_6P$ とピルビン酸 $C_3H_4O_3$ の間の反応．

10.2 ①と②，③は解糖，④はクエン酸回路についての説明である．

10.3 肝臓，腎臓，膵臓，小腸である．グルコース-6-ホスファターゼは，これらの細胞にしか存在しない．

10.4 2分子（図 10.1 参照）

10.5 NAD^+ は解糖の代謝系において脱水素酵素の補酵素として作用し，基質から水素 H を受けとることで NADH となる．この NADH の還元力は，電子伝達系を通じて酸化的リン酸化により ATP を合成するために用いられる（第 14 章参照）．NADPH は糖新生代謝の水素供与体として生合成反応に使われる．

演習問題 11

11.1 グルコース $C_6H_{12}O_6$ とほぼ分子量が等しいデカン酸を比較した場合，完全酸化のギブズエネルギー変化は 1 mol 当たり約 2 倍であることから，脂質は糖質の約 2 倍のエネルギーを蓄えているといえる．

11.2
(1) 酵素名：リパーゼ
反応式：

●解図 11.1● リパーゼによるトリグリセリドの加水分解反応

(2) 化合物名：脂肪酸，グリセリン
脂肪酸の代謝過程：β 酸化を受け，エネルギー源となる．
グリセリンの代謝過程：リン酸化されたのちグリセリン 3-リン酸に変換され，ジヒドロキシアセトンリン酸 $C_3H_7O_6P$ を経て解糖系に入るか，糖の生合成である糖新生系の材料となる．

11.3
(1) アセチル CoA を 1 分子生成し，$FADH_2$ と NADH を各 1 分子ずつ生成する．
(2) 電子伝達系
(3) 129 ATP

11.4
(1) アセチル CoA とマロニル CoA であるが，マロニル CoA はアセチル CoA から合成される．
(2) NADPH
(3) 11.2.3 項を参照のこと．

演習問題 12

12.1 アミノ酸が完全に分解されるためには，アミノ酸の α-アミノ基および側鎖アミノ基が加水分解により脱離される必要がある．これらのアミノ酸の代謝は，アミノ基転移反応と酸化的脱アミノ化により行われる．詳細については 12.2.2 項を参照のこと．

12.2 12.2.1 項を参照のこと．

12.3 脱アミノ化反応により生成したアンモニア NH_3 は細胞によって有毒なため，毒性の低い物質へのすみやかな変換が必要である．このアンモニアから尿素 CH_4N_2O が形成される代謝過程を尿素回路とよぶ．回路の詳細は 12.4 節を参照のこと．

12.4

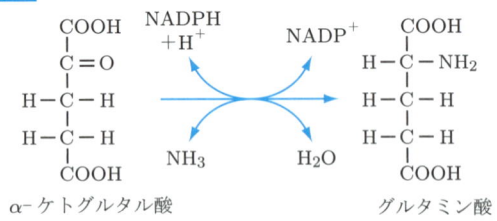

●解図 12.1● グルタミンの生合成

演習問題 13

13.1 6分子の ATP が IMP 合成に必要である．まず，PRPP 合成で 1 分子の ATP が AMP に分解される．このとき PPi が加水分解されるが，これをもう 1 分子分の

ATPとして考える．つまり，ここで2分子のATPが消費される．そして，第3，5，6，8段階で4分子のATPが消費される（図13.2参照）．

13.2 プリンは最終的に尿酸 $C_5H_4N_4O_3$ に変換される．尿酸は水に溶けにくいため，尿中には少ししか排出されない．核酸を過剰に摂取し続けると，尿酸が末梢組織中に蓄積され結晶となる．この異物を取り除くために白血球が集まり，炎症が起こることで痛風を引き起こす．

13.3 図13.6から，カルバモイルリン酸はカルバモイルリン酸シンターゼのはたらきによって，グルタミンのアミドと二酸化炭素 CO_2 とATPから合成されることがわかる．しかし，グルタミン以外にアンモニアのアミドを用いて反応を進めることもある．ほ乳類では，この反応はアンモニアの解毒とピリミジン合成という二つの代謝系の初期反応に関与しており，極めて重要である．

13.4 アスパラギン酸，グリシン，グルタミン（図13.1参照）

演習問題14

14.1 次の計算式を用いて算出する．

$$\Delta G = nzF\Delta\phi - 2.303\,nRT\,\Delta pH$$

n はプロトンのモル数，z は移行する物質の電荷，F はファラデー定数（96.48 kJ・V^{-1}・mol^{-1}），R は気体定数（8.314 J・K^{-1}・mol^{-1}），T はケルビン温度である．

プロトン3 molの移行なので $n=3$ である．プロトンの電荷は +1 であるため $z=+1$ である．上記の定数および数値をそれぞれ代入すると，ΔG は次のように求まる．

$$\begin{aligned}\Delta G &= nzF\Delta\phi - 2.303\,nRT\,\Delta pH \\ &= 3[\text{mol}] \times 96.48 \times 10^3 [\text{J}\cdot\text{V}^{-1}\cdot\text{mol}^{-1}] \\ &\quad \times (-0.17[\text{V}]) - 2.303 \times 3[\text{mol}] \\ &\quad \times 8.315[\text{J}\cdot\text{K}^{-1}\cdot\text{mol}^{-1}] \times (273+37)[\text{K}] \times 0.5 \\ &= -58 \times 10^3[\text{J}] = -58[\text{kJ}]\end{aligned}$$

ΔG の値が負である点は，この反応がエネルギー放出反応（発エルゴン反応）であることを意味している．

14.2 昆虫飛翔筋では，グリセロリン酸シャトル（図14.3参照），ほ乳類ではリンゴ酸-アスパラギン酸シャトル（図14.4参照）が機能している．

14.3
③．
①はエドワード・スレーターの化学共役説，②はポール・ボイヤーのコンホメーション共役説である．③が正解の化学浸透説である．

14.4 酸化還元電位の低いものから順に，NAD^+（−0.315 V），Q（+0.04 V），シトクロム c（+0.23 V）となる（図14.5参照）．

演習問題15

15.1 二酸化炭素 CO_2 1分子を還元するためにNADPH 2分子が必要である．水を還元剤として $NADP^+$ を2分子得るためには4電子必要なので，Z機構の中のPSIおよびPSIIをそれぞれ4回ずつ駆動させなくてはならない．つまり，光子の数に直すと8光子ということになる．

15.2 紫外光（青色光）はエネルギーが十分大きいので，クロロフィル分子の第二励起一重項レベルまで励起することができる．しかし，第二励起一重項レベルにあるクロロフィルのエネルギーは，後続の電子移動反応を進行させる前にエネルギーレベルの低い第一励起一重項レベルまで落ちてくる．この第一励起一重項レベルは，近赤外光（赤色光）の照射で十分到達できる．このため，赤色光で光合成反応は十分進行する．

15.3 カロテノイドはクロロフィルが吸収できない波長の光を吸収するが，直接光合成反応における電荷分離過程などには関与していない．カロテノイドの励起エネルギーレベルはクロロフィルのそれよりも低いので，ダウンヒルのエネルギー移動により伝達している．

参 考 文 献

1) 島原健三：概説生物化学，三共出版（1991）
2) 泉屋信夫・下東康幸・野田耕作：生物化学序説，化学同人（1998）
3) B. D. Hames, N. M. Hooper, 田之倉 優・村松知成・阿久津秀雄（訳）：生化学キーノート，シュプリンガー・フェアラーク東京（2002）
4) L. G. Scheve, 駒野 徹・中澤 淳・中澤晶子・酒井 裕・森田潤司（訳）：ライフサイエンス基礎生化学，化学同人（1987）
5) G. M. Malacinski, D. Freifelder, 川喜田正夫（訳）：分子生物学の基礎〔第4版〕，東京化学同人（2004）
6) 田村隆明・村松正實：基礎分子生物学第3版，東京化学同人（2007）
7) D. Voet, J. G. Voet, 田宮信雄・村松正実・八木達彦・吉田 浩・遠藤斗志也（訳）：ヴォート生化学〔第3版〕（上・下），東京化学同人（2005）
8) B. Alberts, A. Johnson, J. Lewis, M. Raff, K. Roberts, P. Walter, 中村桂子・松原謙一（監訳）：細胞の分子生物学〔第4版〕，ニュートンプレス（2004）
9) J. M. Berg, J. L. Tymoczko, L. Stryer, 入村達郎・岡山博人・清水孝雄（監訳）：ストライヤー生化学〔第6版〕，東京化学同人（2008）
10) 石倉久之・近江谷克裕・笠井献一・渋谷 勲・丸山清史・八木達彦：図説生化学〔第3版〕，丸善（2000）
11) H. R. Horton, L. A. Moran, K. G. Scrimgeour, M. D. Perry, J. D. Rawn, 鈴木紘一・笠井献一・宗川吉汪（監訳）：ホートン生化学〔第4版〕，東京化学同人（2008）
12) R. K. Murray, D. K. Granner, P. A. Mayes, V. W. Rodwell, 上代淑人（監訳）：ハーパー・生化学，丸善（2001）
13) P. Ritter, 須藤和夫・山本啓一・有坂文雄（訳）：リッター生化学，東京化学同人（1999）
14) 猪飼 篤・野島 博：生化学・分子生物学演習，東京化学同人（1995）
15) 岡本 洋・木南英紀（編），尾島孝男・中村正雄・上野 隆・北 潔・石堂一巳：演習で学ぶ生化学—全問解答付き〔第2版〕，三共出版（2005）
16) 前野正夫・磯川桂太郎：はじめの一歩のイラスト生化学・分子生物学〔改訂第2版〕，羊土社（2008）
17) 江崎信芳・藤田博美：生化学基礎の基礎知っておきたいコンセプト，化学同人（2002）
18) 生命科学資料集編集委員会（編）：生命科学資料集，東京大学出版会（1997）
19) 藤嶋 昭・相澤益男・井上 徹：電気化学測定法（上・下），技報堂出版（1984）
20) J. McMurry, 伊東 椒・児玉三明・荻野敏夫・深澤義正・通 元夫（訳）：マクマリー有機化学（下）〔第7版〕，東京化学同人（2009）
21) H. Hart, L. E. Craine, D. J. Hart, 秋葉欣哉・奥 彬（訳）：ハート基礎有機化学〔三訂版〕，培風館（2002）
22) E. E. Conn, P. K. Stumpf, 田宮信雄・八木達彦（訳）：コーン・スタンプ生化学〔第5版〕，東京化学同人（1988）

さくいん

英字

- α ヘリックス 31
- β 酸化 54, 102
- β シート 31
- β-ピネン 63
- π 電子共役 58
- AST 114
- ATCアーゼ 127
- ATP 56, 69, 84, 86
- ATPシンターゼ 138
- CoA 51
- CPSⅡ 127
- CTPシンテターゼ 127, 128
- DHA 60, 109
- DNA 66, 68
- DNAポリメラーゼ 72
- DNAリガーゼ 37, 73
- enzyme 35
- EPA 60, 109
- FAD 49
- FAICAR 123
- FGAR 121
- FMN 48
- GAR 121
- HDL 62
- IMP 121
- LDL 62
- NAD^+ 84
- NADH 84
- OMPデカルボキシラーゼ 127
- PEP 98
- pH安定性 43
- PPi 121
- PRPP 121
- RNA 68
- RNAポリメラーゼ 75
- Shine-Dalgarno配列 75
- UDP-グルコースピロホスホリラーゼ 93
- VHDL 62
- VLDL 62
- XMP 124

あ

- アキシアル位 16
- アコニターゼ 91
- アシルCoA 103
- アシル基運搬タンパク質 108
- アスコルビン酸 49
- アスパラギン酸アミノトランスフェラーゼ 114
- アスパラギン酸カルバモイルトランスフェラーゼ 127
- アセチルCoA 80, 103, 115
- アセチル補酵素A 80
- アセトアセチルCoA 115
- アデニロコハク酸 124
- アデニロコハク酸リアーゼ 124
- アデニン 67
- アデノシン三リン酸 56, 69, 84
- アノマー炭素 15
- アミノアシルtRNA 75
- p-アミノ安息香酸 50
- アミノ基交換反応 117
- アミノ基転移酵素 114
- アミノ基転移反応 114
- アミノ酸代謝異常症 115
- アミノトランスフェラーゼ 36
- 2-アミノ-4-ヒドロキシ-6-メチルプテリジン 50
- アミラーゼ 19, 20, 36
- アミロース 20
- アミロペクチン 20
- アラキドン酸 62
- アルコールデヒドロゲナーゼ 36, 88
- アルジトール 18
- アルドース 13
- アルドラーゼ 37, 87
- アンチコドン 75
- アンテナ色素 145
- 暗反応 142
- イサン酸 60
- 異性化酵素 20
- イソクエン酸デヒドロゲナーゼ 91
- イソプレノイド 51, 111
- イソプレン単位 63
- 胃腸薬 2
- 遺伝 72
- 遺伝暗号 75
- 遺伝子 71
- イノシン一リン酸 121
- イントロン 73
- インベルターゼ 20
- ウラシル 67
- エイコサペンタエン酸 60, 109
- エキソン 73
- エクアトリアル位 16
- エネルギー転換 145
- エネルギー利用効率 148
- エノラーゼ 87
- エピマー 15
- エムデン-マイヤーホフ経路 85
- エラスターゼ 38
- D-(−)-エリトロース 15
- α-エレオステアリン酸 60
- 塩化リゾチーム 3
- 塩基 66
- 塩基性アミノ酸 24
- 塩基対 69
- オキシダーゼ 54
- 2-オキソグルタル酸デヒドロゲナーゼ複合体 54, 91
- オペレーター 76
- オリゴ糖 12
- オリゴペプチド 29
- オルニチン回路 116
- オロチジン5′-一リン酸 127
- オロト酸ホスホリボシルトランスフェラーゼ 127
- 温度安定性 43

か

- 解糖 84, 85
- 可逆的阻害 44
- 核 7, 8
- 核酸 68
- 風邪薬 3
- 活性化因子 77
- 活性化エネルギー 38, 39
- 活性中心 38
- 活性部位 38
- 価電子 5
- β-ガラクトシナーゼ 20
- ガラクトース 15, 19
- カルジオリピン 61
- カルバモイルリン酸 127
- カルバモイルリン酸シンテターゼⅡ 127
- カルビン回路 147
- カロテノイド 142
- β-カロテン 51
- ガングリオシド 62
- 還元型ニコチンアミドアデニンジヌクレオチド 84
- 還元糖 19
- キサントシン一リン酸 124

157

キサントプロテイン反応　28
基質　36
基質結合部位　38
基質特異性　36
キモトリプシン　38
吸エルゴン反応　80
競争阻害　44
共役　80
極性　6
グアニン　67
クエン酸回路　54, 80, 89, 115
クエン酸シンターゼ　89
グラナ　10
グリオキシル酸回路　97
グリコーゲン　21, 92
グリコーゲンシンターゼ　93
グリコーゲン脱分枝酵素　92
グリコーゲンホスホリラーゼ　92
グリコシド　18
α-1,4-グリコシド結合　20
α-1,6-グリコシド結合　20
グリシンアミドリボチド　121
クリステ　9
グリセルアルデヒド　13
グリセルアルデヒド 3-リン酸　87, 147
グリセルアルデヒド 3-リン酸デヒドロゲナーゼ　87
グリセロリン酸シャトル　135
グリセロリン脂質　109
グルカル酸　18
グルコ脂質　62
グルコース　12, 84
グルコース 1-リン酸　92
グルコース 6-ホスファターゼ　99
グルコース 6-リン酸　86, 92
グルコース 6-リン酸イソメラーゼ　86
グルコン酸　18
グルタミン酸オリゴマー　50
グルタミン酸デヒドロゲナーゼ　115
グルタメートデカルボキシラーゼ　37
クレブス回路　89
クロマトホア　142
クロロフィル　142
クロロフィル α　145
クロロプラスト　143, 144
ケトース　13
ゲノム　66, 71
原核細胞　7
原核生物　7
原子価　5
光化学系 I　142
光化学系 II　142
光学異性体　13, 24

酵素　35
酵素活性　40
酵素–基質複合体　37
酵素番号　37
高比重(高密度)リポタンパク質　62
光リン酸化反応　141
コカルボキシラーゼ　48
コドン　75
コハク酸チオキナーゼ　91
コハク酸デヒドロゲナーゼ　92
5′末端　69
コラーゲン　49
コール酸　64
ゴルジ体　7, 9
コレカルシフェロール　51
コレステロール　50, 62, 111

さ

細菌葉緑素　143
サイクリック AMP　68
サイクル式光リン酸化　143
最大速度　42
最適(至適)pH　43
最適(至適)温度　43
再利用反応　125
サブユニット　32
サルベージ経路　125
酸化型ニコチンアミドアデニンジヌクレオチド　84
酸化還元電位　133, 134, 136
酸化的リン酸化　133
酸性アミノ酸　24
3′末端　69
シアノバクテリア　145
歯垢分解酵素　2
脂質　57
ジテルペン　63
シトクロム c　137, 138
シトシン　67
シトロネラール　63
ジヒドロオロターゼ　127
ジヒドロオロト酸　127
ジヒドロオロト酸デヒドロゲナーゼ　127
ジヒドロキシアセトン　13
ジヒドロキシアセトンリン酸　87
脂肪　57
脂肪酸　103
脂肪酸伸長系　109
終止コドン　75
消化酵素　2, 36
小胞体　7, 9
触媒作用　36
触媒トライアド　38
触媒部位　38

植物性油脂　57
真核細胞　7, 8, 9, 142
真核生物　7
シンテターゼ　37
水素結合　6
スクアレン　63
スクシニル CoA　91
スクシニル CoA シンテターゼ　91
スクロース　12
ステロイド　63, 111
ストロマ　10, 147
スフィンゴ脂質　61
スフィンゴシン　61
スフィンゴミエリン　61
生体触媒　35
正の制御　76
生理活性ペプチド　30
セスキテルペン　63
セスタテルペン　63
セリンプロテアーゼ　38
セルラーゼ　21
セルロース　12
セロビオース　19
染色体　71
セントラルドグマ　72
相補的　69
阻害剤　44
ソルビトール　18

た

脱水素酵素　54
脱炭酸酵素　37
多糖　12
タリル酸　60
ターンオーバー数　44
単純脂質　57
炭水化物　12
炭素　4, 5
単糖　12
チアミン二リン酸　48
チアミンピロリン酸　55
チオレドキシンレダクターゼ　129
窒素　4, 5
窒素固定　118
窒素循環　118
チミジル酸シンターゼ　129
チミン　67
中性アミノ酸　24
中性脂質トリグリセリド　102
超高比重(高密度)リポタンパク質　62
超低比重(低密度)リポタンパク質　62
チラコイド　10, 142
低比重(低密度)リポタンパク質　62
デオキシリボ核酸　66, 68
デオキシリボヌクレオシド　67

デオキシリボヌクレオチド 67
デサチュラーゼ 109
テトラテルペン 63
テトラヒドロ葉酸 55
テトラピロール 145
テトロース 13
デヒドラターゼ 37
テルペン 63
電気双極子 6
電子伝達系 83
転写 72
デンプン 12
糖脂質 62
糖新生 96
等電点 27
動物性油脂 57
ドコサヘキサエン酸 60, 109
α-トコフェロール 52
トランスアルドラーゼ 99
トランスケトラーゼ 99
トランスファー RNA 73
トリオース 13
トリオースリン酸イソメラーゼ 87
トリカルボン酸回路 89
トリグリセリド 58
トリテルペン 63
D-(−)-トレオース 15

な

ナイアシン 50
ニコチン 50
ニコチンアミド 50
ニコチン酸 50
二重らせん構造 70
二糖 12
乳酸デヒドロゲナーゼ 88
尿酸 120
尿素回路 116
ニンヒドリン 28
ヌクレオシド 66
ヌクレオシド一リン酸キナーゼ 124
ヌクレオシド二リン酸キナーゼ 124
ヌクレオチド 66

は

バイタルアミン 48
配糖体 18
バクテリオクロロフィル α 145
発エルゴン反応 80
パルミチン酸 106
ハワース投影式 16
パントテン酸 51
反応中心 P680 145
反応中心 P700 145
反応中心バクテリオクロロフィル

P890 146
反応特異性 36
半保存的複製 72
比活性 40
非競争阻害 44
1,3-ビスホスホグリセリン酸 87
ビスリン酸 121
ビタミン 47
ビタミン A 51
ビタミン A_1 51
ビタミン A_1 アルデヒド 51
ビタミン B 48
ビタミン B_1 48
ビタミン B_2 48
ビタミン B_6 49
ビタミン B_{12} 49
ビタミン C 49
ビタミン D 51
ビタミン D_3 51
ビタミン E 52
ビタミン H 50
ビタミン K 52
ビタミン K_1 52
ビタミン K_2 52
ビタミン M 50
必須アミノ酸 27, 117
ヒポキサンチン 121
標準ギブズエネルギー変化 80
ピラノース 16
ピリドキサミン 49
ピリドキサル 49
ピリドキサルリン酸 55
ピリドキシン 49
ピリミジン 49
ピリミジン塩基 67
ヒル試薬 143
ヒル反応 143
ピルビン酸 88, 115
ピルビン酸カルボキシラーゼ 98
ピルビン酸キナーゼ 88
ピルビン酸デカルボキシラーゼ 88
ピルビン酸デヒドロゲナーゼ複合体 54, 89
ピロリン酸イソペンテニル 63
ピロリン酸結合 81
フィコビリン 145
フィッシャー投影式 13
フェオフィチン 146
フェレドキシン 118, 145
フェレドキシン-$NADP^+$ レダクターゼ 145
不可逆的阻害 44
複合脂質 57
複合タンパク質 30
複製起点 73

不斉炭素 13, 23
プテロイル-L-グルタミン酸 50
負の制御 76
不飽和化酵素 109
フマラーゼ 92
プライマー 72
プラストキノン 146
フラノース 16
フラビンアデニンジヌクレオチド 48, 92
フラビン補酵素 48
フラビンモノヌクレオチド 48
フラボプロテインデヒドロゲナーゼ 135
プリン 49
プリン塩基 67
フルクトース 12
フルクトース 1,6-ビスホスファターゼ 99
フルクトース 1,6-ビスリン酸 86
フルクトース 6-リン酸 86
プロスタグランジン 62
プロテアーゼ 36
プロトロンビン 52
プロモーター 75
ヘキソキナーゼ 86
ヘキソース 13
ヘミアセタール 15
ヘモグロビン 117
ペルオキシソーム 7, 9, 10
ベヘノール酸 60
ベンジルオキシカルボニル基 29
ベンジル基 29
ベンゾキノン 143
ペントース 13
ペントースリン酸回路 99, 141, 147
芳香剤 3
補欠分子族 35
補酵素 32, 35, 52
補酵素 A 51
補酵素 B_{12} 55
補酵素 Q 55
補助因子 32, 35
ホスファチジルアミン 60
ホスファチジルコリン 61
ホスファチジン酸 109
ホスホエノールピルビン酸 87
ホスホエノールピルビン酸カルボキシキナーゼ 98
2-ホスホグリセリン酸 87
3-ホスホグリセリン酸 87
ホスホグリセリン酸キナーゼ 87
ホスホグリセリン酸ムターゼ 87
ホスホグルコムターゼ 92, 93
ホスホジエステル結合 69

ホスホフルクトキナーゼ　86
5-ホスホリボシル-1α-二リン酸　121
ポリオール　18
ポリペプチド　29
ポーリン　89, 132
ポルフィリン　117
ホルミルグリシンアミドリボチド　121
5-ホルムアミノイミダゾール-4-カルボキサミドリボチド　123
翻訳　72

ま

マグネシウムポルフィリン　144
マトリックス　9, 10
マルトース　12, 19
マレイン酸イソメラーゼ　37
マロニル CoA　106
マンノシド　18
ミカエリス定数　41
ミカエリス-メンテンの式　41
ミトコンドリア　7, 9, 10, 85
明反応　142

メッセンジャー RNA　73
メントール　63
モノテルペン　63

や

誘導適合モデル　38
誘導物質　77
油脂　57
ユビキノン　137, 138
葉緑体　7, 10, 142
抑制　76

ら

ラインウィーバー-バークプロット　42
ラギング（遅行）鎖　72
ラクトース　19
ラクトバシル酸　60
ラノステロール　63
リソソーム　7, 9, 10
立体構造異性体　15
リーディング（先行）鎖　72
α-リノレン酸　60, 109

リパーゼ　36, 102
リプレッサー遺伝子　76
リプレッサータンパク質　76
リボ核酸　68
リポ酸　54
リボースリン酸ピロホスホキナーゼ　121
リボソーム　73
リボソーム RNA　73
リボソーム結合部位　75
リポタンパク質　62
リボヌクレオシド　66
リボヌクレオチド　67
両性イオン　27
リンゴ酸-アスパラギン酸シャトル　135
リン脂質　60
ループ構造　31
レシチン　61
レチナール　51
レチノール　51
ろう　60

著者略歴

杉森 大助（すぎもり・だいすけ）
- 1995年 東京工業大学大学院生命理工学研究科博士課程修了
  博士（工学）（東京工業大学）
- 2005年 福島大学共生システム理工学類産業システム工学専攻准教授
- 2013年 福島大学共生システム理工学類産業システム工学専攻教授
  現在に至る

松井 栄樹（まつい・えいき）
- 2000年 大阪大学大学院薬学研究科博士課程修了
  博士（薬学）（大阪大学）
- 2007年 福井工業高等専門学校物質工学科准教授
  現在に至る

天尾 豊（あまお・ゆたか）
- 1997年 東京工業大学大学院生命理工学研究科博士課程修了
  博士（工学）（東京工業大学）
- 2001年 大分大学工学部応用化学科講師
- 2002年 大分大学工学部応用化学科助教授
- 2007年 大分大学工学部応用化学科准教授
- 2013年 大阪市立大学複合先端研究機構教授
  現在に至る

小山 純弘（こやま・すみひろ）
- 1997年 東京工業大学大学院生命理工学研究科博士課程修了
  博士（工学）（東京工業大学）
- 2007年 独立行政法人海洋研究開発機構海洋・極限環境生物圏領域主任研究員
- 2015年 国立研究開発法人海洋研究開発機構・海洋生物多様性研究分野技術副主幹
- 2024年 エイブル株式会社開発部主任
  現在に至る

物質工学入門シリーズ
基礎からわかる生物化学　　　© 杉森大助・松井栄樹・天尾 豊・小山純弘 2010

2010年6月30日　第1版第1刷発行　　【本書の無断転載を禁ず】
2024年9月30日　第1版第5刷発行

著　者	杉森大助・松井栄樹・天尾 豊・小山純弘
発行者	森北博巳
発行所	森北出版株式会社

東京都千代田区富士見 1-4-11（〒102-0071）
電話 03-3265-8341／FAX 03-3264-8709
https://www.morikita.co.jp/

日本書籍出版協会・自然科学書協会・工学書協会　会員
JCOPY ＜（一社）出版者著作権管理機構　委託出版物＞

落丁・乱丁本はお取替えいたします　　印刷・製本／丸井工文社
　　　　　　　　　　　　　　　　　　組版／創栄図書印刷

Printed in Japan／ISBN978-4-627-24571-6